面向新工科的电工电子信息基础课程系列教材

教育部高等学校电工电子基础课程教学指导分委员会推荐教材

基于STM32的嵌入式系统开发与应用

从入门、进阶到项目实践

胡永兵　李迎松　曹宜策　编著

清華大学出版社

北　京

内 容 简 介

本书是一本专为嵌入式系统开发者精心打造的全方位学习指南,旨在引领读者从 STM32 的入门初探,逐步迈向技术进阶,并最终通过实际项目实践巩固所学知识,实现技能飞跃。

本书首先以简洁明了的语言,系统地介绍 STM32 微控制器的基础知识,包括其强大的性能特点、丰富的外设资源以及开发环境的搭建过程。通过详细的步骤指导,帮助初学者快速上手,掌握 C 语言编程基础及 STM32 HAL 库的使用方法,为后续学习奠定坚实基础。

随着学习的深入,本书逐步揭开 STM32 高级功能的神秘面纱,如 SPI、I2C 等高级通信接口的应用。这些内容不仅可拓宽读者的技术视野,也可为其在复杂项目开发中提供有力的技术支持。

每个实验项目均从需求分析、硬件选型、软件设计到调试测试进行全面讲解,并提供了详细的电路图、源代码及调试技巧。通过亲手实践这些项目,读者不仅能够巩固所学知识,更能积累宝贵的项目经验,提升解决实际问题的能力。

本书是一本集知识性、实践性、启发性于一体的优秀教材,适合嵌入式系统爱好者、开发者、学生及工程师等不同层次的读者阅读学习。

图书在版编目(CIP)数据

基于 STM32 的嵌入式系统开发与应用:从入门、进阶到项目实践 / 胡永兵,李迎松,曹宜策编著.
北京:清华大学出版社,2025.1. --(面向新工科的电工电子信息基础课程系列教材).
ISBN 978-7-302-68090-1

Ⅰ. TP332.021

中国国家版本馆 CIP 数据核字第 2025RD9872 号

责任编辑:文 怡
封面设计:王昭红
责任校对:申晓焕
责任印制:杨 艳

出版发行:清华大学出版社
   网 址:https://www.tup.com.cn,https://www.wqxuetang.com
   地 址:北京清华大学学研大厦 A 座   邮 编:100084
   社 总 机:010-83470000   邮 购:010-62786544
   投稿与读者服务:010-62776969,c-service@tup.tsinghua.edu.cn
   质量反馈:010-62772015,zhiliang@tup.tsinghua.edu.cn
   课件下载:https://www.tup.com.cn,010-83470236
印 装 者:三河市铭诚印务有限公司
经 销:全国新华书店
开 本:185mm×260mm 印 张:16.5   字 数:371 千字
版 次:2025 年 1 月第 1 版   印 次:2025 年 1 月第 1 次印刷
印 数:1~1500
定 价:59.00 元

产品编号:108550-01

在 21 世纪的科技浪潮中,嵌入式系统作为信息技术的重要组成部分,正以前所未有的速度渗透到我们生活的每个角落——从智能手机、智能家居到工业自动化、航空航天,嵌入式系统凭借体积小、功耗低、可靠性高的特点,成为推动社会进步和产业升级的关键力量。而 STM32 系列微控制器作为嵌入式领域的一颗璀璨明星,凭借其丰富的外设资源、强大的处理能力和高性价比,赢得了广泛的市场认可和应用。

本书旨在为广大嵌入式系统爱好者、开发者以及相关专业的学生提供一本全面、系统、实用的学习指南,通过深入浅出的讲解和丰富的实践案例,帮助读者快速掌握 STM32 微控制器的开发技巧,实现从理论到实践的跨越,为读者在嵌入式系统领域的发展奠定坚实的基础。

STM32 系列微控制器由意法半导体推出,自问世以来便以其卓越的性能和广泛的应用领域赢得了市场的青睐。它不仅集成了高性能的 ARM Cortex-M 内核,还配备了丰富的外设接口,如 ADC、DAC、UART、SPI、I2C、CAN 等,几乎可以满足所有嵌入式应用的需求。此外,STM32 还拥有强大的生态系统和丰富的开发工具支持,包括 HAL 库、LL 库等,极大地降低了开发难度,提高了开发效率。

本书涵盖 STM32 微控制器的基础知识、开发环境搭建、硬件接口编程、系统设计与调试等多方面内容。具体包括但不限于:

基础部分:介绍了 STM32 微控制器的基本架构、内核原理、外设功能及编程模型,详细讲解了如何搭建 STM32 的开发环境 Keil MDK 与 HAL 库,为后续学习打下基础。

进阶部分:深入剖析了 STM32 的各种外设接口,如 GPIO、定时器、中断、SPI、I2C等,并通过实例演示其编程方法。

系统设计与调试部分:在每个功能模块都详细介绍了嵌入式系统设计的基本原则和方法,包括系统需求分析、硬件选型、软件架构设计、代码编写与调试等。同时,还分享了一些实用的调试技巧和故障排查方法。

本书不仅注重理论知识的讲解,更强调实践应用,通过大量的实例和实验,帮助读者更好地理解和掌握 STM32 的开发技巧。本书在内容安排上从基础到高级,逐步深入,确保读者能够循序渐进地掌握相关知识。书中配有大量的图表,帮助读者直观理解复杂的概念和原理。本书所选案例均来源于实际项目或市场需求,具有很强的实用性和参考价值。

前言

随着物联网、人工智能等技术的快速发展,嵌入式系统的应用前景将更加广阔。掌握 STM32 微控制器的开发技能,无疑将为你的职业生涯增添一份强有力的竞争力。我们希望本书能够激发你对嵌入式系统领域的兴趣与热情,并助你在这一领域取得更大的成就。让我们携手共进,探索嵌入式系统的无限可能!

编 者

2024 年 12 月

目录

目录

目录

目录

第 1 章

实验板简介

本章简要介绍后面使用的实验板：STM32F103 开发板。读者通过本章的学习将对实验板有大概了解，为后面的学习做铺垫。

STM32F103 是意法半导体(ST Microelectronics)推出的一款基于 ARM Cortex-M3 内核的微控制器(Microcontroller Unit,MCU)系列。STM32F103 开发板则是使用这一系列微控制器的开发板，用于嵌入式系统开发和原型设计。

1.1 开发板资源简介

STM32F103 开发板的资源示意如图 1.1 所示。

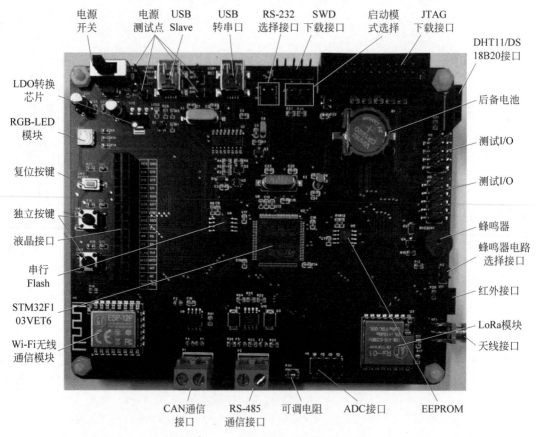

图 1.1 STM32F103 开发板的资源示意

STM32F103 开发板的资源如下：

(1) 中央处理器(CPU)：STM32F103VET6，LQFP100，Flash(512KB)，SRAM (64KB)。

STM32F103VET6 是一款由 STMicroelectronics 生产的 STM32 系列微控制器，其相比 51 系列单片机控制器，硬件单元比较多，实现的功能就会比较多。

LQFP100 是 STM32F103VET6 芯片的封装类型。薄型四方扁平封装(Low-profile Quad Flat Package,LQFP)是一种表面贴装封装，具有 100 个引脚。这种封装形式适用于表面贴装技术,方便集成到印制电路板(PCB)上。

Flash(512KB)表示 STM32F103VET6 芯片的闪存(Flash)容量为 512KB。闪存用于存储程序代码,即微控制器的固件。

SRAM(64KB)表示 STM32F103VET6 芯片的静态随机存取存储器(SRAM)容量为 64KB。SRAM 用于存储变量和运行时数据,供程序在执行过程中使用。

(2) 外扩串行 Flash 芯片:W25Q64FVSSIQ(8MB)。

Flash 是一种电可擦除只读存储器(Electrically Erasable Programmable Read-Only Memory,EEPROM)类型,广泛用于各种电子设备中,包括通用串行总线(USB)驱动器、安全数字(SD)存储卡、固态硬盘(SSD)、嵌入式系统等。

W25Q64FVSSIQ 是一种常见的串行闪存器件,由制造商提供,并支持串行外设接口(Serial Peripheral Interface,SPI)通信协议。8MB 为外部串行闪存器件的总容量。这是存储数据和程序的空间,可以用于存储额外的应用程序代码、固件升级或其他数据。

通过连接外部串行闪存,可以在不更换微控制器的情况下扩展存储容量,这对于一些需要更大存储空间的情况非常有用。在程序运行时,可以通过读取和写入外部串行闪存来访问额外的存储空间。

(3) EEPROM 芯片:AT24C02M/TR(2Kb)。

EEPROM 是一种可以通过电气信号擦除和编程的非易失性存储器,用于存储相对较小的数据量,且可以被多次擦除和重写。

AT24C02M/TR 是 Atmel(现在属于 Microchip Technology)公司生产的一种典型的 EEPROM 芯片。2Kb 为 EEPROM 芯片的容量,这是可存储在 EEPROM 中的数据总量,而字节是计算存储容量时的常见单位。

通过连接 EEPROM 芯片,可以在系统中实现可擦除和可重写的非易失性存储,用于存储配置信息、校准数据、运行时变量等。EEPROM 的优势在于其数据可以在系统断电后保持不变,且可以通过电气信号进行擦除和写入,而不需要整个芯片的擦除。

(4) 电源模块:5V 电源通过 USB 口输入,经低压差线性稳压器(LDO)转换后,输出 3.3V 电源,用 1 个红色的 LED 灯亮灭表示电源通断。

(5) LoRa 无线通信模块:LoRa(Long Range)是一种低功耗、长距离无线通信技术,通常用于物联网(IoT)设备之间的长距离通信。LoRaWAN(LoRa Wide Area Network)是建立在 LoRa 技术基础上的一种协议,用于连接远距离设备到云端网络。

(6) Wi-Fi 无线通信模块:无线局域网(Wi-Fi)无线通信模块是一种用于在设备之间进行无线数据传输的硬件设备。这些模块通常基于 IEEE 802.11 系列标准,使设备能够连接到 Wi-Fi 网络,进行无线通信。

(7) CAN 通信接口,TJA1050T/CM:控制器局域网(Controller Area Network,CAN)是一种常见的串行通信协议,广泛应用于汽车、工业自动化和其他嵌入式系统中。

(8) RS-485 通信接口,GM485E:是一种常用的串行通信标准,用于在远距离设备之间进行可靠的数据传输。

(9) ADC 输入模块:有模数转换器(ADC)接口,ADC 输入模块通常是嵌入式系统中的硬件组件,用于将模拟信号转换为数字信号。

(10) 红外接口(红外接收头):通常是指设备或系统中用于接收或发送红外信号的接口。红外接口广泛应用于遥控器、红外传感器、红外通信等。

(11) DHT11/DS18B20 接口:常用的温湿度传感器接口,可以接 DHT11 和 DS18B20。DHT11 是一种数字温湿度传感器,通常用于测量环境中的温度和湿度。DHT11 传感器的接口通常包括 VCC(电源)、Data(数据线)和 GND(地)三个主要引脚。DS18B20 是一种数字温度传感器,它以数字方式输出温度值。DS18B20 传感器通常包括 VCC(电源)、DQ(数据线)和 GND(地)三个主要引脚。

(12) LCD 液晶显示接口及模块:LCD 有插针,与底板相邻,液晶接口是中间件,连接底板与 LCD,底板是信号线(包括数据线、控制线)。

(13) USB 转串口(USB1 串口):可用于程序下载和代码调试(USMART 调试)。USB 转串口是一种设备,它允许在计算机和串口设备之间进行数据通信,通过 USB 接口连接到计算机。

(14) USB Slave 接口(USB2 Device):用于 USB 从机通信。USB Slave 设备是 USB 主从架构中的一种设备类型。USB 主从(Host and Slave)架构是指在 USB 数据传输中,有一个主设备(通常是计算机)和一个或多个从设备之间进行通信。USB Slave 设备是被动的,它们等待主设备的指令,并响应主设备的数据传输请求。USB 主、从体系结构确保了在 USB 总线上的协同工作,允许各种设备通过 USB 进行通信和数据交换。

(15) 独立按键与三色 LED 灯:独立按键是指用于执行特定功能或命令的独立按钮。这些按键是设备或系统上的物理按钮,用户可以按下它们以触发相应的操作或功能。独立按键可以用于各种电子设备,从家用电器到工业控制系统,以及各种嵌入式系统。三色 LED 灯(RGB-LED 模块)集成了红、绿和蓝三种颜色发光二极管的照明装置。这种 LED 灯允许通过不同强度的三个基本颜色的组合来呈现各种颜色。通过调整每个颜色的亮度,可以混合产生数百种颜色。例如,全开红、全开绿、全开蓝分别呈现出纯红、纯绿和纯蓝,而同时开启红、绿和蓝可以生成其他颜色。RGB-LED 模块广泛应用于各种领域,包括照明装饰、LED 显示屏、舞台照明、电子产品指示灯等。在嵌入式系统中,RGB-LED 模块通常通过微控制器或其他控制电路来实现颜色的动态变化,以适应不同的应用场景。

(16) JTAG 下载接口:是指一种用于调试和下载程序的接口,它基于联合测试工作组(Joint Test Action Group,JTAG)标准。这个接口主要用于与微处理器或其他数字电路上的设备进行通信,以进行调试、测试和程序下载。JTAG 是一种标准化的测试和调试接口,最初是为了在集成电路(IC)上执行测试而设计的。然而,由于其灵活性,它后来被广泛用于调试和程序下载。JTAG 接口通常包括多个引脚,如 TCK(时钟)、TMS(模式选择)、TDI(数据输入)和 TDO(数据输出)等。在嵌入式系统开发中,程序员可以通过 JTAG 下载接口连接到目标设备,使用支持 JTAG 的调试器与烧录工具进行程序的调试和烧录。这种接口提供了强大的调试和开发能力,特别是在需要深入了解硬件运行状态的情况下。

(17) SWD 下载接口：是指 STM32 微控制器中使用的一种特定的调试和下载接口，串行线调试(Serial Wire Debug,SWD)。该接口主要用于调试和下载程序到 STM32 芯片，将编好的程序下载到 STM32 中的 ROM 中，是一种用于调试嵌入式系统的单线调试接口。SWD 接口与 JTAG 接口相比，其使用较少的引脚，通常只需数据(SWDIO)传输和时钟(SWCLK)两条线。

1.2　开发板硬件资源详解

1. MCU 部分原理图

开发板选择 STM32F103VET6 作为 MCU，该芯片是一款由 STMicroelectronics 生产的 STM32 系列微控制器。它搭载了 ARM Cortex^{TM}-M3 32 位 CPU 内核，是一种强大的嵌入式处理器，工作频率最高为 72MHz；在访问存储器不需要等待周期时，其性能可以达到每兆赫时钟频率下执行 1.25 百万条 Dhrystone 指令。选用的 MCU 具有以下配置。

(1) 具有 64KB SRAM 与 512KB Flash；

(2) 8 个 16 位定时器，用于执行定时和计数操作；

(3) 2 个看门狗定时器(独立的和窗口型的)，用于监视系统的运行状态，防止在某些情况下系统出现故障；

(4) 24 位自减型计数器(系统时间定时器)；

(5) 3 个模数转换器(ADC，转换时间 1μs，多达 16 个输入通道)，每个模数转换器的分辨率为 12 位；2 通道 12 位数模转换器(DAC)；

(6) 13 个通信接口(2 个 I2C 接口、5 个通用同步/异步串行接收/发送器(USART)接口、3 个 SPI、CAN 接口、USB2.0 全速接口、SDIO 接口)；

(7) 80 个多功能双向的输入/输出(I/O)口，所有 I/O 口可以映像到 16 个外部中断；

(8) 几乎所有端口均可容忍 5V 信号，串行单线调试(SWD)和 JTAG 接口，Cortex-M3 内嵌跟踪模块(ETM)。

需要注意以下两方面：

(1) 后备区域供电脚 VBAT 采用 CR1220 纽扣电池和 3.3V 混合供电的方式，有外部电源(VCC3.3)时，CR1220 不给 VBAT 供电，外部电源断开时，由 CR1220 供电。这样，VBAT 总是有电的，以保证实时时钟(RTC)的走时以及后备寄存器的内容不丢失。

(2) 电源 3V3 通过磁珠 BLM18KG121TN1D 与 VDDA 隔离开。

MCU 部分原理图如图 1.2 所示。

2. 引出的测试 I/O 口

开发板将没有用到的 I/O 口通过双排插针引出，并作为测试口。双排插针 H5 引出 PC6～PC11，H8 引出 PC12、PD2 和 PD3，共 9 个 I/O 口，且引出了 4 个 3.3V 电源引脚与电源地引脚 GND，如图 1.3 所示。

3. JTAG/SWD 调试下载接口

开发板板载的标准 20 针 JTAG 接口电路与 5pin 的 SWD 接口电路如图 1.4 所示。

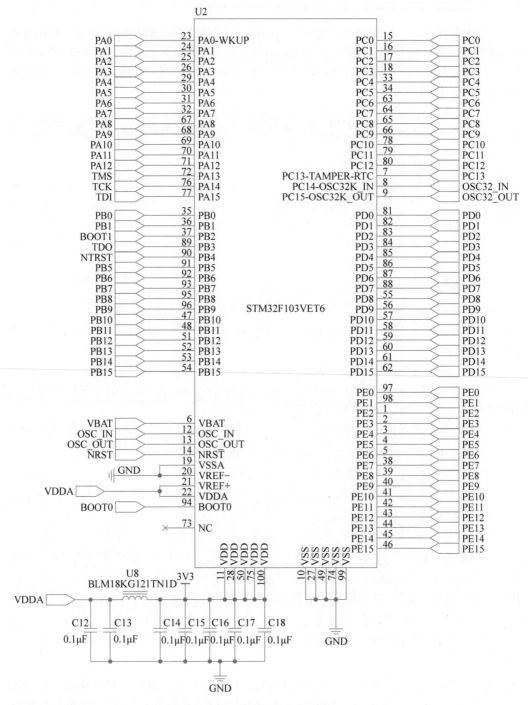

图 1.2　MCU 部分原理图

JTAG 是一种国际标准测试协议（IEEE1149.1 兼容）。标准的 JTAG 接口包括 TMS、TCK、TDI 和 TDO 等信号。通过 JTAG 接口可以烧录和调试程序。开发板参考

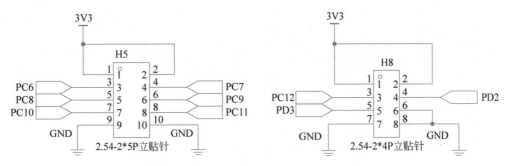

图 1.3 引出的测试 I/O 口

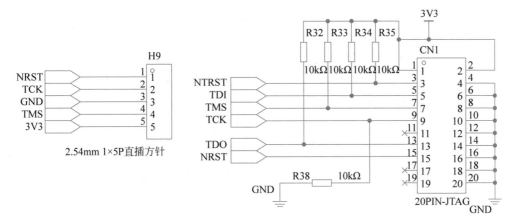

图 1.4 JTAG/SWD 调试下载接口电路

STM32 数据手册对 JTAG 接口信号做了必要的上拉或下拉,在底板上将信号连接到接口连接器。

开发板还有一个 5 线的 SWD 连接座(5pin 的单排插针)。STMM32 同时还支持 SWD 调试接口,SWD 最少需要 2 条线(SWCLK 和 SWDIO)就可以下载并调试代码。

4. LCD 液晶模块接口

液晶屏的 ILI9341 控制器在出厂前就已经被配置为通过 8080 接口进行通信,并使用 16 条数据线进行 RGB565 格式的传输,确保每个像素的颜色信息都能被准确地传输到显示屏上。内部硬件电路连接完,剩下的其他信号线被引出到 FPC 排线,最后该排线由 PCB 底板引出到排针,排针再与实验板上的 STM32 芯片连接。引出的排针信号线如图 1.5 所示。

图 1.5 中液晶屏的 LCD_CS 及 LCD_RS(DC 引脚)与 FSMC 存储区选择引脚 FSMC_ NE 及地址信号 FSMC_A 的编号,会决定 STM32 要使用什么内存地址来控制与液晶屏的通信。

(1) LCD_CS(片选):CS(Chip Select)或片选引脚用于选择液晶屏是否处于活动状态。当片选为低电平时,液晶屏会响应 STM32 的通信,而高电平则表示不响应。通过 CS 引脚,STM32 可以选择与多个设备通信。

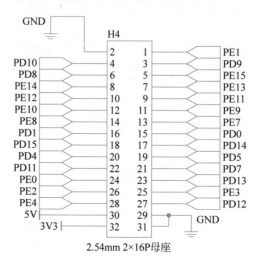

图 1.5   LCD 液晶显示接口电路

（2）LCD_RS（DC 引脚）：RS（Register Select）或 DC（Data/Command）引脚用于区分数据和命令。当 RS 为低电平时，液晶屏期望接收指令；当 RS 为高电平时，液晶屏期望接收数据。这有助于 STM32 正确发送命令和数据。

（3）FSMC_NE（存储区选择引脚）：NE（Chip Enable）引脚是可变静态存储控制器（Flexible Static Memory Controller，FSMC）中的存储区选择引脚。它用于选择不同的存储区，如外部 RAM、Flash 等。在液晶屏控制中，这与液晶屏控制器的片选信号相关。

（4）FSMC_A（地址信号）：A（Address）引脚是 FSMC 中的地址信号引脚。它传递给外部存储器的地址信息，指示 STM32 要在外部存储器的哪个地址执行读或写操作。在液晶屏控制中，这与液晶屏的寄存器地址相关。

这些引脚的配置和连接方式会直接影响 STM32 与液晶屏之间的通信。通过正确配置这些引脚，STM32 能够向液晶屏发送控制指令和图像数据，实现对液晶屏的控制和显示。在连接时确保引脚分配正确，以便实现正常的通信和操作。后面的液晶显示实验部分会对此进行详细介绍。

5. 复位电路

开发板采用上电复位与手动复位，电路如图 1.6 所示。STM32 芯片复位引脚低电平有效，即 NRST 为低电平时，CPU 处于复位状态。R 与 C 构成简单的上电复位电路。系统上电瞬间，因为电容 C21 进行通电，NRST 端视为短接到 GND，为低电平，此时 CPU 处于复位状态；电容通电完成后，NRST 引脚回到高电平，CPU 退出复位状态转入运行状态。电阻 R27 阻值为 $10k\Omega$，电容 C21 容值为 $0.1\mu F$，时间常数 $RC=1ms$，在 $3\sim5ms$ 电容充电完成。当手动按下按键 SW3 时，引脚 NRST 和地直接相连，为低电平，实现 STM32 芯片复位。手动按下按键并立即松开的时间也是毫秒级。

6. 启动模式设置接口

STM32 的启动设置电路如图 1.7 所示。

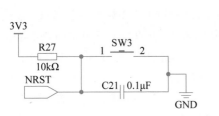

图 1.6 上电复位与手动复位

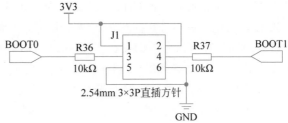

图 1.7 STM32 的启动设置电路

BOOT 启动设置(表 1.1):当 BOOT0 引脚为低电平,BOOT1 引脚为任意电平时,可以从内部 Flash 启动;当 BOOT0 引脚为低电平,BOOT1 引脚为高电平时,可以从系统存储器启动;当 BOOT0 引脚与 BOOT1 引脚都为高电平时,可以从内置 SRAM 启动等。

表 1.1 BOOT 启动设置

BOOT0	BOOT1	启 动 方 式
0	x	内部 Flash
1	0	系统存储器
1	1	内置 SRAM

主闪存存储器(常规模式):这是最常见的启动模式。在此模式下,处理器会执行复位向量表中的复位地址,从而启动芯片。芯片会执行各种初始化操作(包括时钟初始化、外设初始化等),然后跳转到用户定义的启动代码。基地址为 0x08000000。通常用于正常的程序执行和启动,特别是在使用 JTAG 或 SWD 模式下载程序后,重启后直接从主闪存启动程序。

系统存储器(Bootloader 模式):这是一种特殊的启动模式,通常用于更新固件或通过外部接口(如 UART 或 USB)加载新的程序。在此模式下,处理器会将启动地址设置为 Bootloader 的起始地址,而不是复位向量表中的复位地址。Bootloader 负责检查外部接口是否有新的程序,若有新的程序,则加载并启动新程序;否则,它会跳转到复位向量表中的复位地址。基地址为 0x1FFFF000。通常用于固件更新或通过串口、USB 等方式进行程序下载。系统存储器是芯片内部一块特定的区域,STM32 在出厂时预置了一段 Bootloader 代码(ISP 程序)。

内置 SRAM(系统内存模式):这种模式通常用于恢复或修复芯片中的固件。在此模式下,处理器会将启动地址设置为系统内存中的特定地址,而不是复位向量表中的复位地址。系统内存包含一个特殊的 Bootloader,它可以用于加载新的固件或执行其他恢复操作。基地址为 0x20000000。通常用于程序调试,特别是当只需要修改代码中的小部分并快速测试时,可以从 SRAM 启动代码,避免频繁擦除和写入 Flash。

7. USB 转串口

USB 转串口电路的核心原理是通过 USB 接口将数字信号转换成串行数据信号发送给串口设备,同时,将串口设备发送的串行数据信号转换成数字信号传输给计算机。

USB 接口与串口设备之间的信号转换是通过 USB 转换芯片实现的。这种芯片负责将 USB 接口的电压和信号转换成串行数据信号,以及将接收到的串行数据转换成 USB 接口可以识别的数字信号。CH340G 是一款 USB 转串口芯片,可以将计算机的 USB 接口转换为晶体管-晶体管逻辑(TTL)串口通信,实现个人计算机(PC)与外部设备之间的通信。该芯片具有低功耗、高效率、低成本和高集成度等优点。

USB 转串口电路如图 1.8 所示。CH340G 的 RXD 引脚与 STM32 的 TXD 引脚相连,CH340G 的 TXD 引脚与 STM32 的 RXD 引脚相连,两者的 GND 引脚直接相连。退耦电容 C5 和 C6 应尽量靠近 CH340 的相连引脚,以减少电源噪声对电路的影响。无源晶体 X1、电容 C1 和 C2 用于时钟振荡电路,X1 是频率为 12MHz 的石英晶体,C1 和 C2 是容量为 22pF 的独石或高频瓷片电容。

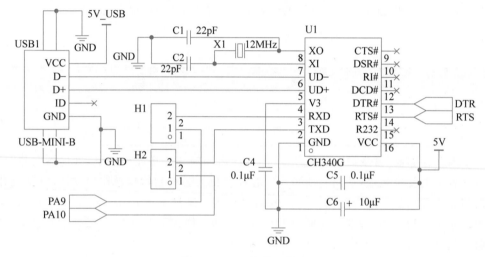

图 1.8　USB 转串口电路

此外,在设计 PCB 时,D+与 D－信号线要平行布线,且要贴近,并在两侧提供地线或者覆铜以减少外界信号干扰;晶振要尽可能贴近 CH340G,以减小晶振输入输出时钟线的长度,避免高频干扰。

8. RS-485 接口

开发板的 RS-485 接口电路是基于 GM485E 通信接口芯片设计的电路,如图 1.9 所示。

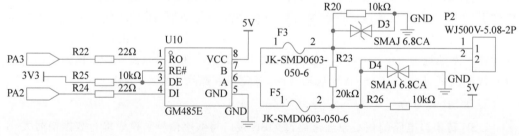

图 1.9　RS-485 接口电路

RS-485 接口电路是用于在工业自动化、通信设备等领域中实现长距离、多点通信的电路。它基于 RS-485 通信标准,采用差分传输方式,具有抗干扰能力强、传输距离长等特点。接口电路采用差分传输方式,通过两条信号线(A 线和 B 线,GM485E 的 Pin6 与 Pin7)进行数据传输。发送器将数据转换为电压信号,在 A 线和 B 线上分别输出正、负电平。接收器根据 A 线和 B 线电平的差值来判断数据是 0 还是 1。R23 为 RS-485 总线终端匹配电阻,通常为 120Ω,用于提高信号传输的质量和稳定性。为了保护 GM485E 芯片免受过压、过流等异常情况的影响,可以在电路中设计保护电路,使用瞬态电压抑制二极管(TVS,又称瞬态电压抑制器)等器件,见图 1.9 中的 D3 与 D4。转换芯片通过通用输入输出(GPIO)口 PA3 和 PA2 分别连接到 STM32 的接收端和发送端。GM485E 芯片的 RE♯和 DE 引脚直接上拉到 3.3V。这样的配置表明,GM485E 芯片被设置为只能处于发送模式,即发送数据时处于启用状态。

9. CAN 总线接口

CAN 总线 TJA1050 接口电路是用于连接 CAN 控制器和物理总线之间的关键电路,它使用 TJA1050 芯片作为高速 CAN 收发器,如图 1.10 所示。TJA1050 支持高达 1Mb/s 的通信速率,具有低电磁辐射(EME)和低电磁干扰(EMI)敏感度。在 CAN 总线的末端应连接两个 120Ω(另一个在总线的另一端)的电阻 R21 进行阻抗匹配,以减少信号反射和干扰。

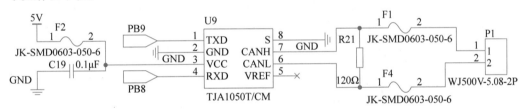

图 1.10　CAN 总线接口电路

10. EEPROM 电路

开发板使用的 EEPROM 芯片是 AT24C02,该芯片的容量为 2Kb,也就是 256B,如图 1.11 所示。图中 A0～A2 均接地,对 24C02 来说也就是把可变地址位设置成 0,编写程序的时候要注意这点。IIC_SCL 接在 MCU 的 PB6 上,IIC_SDA 接在 MCU 的 PB7 上。此处将 IIC 总线接到 STM32 的硬件 IIC 上。

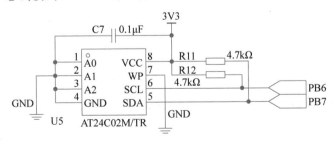

图 1.11　EEPROM 电路

11. SPI 串行 Flash

开发板使用的串行 Flash 芯片是 W25Q64FVSSIQ,其容量为 8MB。WP♯引脚直接连到 3V3,表示 W25Q64FV 没有被写保护;HOLD♯被直接拉高,W25Q64FV 一直运行数据传输,如图 1.12 所示。

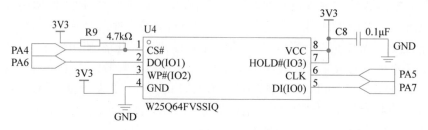

图 1.12 串行 Flash 电路

12. 温湿度传感器接口

开发板上预留了 4Pin 的温湿度传感器接口,其电路如图 1.13 所示。该接口支持 DHT11/DS18B20/DS1820 单总线数字温湿度传感器。传感器的数据线连接在 STM32 的 PE6 上。

13. 红外接口

开发板上预留了 3Pin 的红外接口,其电路如图 1.14 所示。HS0038(默认无)是一个通用的红外接收头,几乎可以接收市面上所有红外遥控器的信号。有了它,就可以用红外遥控器来控制开发板。Pin2 为红外接收头的输出信号,该信号连接在 MCU 的 PE5 上。

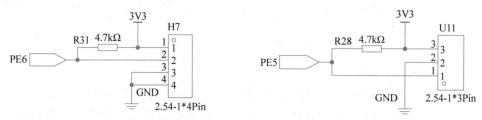

图 1.13 DHT11/DS18B20 接口电路   图 1.14 红外接口电路

14. 三色 LED 电路

开发板板载了三色 LED,其电路如图 1.15 所示。RGB 灯由红、蓝、绿三个小灯构成,使用脉冲宽度调制(PWM)控制时可以混合成 256 种颜色。图中从 3 个 LED 灯的阳极引出连接到 3.3V 电源,阴极各经过 1 个限流电阻引入至 STM32 的 3 个 GPIO 引脚中,所以只要控制这三个引脚输出高低电平,即可控制其所连接 LED 灯的亮灭。当实验板 STM32 连接到 LED 灯的引脚或极性不一样时,只需要修改程序到对应的 GPIO 引脚即可,工作原理都是一样的。

15. 独立按键

开发板板载共有两个输入按键,其原理电路如图 1.16 所示。SW1 和 SW2 用作普通

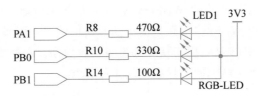

图 1.15 三色 LED 电路

按键输入,分别连接在 STM32 的 PA0 和 PC13 上。

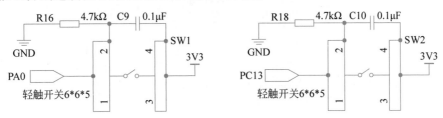

图 1.16 两个独立按键电路

16. 有源蜂鸣器

开发板板载了一个有源蜂鸣器,其原理电路如图 1.17 所示。有源蜂鸣器是指自带了振荡电路的蜂鸣器,这种蜂鸣器一旦上电就会振荡发声。无源蜂鸣器需要外加一定频率(2~5kHz)的驱动信号才会发声。这里选用有源蜂鸣器。图 1.17 中 Q1 用来扩流;R15 是一个下拉电阻,避免 MCU 复位时蜂鸣器发声。BEEP 信号直接连接在 MCU 的 PA8 上面,PA8 可以作 PWM 输出,如果控制蜂鸣器"唱歌",就可以使用 PWM 来控制蜂鸣器。

17. ADC 接口电路

开发板上 ADC 接口电路如图 1.18 所示。通过 H6 连接器的引脚提供了 6 路 ADC 的输入,这 6 路 ADC 输入可以直接连接 3V3,也可以连接外部输入,还以通过可调电阻 R30 实现可变 ADC 输入。

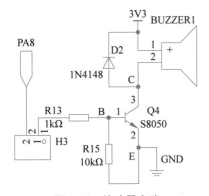

图 1.17 蜂鸣器电路

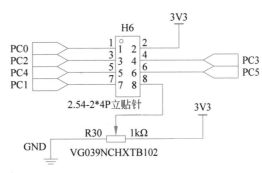

图 1.18 ADC 接口电路

18. Wi-Fi 模块

开发板板载了 ESP-12F 串口 Wi-Fi 模块,如图 1.19 所示。ESP-12F 串口 Wi-Fi 模

块是一个集成 ESP8266EX 芯片的 Wi-Fi 模块,它提供了串口通信接口,用户可以通过串口与模块进行通信,实现 Wi-Fi 连接和数据传输。模块的发送引脚 TX,用于向外部设备发送数据;模块的接收引脚 RX,用于从外部设备接收数据。在使用 ESP-12F 模块时,需要确保电源的稳定性,避免电源问题导致模块工作异常。

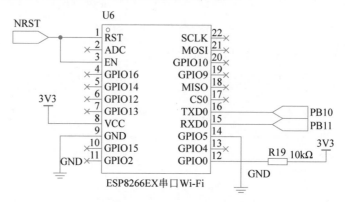

图 1.19　ESP-12F 串口 Wi-Fi 模块

19. LoRa 模块

Ra-01 模块与 STM32 的连接主要基于 SPI,电路如图 1.20 所示。NSS_PIN (CS)连接到 STM32 的 PB12 引脚,用于片选指定通信的对象;MOSI_PIN 连接到 STM32 的 SPI 数据输出引脚 PB15,用于主机输出数据;MISO_PIN 连接到 STM32 的 SPI 数据输入引脚 PB14,用于主机输入数据;SCK_PIN 连接到 STM32 的 SPI 时钟引脚 PB13,提供时钟信号。Ra-01 模块与 STM32 的连接可以应用于多种场景,如物联网、无线传感网络、智能家居等。通过 STM32 的控制,可以实现 Ra-01 模块的远程通信、数据采集、控制等功能。

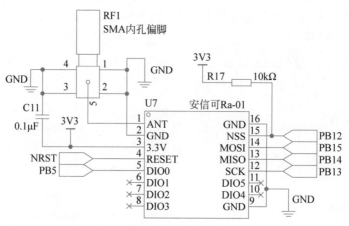

图 1.20　LoRa 通信模块

20. 电源电路

开发板板载的电源供电部分原理电路如图 1.21 所示。通过 USB 口作为电源的输入端口,输入 5V 电源,经开关 SW4 后,到贴片式一次性保险丝 F6,然后接到 LDO 芯片 AMS1117-3.3,将 5V 电压转换成 3.3V。LED2 为红色的电源指示灯。另外,开发板上设置了 5V_USB、5V、3V3 和 GND 四个电源测试点,如图 1.22 所示。

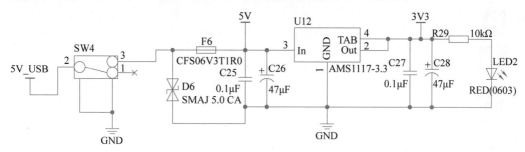

图 1.21　电源电路

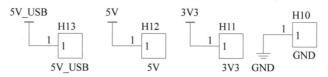

图 1.22　电源测试点

21. VBAT 供电电路

开发板的 VBAT 供电电路如图 1.23 所示。当外部电路断电,即 3.3V 断电时,则由 B1(CR1220)通过肖特基二极管 BAT54C 的 Pin1 和 Pin3 给 VBAT 供电;否则直接由外部电源 3V3 通过 BAT54C 的 Pin2 和 Pin3 给 VBAT 供电。如此可以确保引脚 VBAT 总是有电的,以保证保存备份寄存器的内容和维持 RTC 的功能。

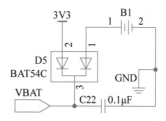

图 1.23　VBAT 供电电路

22. 晶振电路

晶振电路分两部分,作为主时钟电路与实时时钟,主时钟电路采用的是 8MHz 晶振,实时时钟采用的是 32.768kHz 晶振,均为无源晶振。晶振电路如图 1.24 所示。晶振、外部电容器与集成电路(IC)之间的信号线保持最短,以减少电磁干扰和寄生电容的影响。

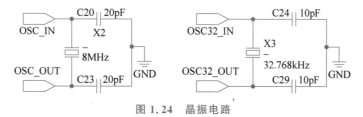

图 1.24　晶振电路

第2章

构建开发环境

本章主要讲解使用开发板需要安装的软件及其配置,涉及开发工具 Keil 5 的安装、DAP 仿真器配置及程序下载。

2.1 Keil 5 的安装

Keil 5,或者更正式地称为 Keil MDK(Microcontroller Development Kit)v5,是由 Keil 公司提供的一款**集成开发环境**(IDE),专门用于嵌入式系统和微控制器的软件开发。Keil 5 提供了一个集成的开发环境,包括编辑器、编译器、调试器等工具。这简化了开发流程,使得开发者可以在同一个界面下完成代码编写、编译和调试等操作。Keil 5 在默认情况下集成了 ARM 公司的编译器,包括 ARM Compiler 5 和 ARM Compiler 6,这两个编译器都是 ARM 公司为 ARM 架构的微控制器和嵌入式系统提供的高性能编译器。

使用这些内置的 ARM 编译器,开发者可以在 Keil MDK 环境中直接进行编译、调试和仿真工作,而不需要额外安装其他编译器。在项目设置中可以选择使用 ARM Compiler 5 或 ARM Compiler 6,具体取决于项目的需求和兼容性要求。

在安装 Keil 5 时应注意以下几点:

(1)安装路径不能带中文,必须是英文路径;

(2)安装目录不能与 C51 的 Keil 或者 Keil 4 冲突,三者目录必须分开;

(3)Keil 5 的安装比 Keil 4 多了一个步骤,必须添加 MCU 库,否则没法使用;

(4)若使用时出现错误,则先通过搜索引擎查找解决方法。

2.1.1 获取 Keil 5 安装包

要想获得 Keil 5 安装包,在搜索引擎中搜索"Keil 5 下载"即可找到下载文件,或者 Keil 官网 https://www.keil.com/download/product/下载,如图 2.1 所示。

图 2.1 Keil 下载官网

2.1.2 安装 Keil 5

双击 Keil 5 安装包 MDK531.exe,如图 2.2 所示。

图 2.2　MDK531 安装文件图标

开始安装,单击 Next 按钮,如图 2.3 所示。

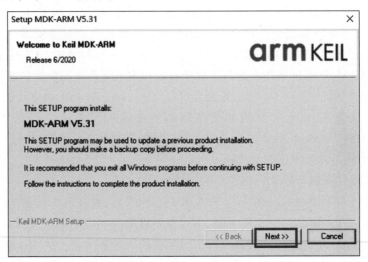

图 2.3　安装步骤 1

勾选"I agree to all the terms of the preceding License Agreement"复选框,然后单击 Next 按钮,如图 2.4 所示。

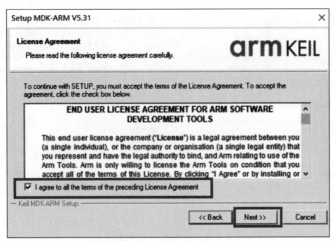

图 2.4　安装步骤 2

选择安装路径,路径不能带中文,单击 Next 按钮,如图 2.5 所示。

填写用户信息,全部填空格(键盘的 Space 键)即可,单击 Next 按钮,如图 2.6 所示。

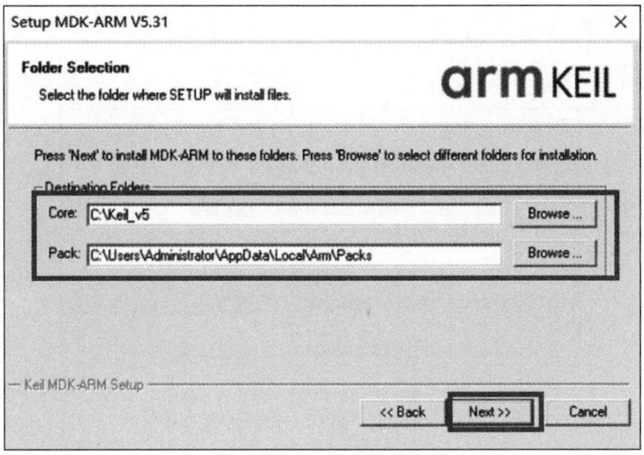

图 2.5　安装步骤 3

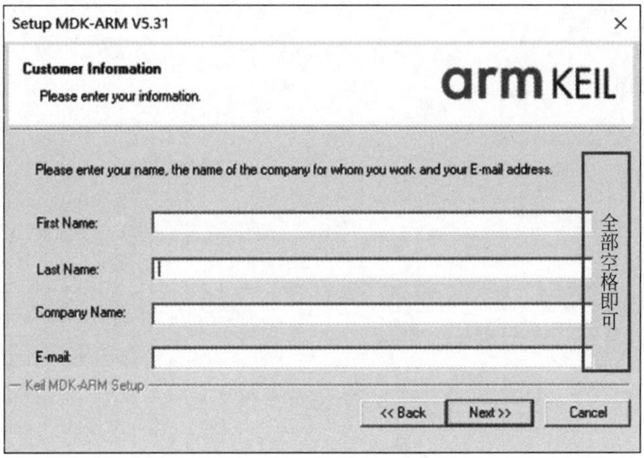

图 2.6　安装步骤 4

进入安装进程，如图 2.7 所示。

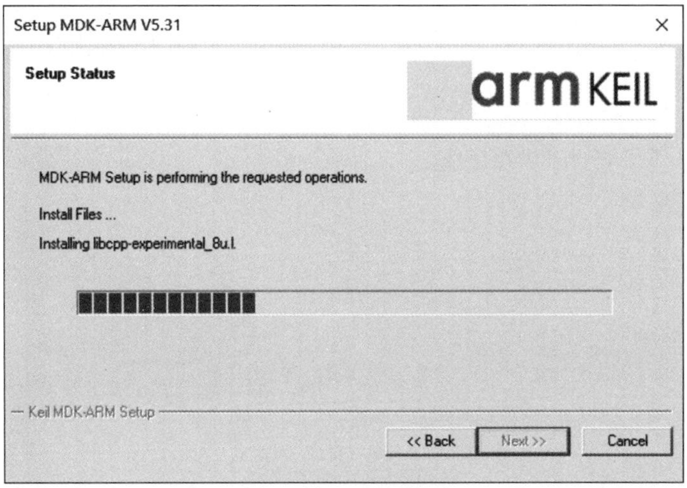

图 2.7　安装步骤 5

在安装过程中会自动请求安装一些驱动,若不知该驱动为什么服务,一律选择安装即可,如图 2.8 和图 2.9 所示。

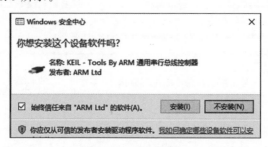

图 2.8　安装步骤 6

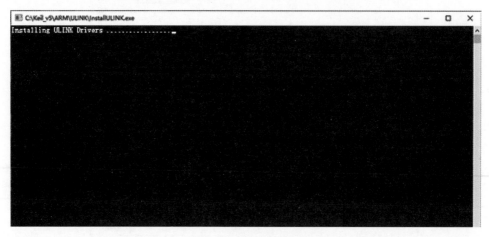

图 2.9　安装步骤 7

安装完成会弹出如图 2.10 所示的界面,不用勾选"Show Release Notes",直接单击 Finish 按钮即可。

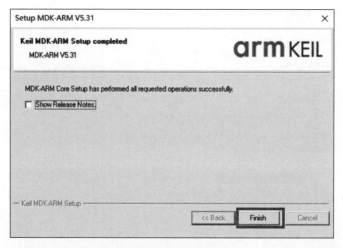

图 2.10　安装步骤 8

2.1.3　安装 STM32 芯片包

Keil 5 不像 Keil 4 那样自带了很多厂商的 MCU 型号,Keil 5 需要自己安装。

在安装完成后,会弹出如图 2.11 所示界面,这个界面可以自动下载相关芯片包。很多芯片包可能一直都用不上,所以在此处直接把这个界面关闭,自己安装芯片包。可以直接在 Keil 官网 http://www.keil.com/dd2/pack/下载,如图 2.12 所示。

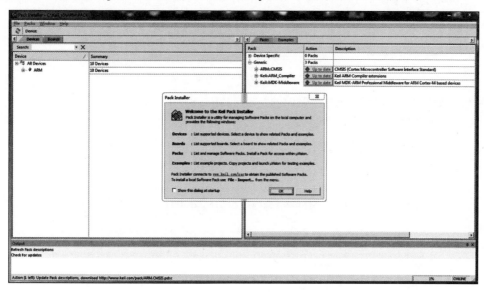

图 2.11　芯片包在线安装界面

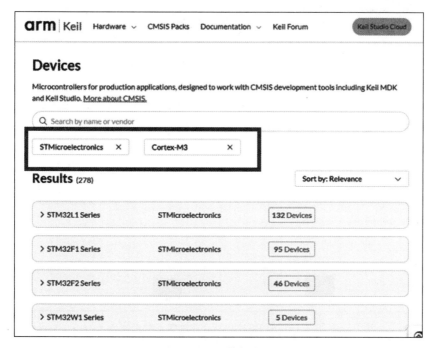

图 2.12　芯片包官网

在方框处选择厂商和芯片内核,然后选中 STM32F1 系列,找到 STM32F103VE,并单击方框处,如图 2.13 所示。

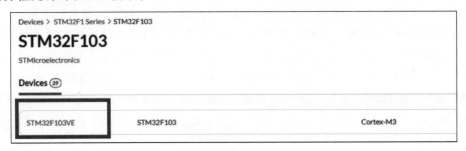

图 2.13　STM32F103VE 芯片包下载步骤 1

进入如图 2.14 界面,单击方框内的"STM32F1xx_DFP"。

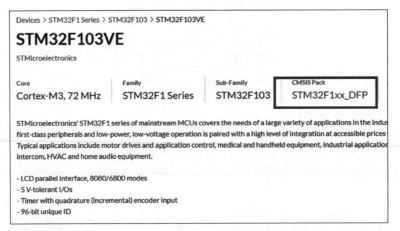

图 2.14　STM32F103VE 芯片包下载步骤 2

进入图 2.15 界面,在界面的右侧显示"STM32F1xx_DFP 2.4.1",单击下载并安装即可。

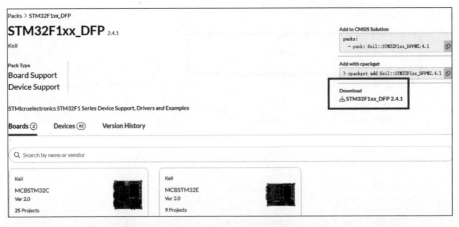

图 2.15　STM32F103VE 芯片包下载步骤 3

双击下载的安装包即可安装,选择与 Keil 5 一样的安装路径,安装成功之后,在 Keil 5 的 Pack Installer 中就可以看到安装的包,新建工程时,可选择单片机的型号,如图 2.16 所示。具体流程:Pack Installer→Devices→STMicroelectronics→STM32F1 Series→STM32F103。

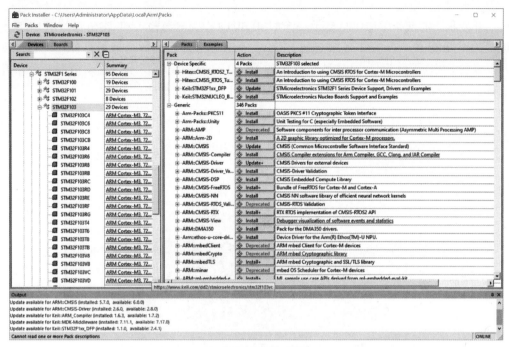

图 2.16 芯片包界面

2.2 DAP 仿真器配置及程序下载

本书配套的仿真器遵循 ARM 公司的 CMSIS-DAP 标准,支持所有基于 Cortex-M 内核的单片机,常见的 M3、M4 和 M7 都可以完美支持。仿真器支持下载和在线仿真程序,支持 XP、Windows 7、Windows 8、Windows 10 四个操作系统,不需要安装驱动,支持 Keil 和 IAR 直接下载,非常方便。

调试端口(Debug Access Port,DAP)仿真器是一种用于调试嵌入式系统的工具,它通常与 ARM 架构的微控制器一起使用。DAP 仿真器通过提供调试接口,使得开发者能够在开发过程中监视、调试和测试嵌入式应用程序。DAP 仿真器允许开发者在嵌入式系统中执行调试操作,如单步执行、设置断点、观察变量的值、监视寄存器状态等。通过这些调试功能,开发者可以逐步检查代码执行,并在需要时中断程序以检查系统状态,有助于发现和解决潜在的错误或问题。DAP 仿真器通常具有固件下载和烧录的功能,使得开发者能够将软件程序加载到目标嵌入式设备中,这对于调试、验证和更新嵌入式系统的软件非常重要。DAP 仿真器遵循 CMSIS-DAP 标准,这是 ARM 公司定义的一种调试接口标准。这种兼容性使得 DAP 仿真器可以与不同型号的 ARM 微控制器兼容,提高了工具的可移植性。DAP 仿真器通常集成到嵌入式开发环境(如 Keil、IAR 等)中,使得开发者能够在同一界面下进行代码编写、编译和调试,简化了开发流程,提高了效率。DAP 仿真器还支持性能分析功能,允许开发者评估代码的执行效率,找出性能瓶颈,并进行优化。

2.2.1 仿真器与开发板硬件连接

开发板上有两个 USB 口,其中一个 USB Slave 作为电源输入端,将仿真器用 USB 线连接计算机,若仿真器的灯亮,则表示正常,可以使用;然后把仿真器的另外一端连接到开发板的 SWD 下载接口,具体硬件连线如图 2.17 和图 2.18 所示。拨动电源开关给开发板上电,接着可以通过软件 Keil 或者 IAR 给开发板下载程序。

图 2.17 仿真器与开发板硬件连线框图

图 2.18 下载器与开发板硬件实物连线

2.2.2 DAP 仿真器配置

下载程序前需要针对 DAP 仿真器在 Keil 软件里进行必要的配置。在仿真器连接好计算机和开发板且开发板供电正常的情况下,打开编译软件 Keil 5,进入已建立的工程中,然后进行配置。具体配置如下:

1. Debug 选项卡配置

打开 Keil 5,单击魔术棒(Options for Target,图 2.19 箭头指示处),弹出如图 2.20 所示界面,选择 Debug 选项卡(箭头指示处),然后单击 Settings 左侧的下拉按钮,选中 CMSIS-DAP Debugger 作为仿真下载器,如图 2.21 所示。

2. Utilities 选项卡配置

选择 Utilities 选项卡,勾选 Use Debug Driver 复选框,使用调试驱动。

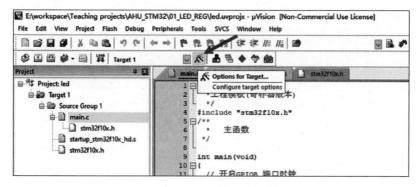

图 2.19　Debug 选项卡配置 1

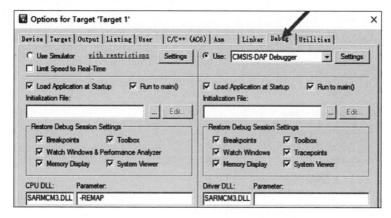

图 2.20　Debug 选项卡配置 2

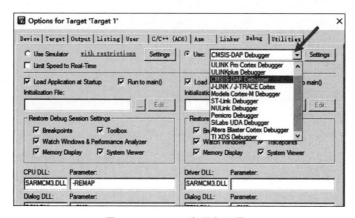

图 2.21　Debug 选项卡配置 3

　　勾选 Update Target before Debugging 复选框,调试之前更新目标。一般情况下,图 2.22 标识处的复选框都需要勾选,因为下载程序之前检测到代码修改了,会重新编译程序(也就是更新目标)。

3. Debug-Settings 选项卡配置

选择 Debug 选项卡后,单击 Settings 按钮,弹出如图 2.23 所示对话框。

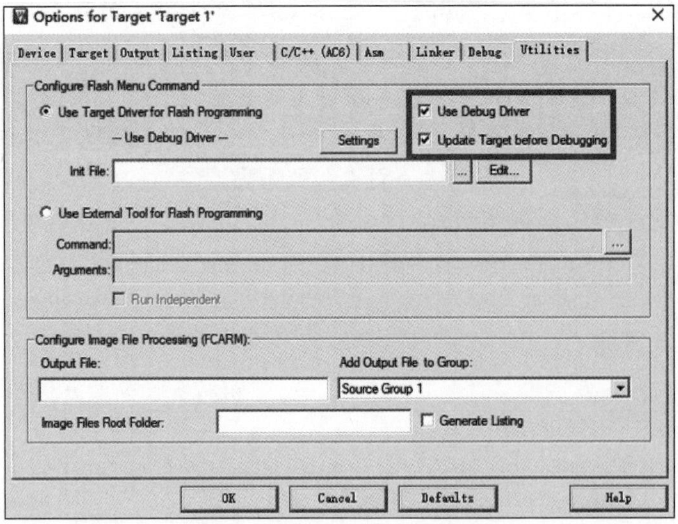

图 2.22　Utilities 选项卡配置

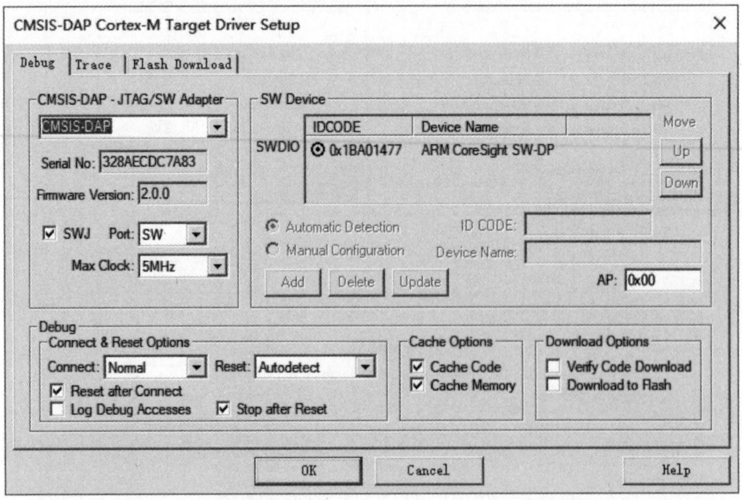

图 2.23　Debug-Settings 对话框

　　选择 CMSIS-DAP 仿真器,如果开发板已经上电且仿真下载已经连接到计算机的 USB 接口,就能看到仿真器的序列号(图 2.24 标识 1 处)和开发板上的芯片(图 2.24 标识 2 处)。因为使用的是 SWD 接口,所以此处要勾选图 2.24 的标识 3 处,且 Max Clock 选择 5MHz 即可。此外,在 Reset 的下拉列表中选择 Autodetect,否则下载不了。其余默认即可。

　　4. 选择目标板

　　选择图 2.23 中的 Flash Download 选项卡,进入如图 2.25 界面。

　　选择目标板,具体选择多大的 Flash 要根据板子上的芯片型号决定。开发板的配置是 F1 选 512k。如果没有选择,下载时就会提示 Algorithm 错误。注意勾选 Reset and

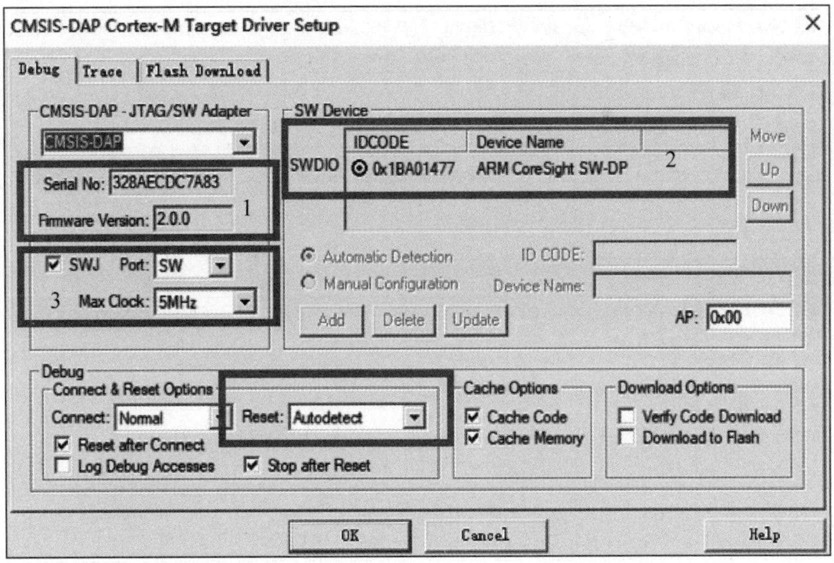

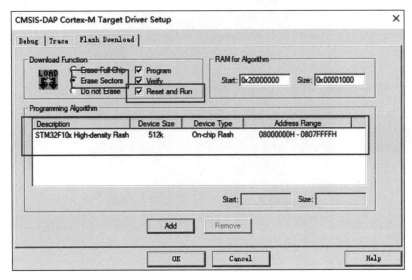

图 2.24 Debug-Settings 选项卡配置

图 2.25 选择目标板

Run 复选框,这样程序下载完之后就会自动运行;否则,需要手动复位。擦除的 Flash 大小选择 Sectors 即可,不要选 Full Chip;否则,下载会比较慢。

5. 程序下载

在前面各个步骤成功配置完成后,就可以把编译好的程序下载到开发板上运行。本书提供测试工程,在打开此工程后进行程序下载。下载程序不需要其他额外的软件,直接单击 Keil 5 中的 LOAD 按钮即可,如图 2.26 所示。

程序下载后,Build Output 选项卡若输出 Application running,则表示程序下载成功,如图 2.27 所示,红色 LED 灯亮,如图 2.28 所示。

E:\workspace\Teaching projects\AHU_STM32\01_LED_REG\led.uvprojx - µVision [Non-Commercial Use
File Edit View Project Flash Debug Peripherals Tools SVCS Window Help
Target 1
Project
main.c
startup_stm32f10x_hd.s
stm32f10x.h

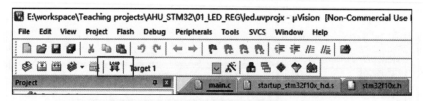

图 2.26　单击 LOAD 下载程序

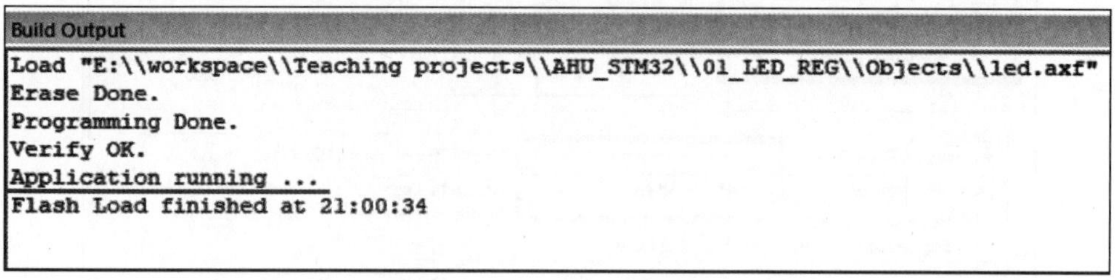

Build Output
Load "E:\\workspace\\Teaching projects\\AHU_STM32\\01_LED_REG\\Objects\\led.axf"
Erase Done.
Programming Done.
Verify OK.
Application running ...
Flash Load finished at 21:00:34

图 2.27　程序下载成功界面

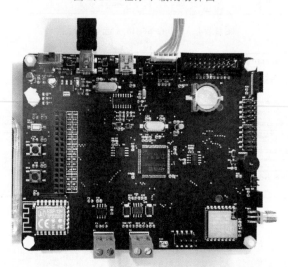

图 2.28　LED 灯亮

第 3 章

STM32F10x 微控制器

本章主要讲解 STM32 以及 STM32F10x 微控制器的内部结构。

3.1 STM32 系列微控制器介绍

STM32 具有以下优势：

（1）广泛的产品系列和选择。STM32 提供了多个产品系列，无论是低功耗的 STM32L 系列、高性能的 STM32F 系列，还是专为工业应用设计的 STM32G 系列，开发者可以根据具体的应用要求选择合适的产品。

（2）强大的性能和处理能力。STM32 MCU 采用了 32 位 ARM Cortex-M 内核，具备强大的处理能力和高性能。它们能够高效地执行复杂的任务，并支持实时操作系统（RTOS）和多线程应用程序。

（3）丰富的外设集成。STM32 MCU 集成了丰富的外设，包括通信接口（如 UART、SPI、I2C、CAN 等）、模拟和数字接口、定时器、中断控制器等。这些外设的集成简化了系统设计和开发过程，加快了产品上市时间。

（4）低功耗设计。STM32 MCU 采用先进的低功耗设计技术，使其在电池供电或节能应用中表现出色。它们支持动态电压频率调节（DVFS）、智能睡眠模式等功耗优化功能，以延长电池寿命和降低功耗。

（5）强大的生态系统支持。STM32 拥有广泛的开发工具和生态系统支持。意法半导体提供了集成开发环境（如 STM32CubeIDE）、调试器/编程器以及丰富的软件库和示例代码。此外，开发者社区和第三方合作伙伴提供了大量的支持和资源。

（6）丰富的安全特性。STM32 MCU 具备丰富的硬件和软件安全功能，以保护系统免受潜在的威胁和攻击。这些安全特性包括存储器保护单元、硬件加密模块、安全引导功能等，有助于实现安全可靠的应用。

（7）灵活性和可扩展性。STM32 MCU 具有灵活的架构和可扩展性，允许开发者根据需求进行定制。它们支持多种封装和存储器配置选项，以及可选的外设和功能模块，满足不同的应用需求。

因为 STM32 具有高性能和低功耗特点，广泛应用于工业控制领域，如电机控制、流量控制、温度控制等。因为 STM32 具有低成本和高度集成特点，在消费电子领域得到了广泛应用，如智能手表、智能音箱、智能摄像头等。随着物联网技术的发展，因为 STM32 具有无线连接功能和低功耗特点，在物联网设备中的应用越来越广泛，如智能家居设备、智能物流等。STM32 在智能家居领域的应用也非常广泛，如智能门锁、智能照明、智能空调等。

3.2 STM32 体系结构

开发板中使用的芯片是 100pin 的 STM32F103VET6，实物与引脚图如图 3.1 所示。芯片正面丝印中 ARM 表示该芯片使用的是 ARM 的内核，STM32F103VET6 是芯片型号，后面的字与生产批次相关，左下是 ST 的企业标志。

(a)

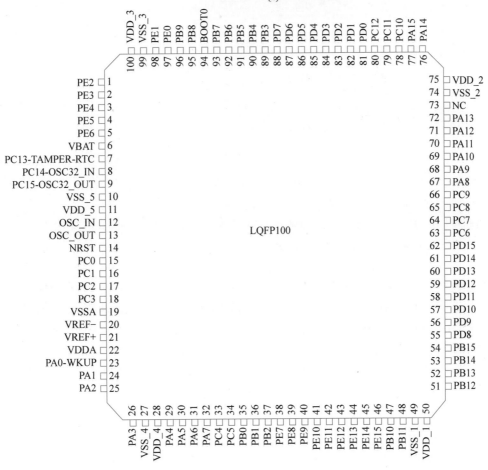

(b)

图 3.1　STM32F103VET6 芯片

3.2.1 Cortex-M3 内核简介

STM32F103 采用的是 Cortex-M3 内核,内核即 CPU,由 ARM 公司设计。在芯片制造商(如 ST、TI、Freescale、兆易创新等公司)得到 ARM 公司的 CM3 处理器内核使用授权后,就可以把 CM3 内核用在自己的硅片设计中,添加存储器、外设、I/O 以及其他功能块。不同制造商设计出的单片机会有不同的配置,包括存储器容量、类型、外设等,都各具特色。基于 Cortex-M3 内核架构的 MCU 内部结构框图如图 3.2 所示。

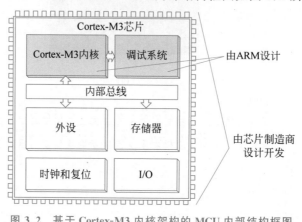

图 3.2 基于 Cortex-M3 内核架构的 MCU 内部结构框图

Cortex-M3 内核是建立在一个高性能哈佛结构的三级流水线技术上的 ARMv7 架构,可满足事件驱动的应用需求。内核的内部数据路径宽度为 32 位,存储器接口宽度也是 32 位,是典型的 32 位处理器内核。内核拥有独立的指令总线和数据总线,指令和数据访问可同时进行。但指令总线和数据总线共享一个存储器空间,其寻址能力为 4GB。Cortex-M3 处理器系统框图如图 3.3 所示。

从图 3.3 可以看出,Cortex-M3 处理器系统包括 CM3Core(Cortex-M3 处理器的中央处理内核)、NVIC(嵌套向量中断控制器)、SYSTICK Timer(系统定时器)、MPU(存储器保护单元)、总线矩阵(AHB 互连)、AHB-to-APB Bridge(AHB 转换为 APB 的总线桥)、SW-DP/SWJ-DP(串行线/串行线 JTAG 调试端口)、AHB-AP(AHB 访问端口)、ETM(嵌入式跟踪宏单元)、DWT(数据观察点及跟踪单元)、ITM(指令跟踪宏单元)、TPIU(跟踪单元的接口单元)、FPB(Flash 地址重载及断点单元)、ROM Table(存储了配置信息的查找表)等。

内核与外设之间通过各种总线连接,如图 3.4 所示。

1. ICode 总线

ICode 中的 I 表示指令(Instruction)。写好的程序编译之后都是一条条指令,存放在 Flash 中,内核要读取这些指令来执行程序就必须通过 ICode 总线,它几乎每时每刻都需要被使用,是专门用来取指令的。

2. DCode 总线

DCode 中的 D 表示数据(Data),是用来取数据的。在编写程序的时候,数据有两种:

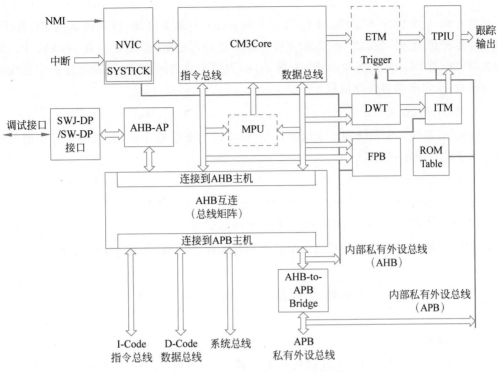

图 3.3　Cortex-M3 处理器系统框图

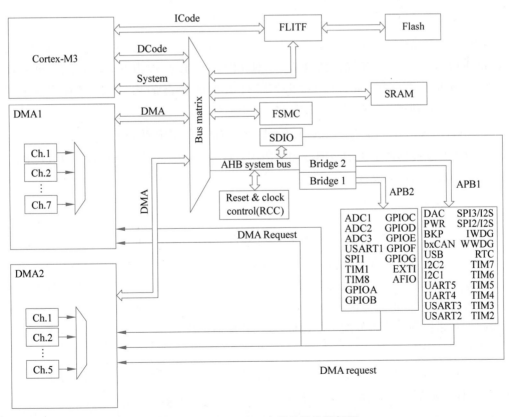

图 3.4　STM32F10x 内部总线连接框图

一种是常量,它是固定不变的,用 C 语言中的 const 关键字修饰,放到内部的 Flash 中;另一种是变量,它是可变的,不管是全局变量还是局部变量,都放在内部 SRAM 中。因为数据可以被 DCode 总线和 DMA 总线访问,为了避免访问冲突,需要经过一个总线矩阵来仲裁,决定哪条总线在取数。

3. System 总线

System 总线主要是访问外设的寄存器,通常说的寄存器编程,即读写寄存器都是通过这条系统总线来完成的。

4. DMA 总线

DMA 总线也主要是用来传输数据,这个数据可以在某个外设的数据寄存器,也可以在 SRAM 或内部的 Flash。因为数据可以被 DCode 总线和 DMA 总线访问。为了避免访问冲突,在取数的时候需要经过一个总线矩阵来仲裁,决定哪条总线在取数。

5. Flash

Flash 即内部的闪存存储器,用来存放编写好的程序。内核通过 ICode 总线来取里面的指令。

6. SRAM

程序的变量,堆栈等的开销都是基于内部的 SRAM。内核通过 DCode 总线来访问它。

7. FSMC

FSMC(Flexible Static Memory Controller,灵活的静态存储器控制器)是 STM32F10xx 中一个很有特色的外设,通过 FSMC 可以扩展内存,如外部的 SRAM、NAND Flash 和 NORFlash。注意,FSMC 只能扩展静态的内存,即名称里面的 S(static),不能是动态的内存,比如 SDRAM 就不能扩展。

8. AHB system bus 与 Bridge1/Bridge2(AHB 到 APB 的桥)

从 AHB 总线延伸出来的 APB2 和 APB1 总线,STM32 的特色外设,如 GPIO、串口、I2C、SPI 挂载在这两条总线上。

3.2.2 存储器映射

程序存储器、数据存储器、寄存器和 I/O 端口这些功能部件共同排列在一个 4GB 的地址空间内。可寻址内存空间分为 8 个主块,每块空间大小为 512MB。所有未分配给片内存储器和外设的存储区都被视为"保留区"(Reserved),如图 3.5 所示。存储器本身不具有地址信息,它的地址是由芯片厂商或用户分配,给存储器分配地址的过程称为存储器映射。如果给存储器再分配一个地址,就叫存储器重映射。

存储器区域功能划分

4GB 的地址空间被平均分成了 8 个块(block),每块空间大小为 512MB,且规定了每个块的用途,如表 3.1 所示。

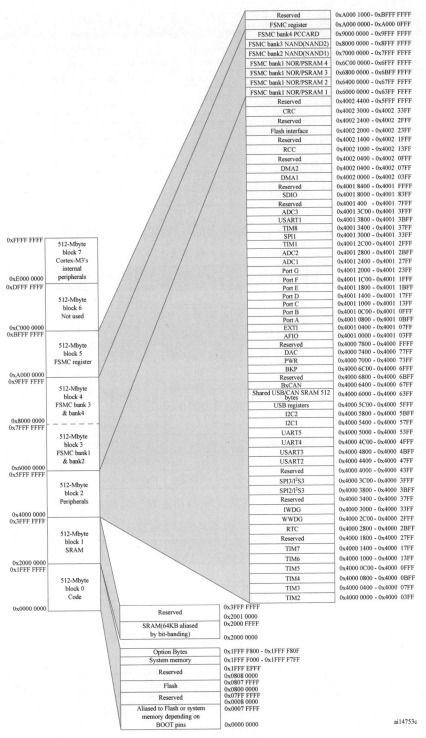

图 3.5　STM32F10x 存储器映射

表 3.1 STM32F10x 存储器功能分类

块	用 途	地 址 范 围
block0	Code	0x0000 0000～0x1FFF FFFF(512MB)
block1	SRAM	0x2000 0000～0x3FFF FFFF(512MB)
block2	片上外设	0x4000 0000～0x5FFF FFFF(512MB)
block3	FSMC 的 bank1～ bank2	0x6000 0000～0x7FFF FFFF(512MB)
block4	FSMC 的 bank3～ bank4	0x8000 0000～0x9FFF FFFF(512MB)
block5	FSMC 的寄存器	0xA000 0000～0xCFFF FFFF(512MB)
block6	没有使用	0xD000 0000～0xDFFF FFFF(512MB)
block7	Cortex-M3 内部外设	0xE000 0000～0xFFFF FFFF(512MB)

在这 8 个 block 中,block0、block1 和 block2 这 3 个块非常重要,也是我们最关心的 3 个块。下面简单地介绍 3 个 block 内部区域功能划分。

block0 主要用于设计片内的 Flash,其内部区域功能划分具体见表 3.2。

表 3.2 block0 内部区域功能划分

用 途 说 明	地 址 范 围
预留	0x1FFE C008～0x1FFF FFFF
选项字节:用于配置读写保护、BOR 级别、软件/硬件看门狗以及器件处于待机或停止模式下的复位。当芯片被锁住之后,可以从 RAM 里面启动来修改这部分相应的寄存器位	0x1FFF F800～0x1FFF F80F
系统存储器:里面存的是 ST 出厂时烧写好的 ISP 自举程序,用户无法改动。串口下载的时候需要用到这部分程序	0x1FFF F000～0x1FFF F7FF
预留	0x0808 0000～0x1FFF EFFF
Flash:程序就放在这里	0x0800 0000～0x0807 FFFF (512KB)
预留	0x0008 0000～0x07FF FFFF
取决于 BOOT 引脚,为 Flash、系统存储器、SRAM 的别名	0x0000 0000～0x0007 FFFF

block1 用于设计片内的 SRAM,内部区域的功能划分具体见表 3.3。

表 3.3 block1 内部区域功能划分

用 途 说 明	地 址 范 围
预留	0x2001 0000～0x3FFF FFFF
SRAM 64KB	0x2000 0000 ～0x2000 FFFF

Block2 用于设计片内的外设,根据外设的总线速度不同,block2 被分成了 APB 和 AHB 两部分,其中 APB 又被分为 APB1 和 APB2,具体功能划分见表 3.4。

表 3.4 block2 内部区域功能划分

用 途 说 明	地 址 范 围
APB1 总线外设	0x4000 0000～0x4000 77FF
APB2 总线外设	0x4001 0000～0x4001 3FFF
AHB 总线外设	0x4001 8000～0x5003 FFFF

更多详细资料可参考 STM32F103xx 的 *Reference manual*。

3.2.3　寄存器映射

存储器的地址是由存储器分配给它的,即存储器的地址映射给它的。在存储器 block2 区域,设计的是片上外设。它们以 4B 为一个单元,共 32bit。每个单元对应不同的功能,当需要控制这些单元时,就可以驱动外设工作。可以找到每个单元的起始地址,然后通过 C 语言指针的操作方式来访问这些单元。为了更好地记忆且避免出错,可以根据每个单元功能的不同,以功能为名给这个内存单元取一个别名,这个别名就是常说的寄存器。给已经分配好地址的有特定功能的内存单元取别名的过程就叫寄存器映射。

比如,GPIOB 端口的输出数据寄存器 ODR 的地址是 0x4001 0C0C,ODR 寄存器是 32bit,低 16bit 有效,对应着 GPIOB 端口 16 个外部 I/O,对其写 0 或 1,对应的 I/O 则输出低或高电平。现在通过 C 语言指针的操作方式,让 GPIOB 的 16 个 I/O 都输出高电平,具体见代码清单 3.1。

代码清单 3.1　通过绝对地址访问内存单元

```
1   /* GPIOB 端口全部输出高电平 */
2   * (unsigned int * )(0x4001 0C0C) = 0xFFFF;
```

在我们看来 0x4001 0C0C 是 GPIOB 端口 ODR 的地址;但在编译器看来,它只是一个普通的变量,是一个立即数。要想让编译器也认为是指针,需要进行强制类型转换,将它转换成指针,即(unsigned int *)0x4001 0C0C,然后再对这个指针进行 * 操作,如代码清单第 2 行。

为了方便记忆且避免出错,可以通过宏定义的形式将绝对地址(内存单元)用一个别名来替代,见代码清单 3.2。

代码清单 3.2　通过内存单元别名(寄存器)方式访问内存单元

```
1   /* GPIOB 端口全部输出高电平 */
2   #define GPIOB_ODR (unsigned int * )(GPIOB_BASE + 0x0C)
3   * GPIOB_ODR = 0xFF;
```

为了方便操作,把指针操作" * "也定义到寄存器别名里面,见代码清单 3.3。

代码清单 3.3　通过内存单元别名(寄存器)方式访问内存单元

```
1   /* GPIOB 端口全部输出高电平 */
2   #define GPIOB_ODR * (unsigned int * )(GPIOB_BASE + 0x0C)
3   GPIOB_ODR = 0xFF;
```

1. STM32 的外设地址映射

片上外设区分为 APB1、APB2 和 AHB 三条总线。根据外设传输速率的不同,不同总线挂载着不同的外设,APB1 挂载低速外设,APB2 和 AHB 挂载高速外设。相应总线的最低地址称为该总线的基地址,该地址也是挂载在该总线上的首个外设的地址。其中 APB1 总线的地址最低,片上外设从这里开始,故被称为外设基地址。

1) 总线基地址

片上外设三条总线 APB1、APB2 和 AHB,其基地址如表 3.5 所示。相对外设基地址的偏移即该总线地址与片上外设基地址的差值。

表 3.5 总线基地址

总 线 名 称	总线基地址	相对外设基地址的偏移
APB1	0x4000 0000	0x0
APB2	0x4001 0000	0x0001 0000
AHB	0x4001 8000	0x0001 8000

2）外设基地址

总线上挂载着各种外设，这些外设有自己的地址范围（图 3.6），特定外设的首个地址

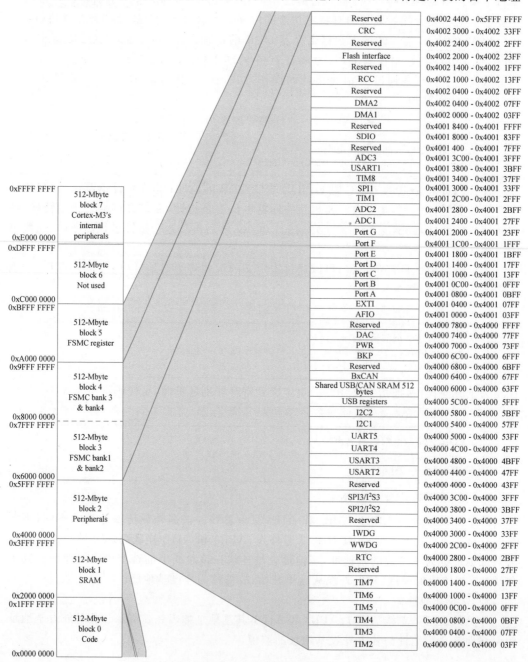

图 3.6 外设地址范围

称为 XX 外设基地址。具体有关 STM32F10xx 外设的边界地址可参考《STM32F10xx 参考手册》中 2.3 节存储器映射的表。

以 GPIO 来讲解外设的基地址，GPIO 属于高速的外设，挂载到 APB2 总线上，具体见表 3.6。

表 3.6　外设 GPIO 基地址

外设 GPIO 名称	外设 GPIO 基地址	相对 APB2 总线的地址偏移
GPIOA	0x4001 0800	0x0000 0800
GPIOB	0x4001 0C00	0x0000 0C00
GPIOC	0x4001 1000	0x0000 1000
GPIOD	0x4001 1400	0x0000 1400
GPIOE	0x4001 1800	0x0000 1800
GPIOF	0x4001 1C00	0x0000 1C00
GPIOG	0x4001 2000	0x0000 2000

3）外设寄存器

在某个外设的地址范围内分布着该外设的寄存器。以 GPIO 外设为例，GPIO 是 STM32 可控制的引脚，基本功能是控制引脚输出高电平或者低电平。最简单的应用就是把 GPIO 的引脚连接到 LED 灯的阴极和 LED 灯的阳极接电源，然后通过 STM32 控制该引脚的电平，从而实现控制 LED 灯的亮灭。

GPIO 有多个寄存器，每个都有特定的功能。每个寄存器为 32bit，在该外设的基地址上按照顺序排列，寄存器的位置都以相对该外设基地址的偏移地址来描述。GPIOB 端口的寄存器地址见表 3.7。

表 3.7　GPIOB 端口的寄存器地址

GPIOB 端口的寄存器	寄存器地址	相对 GPIOB 基地址的偏移
GPIOB_CRL	0x4001 0C00	0x00
GPIOB_CRH	0x4001 0C04	0x04
GPIOB_IDR	0x4001 0C08	0x08
GPIOB_ODR	0x4001 0C0C	0x0C
GPIOB_BSRR	0x4001 0C10	0x10
GPIOB_BRR	0x4001 0C14	0x14
GPIOH_LCKR	0x4001 0C18	0x18

有关外设的寄存器说明可参考《STM32F10xx 参考手册》中具体章节的寄存器描述部分，在编程时需要反复查阅外设的寄存器说明。

此处以端口配置低寄存器（GPIOx_CRL）（x＝A…E）为例说明如何理解寄存器，如图 3.7 所示。其中，MODEy 为端口模式位，通过软件配置相应位（y＝0…7）确定输入模式或者输出模式的输出 I/O 的速率；CNFy 为端口输入模式的选择或者输出模式的选择。

从图 3.7 可以看出，偏移地址为 0x00，是指相对 GPIOx 外设基地址的偏移地址。表中列出它的 0～31 位的名称及权限，表上方的数字为位编号，中间为位名称，最下方为读

偏移地址：0x00
复位值：0x4444 4444

31	30	29	28	27	26	25	24	23	22	21	20	19	18	17	16
CNF7[1:0]		MODE7[1:0]		CNF6[1:0]		MODE6[1:0]		CNF5[1:0]		MODE5[1:0]		CNF4[1:0]		MODE4[1:0]	
rw	rw	rw	rw	rw	rw	rw	rw	rw	rw	rw	rw	rw	rw	rw	rw

15	14	13	12	11	10	9	8	7	6	5	4	3	2	1	0
CNF3[1:0]		MODE3[1:0]		CNF2[1:0]		MODE2[1:0]		CNF1[1:0]		MODE1[1:0]		CNF0[1:0]		MODE0[1:0]	
rw	rw	rw	rw	rw	rw	rw	rw	rw	rw	rw	rw	rw	rw	rw	rw

位31:30 27:26 23:22 19:18 15:14 11:10 7:6 3:2	**CNFy[1:0]**：端口x配置位（y=0...7）（Port x configuration bits） 软件通过这些位配置相应的I/O端口，请参考表17端口位配置表。 在输入模式（MODE[1:0]=00）： 00：模拟输入模式 01：浮空输入模式（复位后的状态） 10：上拉/下拉输入模式 11：保留 在输出模式（MODE[1:0]＞00）： 00：通用推挽输出模式 01：通用开漏输出模式 10：复用功能推挽输出模式 11：复用功能开漏输出模式
位29:28 25:24 21:20 17:16 13:12 9:8, 5:4 1:0	**MODEy[1:0]**：端口x的模式位（y=0...7）（Port x mode bits） 软件通过这些位配置相应的I/O端口，请参考表17端口位配置表。 00：输入模式（复位后的状态） 01：输出模式，最大速率为10MHz 10：输出模式，最大速率为2MHz 11：输出模式，最大速率为50MHz

图 3.7　端口配置低寄存器（GPIOx_CRL）（x＝A..E）的说明

写权限，其中 w 表示只写，r 表示只读，rw 表示可读写。MODEy 被配置为 00 时，设置相应 I/O 为输入模式；为 01、10、11 时，设置 I/O 为输出模式，且输出最大速率为 10MHz、2MHz、50MHz。在 MODEy 被配置为 00 时，CNFy 被配置为 00、01、10、11，分别被设置为模拟输入模式、浮空输入模式、上拉/下拉输入模式、保留。在 MODEy 被配置为输出时，CNFy 分别被设置为通用推挽输出模式、通用开漏输出模式、复用功能推挽输出模式、复用功能开漏输出模式。

2. C 语言对寄存器的封装

介绍寄存器映射都是为了更好地理解如何用 C 语言控制读写外设寄存器。

1）封装总线和外设基地址

在编程上为了方便理解和记忆，把总线基地址和外设基地址以相应的宏定义，总线或者外设都以它们的名字作为宏名，见代码清单 3.4。

代码清单3.4　总线和外设基地址宏定义

```
1  /* 外设基地址 */
2  #define PERIPH_BASE              ((unsigned int)0x40000000)
3
```

```
4    /* 总线基地址 */
5    #define APB1PERIPH_BASE          PERIPH_BASE
6    #define APB2PERIPH_BASE          (PERIPH_BASE + 0x00010000)
7    #define AHBPERIPH_BASE           (PERIPH_BASE + 0x00020000)
8
9
10   /* GPIO 外设基地址 */
11   #define GPIOA_BASE               (APB2PERIPH_BASE + 0x0800)
12   #define GPIOB_BASE               (APB2PERIPH_BASE + 0x0C00)
13   #define GPIOC_BASE               (APB2PERIPH_BASE + 0x1000)
14   #define GPIOD_BASE               (APB2PERIPH_BASE + 0x1400)
15   #define GPIOE_BASE               (APB2PERIPH_BASE + 0x1800)
16   #define GPIOF_BASE               (APB2PERIPH_BASE + 0x1C00)
17   #define GPIOG_BASE               (APB2PERIPH_BASE + 0x2000)
18
19
20   /* 寄存器基地址,以 GPIOB 为例 */
21   #define GPIOB_CRL                (GPIOB_BASE + 0x00)
22   #define GPIOB_CRH                (GPIOB_BASE + 0x04)
23   #define GPIOB_IDR                (GPIOB_BASE + 0x08)
24   #define GPIOB_ODR                (GPIOB_BASE + 0x0C)
25   #define GPIOB_BSRR               (GPIOB_BASE + 0x10)
26   #define GPIOB_BRR                (GPIOB_BASE + 0x14)
27   #define GPIOB_LCKR               (GPIOB_BASE + 0x18)
```

代码清单 3.4 首先定义了片上外设基地址 PERIPH_BASE,接着在 PERIPH_BASE 上加入各个总线的地址偏移,得到 APB1、APB2 总线的地址 APB1PERIPH_BASE、APB2PERIPH_BASE,在其之上加入外设地址的偏移,得到 GPIOA-G 的外设地址,最后在外设地址上加入各寄存器的地址偏移,得到特定寄存器的地址。

一旦有了具体地址,就可以用指针读写,详见代码清单 3.5。

代码清单 **3.5** 使用指针控制 **BSRR** 寄存器

```
1    /* 控制 GPIOB 引脚 0 输出低电平(BSRR 寄存器的 BR0 置 1) */
2    *(unsigned int *)GPIOB_BSRR = (0x01 <<(16 + 0));
3
4    /* 控制 GPIOB 引脚 0 输出高电平(BSRR 寄存器的 BS0 置 1) */
5    *(unsigned int *)GPIOB_BSRR = 0x01 << 0;
6
7    unsigned int temp;
8    /* 读取 GPIOB 端口所有引脚的电平(读 IDR 寄存器) */
9    temp = *(unsigned int *)GPIOB_IDR;
```

该代码使用(unsigned int *)把 GPIOB_BSRR 宏的数值强制转换成了地址,然后再用"*"号做取指针操作,对该地址的赋值,从而实现了写寄存器的功能。同样,读寄存器也是用取指针操作,把寄存器中的数据取到变量中,从而获取 STM32 外设的状态。

2) 封装寄存器列表

用上面的方法定义地址稍显烦琐,例如 GPIOA-GPIOE 都各有一组功能相同的寄存器,如 GPIOA_ODR、GPIOB_ODR、GPIOC_ODR 等,它们只是地址不一样,却要为每个寄存器都定义它的地址。为了更方便地访问寄存器,引入 C 语言中的结构体语法对寄存器进行封装,见代码清单 3.6。

代码清单 3.6 使用结构体对 GPIO 寄存器组的封装

```
1   typedef unsigned int uint32_t;        /* 无符号 32bit 变量 */
2   typedef unsigned short int uint16_t;  /* 无符号 16bit 变量 */
3
4   /* GPIO 寄存器列表 */
5   typedef struct {
6   uint32_t CRL;        /* GPIO 端口配置低寄存器    地址偏移: 0x00 */
7   uint32_t CRH;        /* GPIO 端口配置高寄存器    地址偏移: 0x04 */
8   uint32_t IDR;        /* GPIO 数据输入寄存器      地址偏移: 0x08 */
9   uint32_t ODR;        /* GPIO 数据输出寄存器      地址偏移: 0x0C */
10  uint32_t BSRR;       /* GPIO 位设置/清除寄存器   地址偏移: 0x10 */
11  uint32_t BRR;        /* GPIO 端口位清除寄存器    地址偏移: 0x14 */
12  uint16_t LCKR;       /* GPIO 端口配置锁定寄存器  地址偏移: 0x18 */
13  } GPIO_TypeDef;
```

代码清单 3.6 中用 typedef 关键字声明了名为 GPIO_TypeDef 的结构体类型,结构体内有 7 个成员变量,变量名正好对应寄存器的名字。C 语言的语法规定,结构体内变量的存储空间是连续的,其中 32bit 的变量占用 4B,16bit 的变量占用 2B。若 GPIO_TypeDef 结构体的首地址为 0x40010C00(这也是第一个成员变量 CRL 的地址),那么结构体中第二个成员变量 CRH 的地址即为 0x40010C00+0x04,加上的这个 0x04,正是代表 CRL 所占用的 4B 地址的偏移量,其他成员变量相对于结构体首地址的偏移,在上述代码右侧注释已给。

这样的地址偏移与 STM32GPIO 外设定义的寄存器地址偏移一一对应,只要给结构体设置好首地址,就能确定结构体内成员的地址,然后以结构体的形式访问寄存器。通过结构体指针访问寄存器的代码见代码清单 3.7。

代码清单 3.7 通过结构体指针访问寄存器的代码

```
1   GPIO_TypeDef * GPIOx;      //定义一个 GPIO_TypeDef 型结构体指针 GPIOx
2   GPIOx = GPIOB_BASE;        //把指针地址设置为宏 GPIOH_BASE 地址
3   GPIOx->IDR = 0xFFFF;
4   GPIOx->ODR = 0xFFFF;
5
6   uint32_t temp;
7   temp = GPIOx->IDR;         //读取 GPIOB_IDR 寄存器的值到变量 temp 中
```

这段代码先用 GPIO_TypeDef 类型定义一个结构体指针 GPIOx,并让指针指向地址 GPIOB_BASE(0x40010C00)。确定使用的地址后,根据 C 语言访问结构体的语法,用 GPIOx-> ODR 及 GPIOx-> IDR 等方式读写寄存器。

最后,更进一步,直接使用宏定义好结构体 GPIO_TypeDef 类型的指针,而且指针指向各个 GPIO 端口的首地址,使用时直接用该宏访问寄存器即可。定义好 GPIO 端口首地址指针见代码清单 3.8。

代码清单 3.8 定义好 GPIO 端口首地址指针

```
1   /* 使用 GPIO_TypeDef 把地址强制转换成指针 */
2   #define GPIOA        ((GPIO_TypeDef *) GPIOA_BASE)
3   #define GPIOB        ((GPIO_TypeDef *) GPIOB_BASE)
4   #define GPIOC        ((GPIO_TypeDef *) GPIOC_BASE)
```

```
5    # define GPIOD                    ((GPIO_TypeDef *) GPIOD_BASE)
6    # define GPIOE                    ((GPIO_TypeDef *) GPIOE_BASE)
7    # define GPIOF                    ((GPIO_TypeDef *) GPIOF_BASE)
8    # define GPIOG                    ((GPIO_TypeDef *) GPIOG_BASE)
9    # define GPIOH                    ((GPIO_TypeDef *) GPIOH_BASE)
10
11
12
13   /* 使用定义好的宏直接访问 */
14   /* 访问 GPIOB 端口的寄存器 */
15   GPIOB -> BSRR = 0xFFFF;           //通过指针访问并修改 GPIOB_BSRR 寄存器
16   GPIOB -> CRL = 0xFFFF;            //修改 GPIOB_CRL 寄存器
17   GPIOB -> ODR = 0xFFFF;            //修改 GPIOB_ODR 寄存器
18
19   uint32_t temp;
20   temp = GPIOB -> IDR;              //读取 GPIOB_IDR 寄存器的值到变量 temp 中
21
22   /* 访问 GPIOA 端口的寄存器 */
23   GPIOA -> BSRR = 0xFFFF;
24   GPIOA -> CRL = 0xFFFF;
25   GPIOA -> ODR = 0xFFFF;
26
27   uint32_t temp;
28   temp = GPIOA -> IDR;              //读取 GPIOA_IDR 寄存器的值到变量 temp 中
```

这里仅是以 GPIO 这个外设为例,讲解了 C 语言对寄存器的封装。以此类推,其他外设也同样可以用这种方法来封装。这部分工作由固件库完成,此处只分析了这个封装过程。

3. 修改寄存器的位操作方法

使用 C 语言对寄存器赋值时,常要求只修改该寄存器的某几位的值,且其他的寄存器位不变,这时需要用到 C 语言的位操作方法。

1) 把变量的某位清零

以变量 a 代表寄存器,并假设寄存器中本来已有数值,此时需要把变量 a 的某一位清零,且其他位不变,方法见代码清单 3.9。

代码清单 3.9　对某位清零

```
1    //定义一个变量 a = 1001 1111 b (二进制数)
2    unsigned char a = 0x9f;
3
4    //对 bit2 清零
5
6    a &= ~(1 << 2);
7
8    //括号中的 1 左移两位,(1 << 2)得二进制数:0000 0100 b
9    //按位取反,~(1 << 2)得 1111 1011 b
10   //假如 a 中原来的值为二进制数: a = 1001 1111 b
11   //所得的数与 a 作"位与 &"运算,a = (1001 1111 b)&(1111 1011 b),
12   //经过运算后,a 的值 a = 1001 1011 b
13   // a 的 bit2 位被清零,而其他位不变
```

2) 把变量的某几个连续位清零

由于寄存器中有时会有连续几个寄存器位用于控制某个功能,假设需要把寄存器的

某几个连续位清零,且其他位不变,方法见代码清单3.10。

代码清单 3.10　把变量的位清零

```
1
2    //若把 a 中的二进制位分成 2 个一组
3    //即 bit0、bit1 为第 0 组,bit2、bit3 为第 1 组
4    // bit4、bit5 为第 2 组,bit6、bit7 为第 3 组
5    //要对第 1 组的 bit2、bit3 清零
6
7    a &= ~(3 << 2 * 1);
8
9    //括号中的 3 左移两位,(3 << 2 * 1)得二进制数:0000 1100 b
10   //按位取反,~(3 << 2 * 1)得 1111 0011 b
11   //假如 a 中原来的值为二进制数: a = 1001 1111 b
12   //所得的数与 a 作"位与 &"运算,a = (1001 1111 b)&(1111 0011 b),
13   //经过运算后,a 的值 a = 1001 0011 b
14   // a 的第 1 组的 bit2、bit3 被清零,而其他位不变
15
16   //上述(~(3 << 2 * 1))中的(1)即为组编号;如清零第 3 组 bit6、bit7 此处应为 3
17   //括号中的(2)为每组的位数,每组有 2 个二进制位;若分成 4 个一组,此处即为 4
18   //括号中的(3)是组内所有位都为 1 时的值;若分成 4 个一组,此处即为二进制数"1111 b"
19
20   //例如对第 2 组 bit4、bit5 清零
21   a &= ~(3 << 2 * 2);
```

3) 对变量的某几位进行赋值

寄存器位经过上面的清零操作后,就可以方便地对某几位写入所需的数值,且其他位不变,方法见代码清单3.11。这时写入的数值一般是需要设置寄存器的位参数。

代码清单 3.11　对某几位进行赋值

```
1    //a = 1000 0011 b
2    //此时对清零后的第 2 组 bit4、bit5 设置成二进制数"01 b "
3
4    a |= (1 << 2 * 2);
5    //a = 1001 0011 b,成功设置了第 2 组的值,其他组不变
```

4) 对变量的某位取反

在某些情况下需要对寄存器的某个位进行取反操作,即 1 变 0,0 变 1,这可以直接用如下操作,其他位不变,见代码清单3.12。

代码清单 3.12　对某位取反

```
1    //a = 1001 0011 b
2    //把 bit6 取反,其他位不变
3
4    a ^= (1 << 6);
5    //a = 1101 0011 b
```

关于修改寄存器位的这些操作,在以后的章节中有应用实例代码,可配合阅读。

第 4 章

点亮LED灯——寄存器版

本章主要讲解如何通过直接对 STM32 寄存器操作实现点亮 LED 灯。为了更加清晰理解 STM32 如何控制 LED 灯,先介绍 STM32 控制器的 GPIO,更详细介绍参见《STM32F10xxx 参考手册》。

4.1　GPIO 介绍

　　STM32 芯片的 GPIO 引脚与外部设备连接起来,实现与外部通信、控制以及数据采集的功能。STM32 芯片的 GPIO 被分成很多组,每组有 16 个引脚,如 STM32F103VET6 型号的芯片有 GPIOA、GPIOB、GPIOC、GPIOD、GPIOE 共 5 组 GPIO,芯片共有 100 个引脚,其中 GPIO 就占了一大部分,所有的 GPIO 引脚都有基本的输入输出功能。最基本的输出功能是由 STM32 控制引脚输出高、低电平实现开关控制。例如:把 GPIO 引脚接入 LED 灯,就可以控制 LED 灯的亮灭;GPIO 引脚接入继电器或三极管,就可以通过继电器或三极管控制外部大功率电路的通断。最基本的输入功能是检测外部输入电平,如把 GPIO 引脚连接到按键,通过电平高低判断按键是否被按下。

4.1.1　GPIO 基本结构分析

　　图 4.1 给出了 GPIO 端口一位的基本结构。图 4.1 的最右端的"I/O 引脚"是 STM32 芯片的外部引脚,其左边的部件都位于芯片内部。

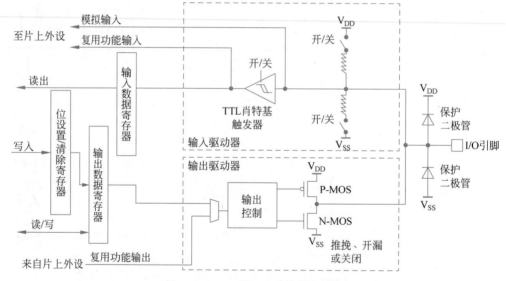

图 4.1　GPIO 端口一位的基本结构

1. 保护二极管

　　引脚的两个保护二极管可以防止引脚外部过高或过低的电压输入。当引脚电压高于 V_{DD} 时,上方的二极管导通;当引脚电压低于 V_{SS} 时,下方的二极管导通,防止不正常电压引入芯片导致芯片烧毁。尽管有这样的保护,并不意味着 STM32 的引脚能直接外接大功率驱动器件,如直接驱动电机,强制驱动要么电机不转,要么导致芯片烧坏,必须要加大功率及隔离电路驱动。

2. P-MOS 管和 N-MOS 管

GPIO 引脚线路经过两个保护二极管后,向上流向"输入模式"结构,向下流向"输出模式"结构。先看输出模式部分,线路经过由 P-MOS 管和 N-MOS 管组成的单元电路,这个结构使 GPIO 具有了"推挽输出"和"开漏输出"两种模式。

推挽输出模式是根据 P-MOS 管和 N-MOS 管的工作方式来命名的。推挽输出等效电路如图 4.2 所示,在该结构中内部信号输入高电平时,经过反向后,P-MOS 管导通,N-MOS 管关闭,对外输出高电平;而在该结构中内部信号输入低电平时,经过反向后,N-MOS 管导通,P-MOS 管关闭,对外输出低电平。当引脚高低电平切换时,N-MOS 和 P-MOS 管轮流导通,P-MOS 管负责灌电流,N-MOS 管负责拉电流,使其负载能力和开关速率都比普通的方式有了很大的提高。推挽输出的低电平为 0V,高电平为 3.3V。

在开漏输出模式时,P-MOS 管不工作。若控制输出为 0,低电平,则 P-MOS 管关闭,N-MOS 管导通,使输出接地;若控制输出为 1(无法直接输出高电平),则 P-MOS 管和 N-MOS 管都关闭,所以引脚既不输出高电平,也不输出低电平,为高阻态。因此,在需要获取高电平输入或输出时,在输出端口外部必须接上拉电阻,如图 4.3 所示。漏极开路的 I/O 端口具有"线与"特性,也就是说,当有很多个开漏模式引脚连接到一起时,只有所有引脚都输出高阻态,才由上拉电阻提供高电平,此高电平的电压为外部上拉电阻所接的电源的电压。如果其中一个引脚为低电平,线路就相当于短路接地,使得整条线路都为低电平(0V)。

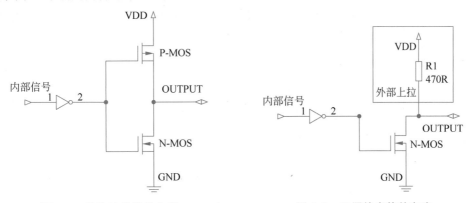

图 4.2 推挽输出等效电路   图 4.3 开漏输出等效电路

推挽输出模式一般应用在输出电平为 0V 和 3.3V 而且需要高速切换开关状态的场合。在 STM32 的应用中,除了必须用开漏模式的场合,通常使用推挽输出模式。开漏输出一般应用在 I2C、SMBUS 通信等需要"线与"功能的总线电路中。

3. 输出数据寄存器

双 MOS 管结构电路的输入信号是由 GPIO 端口输出数据寄存器 GPIOx_ODR 提供的。通过修改输出数据寄存器的值,就可以修改 GPIO 引脚的输出电平。而置位/复位寄存器 GPIOx_BSRR 可以通过修改输出数据寄存器的值,从而影响电路的输出。

4. 复用功能输出

复用功能输出中的"复用"是指 STM32 的其他片上外设对 GPIO 引脚进行控制,此时 GPIO 引脚用作该外设功能的一部分,算是第二用途。从其他外设引出来的复用功能输出信号与 GPIO 本身的数据寄存器都连接到双 MOS 管结构的输入中,通过梯形结构进行开关切换选择。

5. 输入数据寄存器

如 GPIO 结构框图的上半部分所示,GPIO 引脚经过内部的上、下拉电阻,可以配置成上、下拉输入,再连接到施密特触发器,信号经过触发器后,模拟信号转换为 0、1 的数字信号,然后存储在输入数据寄存器 GPIOx_IDR 中,通过读取该寄存器就可以了解GPIO 引脚的电平状态。

6. 复用功能输入

与复用功能输出模式类似,在复用功能输入模式时,GPIO 引脚的信号传输到STM32 其他片上外设,由该外设读取引脚状态。同样,当使用 USART 串口通信时,需要用到某个 GPIO 引脚作为通信接收引脚,这时就可以把该 GPIO 引脚配置成 USART串口复用功能,使 USART 通过该通信引脚接收远端数据。

7. 模拟输入输出

当 GPIO 引脚用于 ADC 采集电压的输入通道时,用作模拟输入功能,此时信号是不经过施密特触发器的。经过施密特触发器后信号只有 0、1 两种状态,ADC 外设要采集到原始的模拟信号,信号源输入必须在施密特触发器之前。类似地,当 GPIO 引脚用于DAC 作为模拟电压输出通道时,此时用作模拟输出功能,DAC 的模拟信号输出不经过双MOS 管结构,模拟信号直接输出到引脚。

4.1.2 GPIO 工作模式

GPIO 的内部结构决定 GPIO 可以配置成 8 种工作模式,在 STM32 官方提供的程序固件库中给出了工作模式的配置代码,见代码清单 4.1。

代码清单 4.1　GPIO 的 8 种工作模式

```
1   typedef enum
2   {
3   GPIO_Mode_AIN = 0x0,            // 模拟输入
4   GPIO_Mode_IN_FLOATING = 0x04,   // 浮空输入
5   GPIO_Mode_IPD = 0x28,           // 下拉输入
6   GPIO_Mode_IPU = 0x48,           // 上拉输入
7   GPIO_Mode_Out_OD = 0x14,        // 开漏输出
8   GPIO_Mode_Out_PP = 0x10,        // 推挽输出
9   GPIO_Mode_AF_OD = 0x1C,         // 复用开漏输出
10  GPIO_Mode_AF_PP = 0x18          // 复用推挽输出
11  } GPIOMode_TypeDef;
```

8 种工作模式可以大致分成以下三类:

1. 输入模式(模拟、浮空、上拉和下拉)

在输入模式时,施密特触发器打开,输出被禁止,可通过输入数据寄存器 GPIOx_IDR 读取 I/O 状态。其中,输入模式可设置为上拉、下拉、浮空和模拟输入四种。上拉和下拉输入很好理解,默认的电平由上拉或者下拉决定。浮空输入的电平是不确定的,完全由外部的输入决定,接按键时一般用的是这个模式。模拟输入则用于 ADC 采集。

2. 输出模式(推挽和开漏)

在输出模式中,推挽模式时双 MOS 管以轮流方式工作,输出数据寄存器 GPIOx_ODR 可控制 I/O 输出高低电平。开漏模式时,只有 N-MOS 管工作,输出数据寄存器可控制 I/O 输出高阻态或低电平。输出速率可配置,有 2MHz、10MHz、50MHz 的选项。此处的输出速率即 I/O 支持的高低电平状态最高切换频率,支持的频率越高,功耗越大。如果功耗要求不严格,将速度设置成最大即可。

在输出模式时施密特触发器是打开的,即输入可用,通过输入数据寄存器 GPIOx_IDR 可读取 I/O 的实际状态。

3. 复用功能(推挽和开漏)

复用功能模式中,输出使能,输出速率可配置,可工作在开漏及推挽模式,但是输出信号源于其他外设,输出数据寄存器 GPIOx_ODR 无效;输入可用,通过输入数据寄存器可获取 I/O 实际状态,但一般直接用外设的寄存器来获取该数据信号。

通过对 GPIO 寄存器写入不同的参数,可以改变 GPIO 的工作模式。再次强调,了解具体寄存器时一定要查阅《STM32F10xxx 参考手册》中对应外设的寄存器说明。在 GPIO 外设中,端口控制高寄存器 CRH 和端口控制低寄存器 CRL 可以配置每个 GPIO 的工作模式和工作速率,每 4 个位控制一个 I/O,CRH 控制端口的高 8 位,CRL 控制端口的低 8 位,具体根据 CRH 和 CRL 的寄存器描述,如图 4.4 和图 4.5 所示。

偏移地址:0x04
复位值:0x4444 4444

31	30	29	28	27	26	25	24	23	22	21	20	19	18	17	16
CNF15[1:0]		MODE15[1:0]		CNF14[1:0]		MODE14[1:0]		CNF13[1:0]		MODE13[1:0]		CNF12[1:0]		MODE12[1:0]	
rw	rw	rw	rw	rw	rw	rw	rw	rw	rw	rw	rw	rw	rw	rw	rw

15	14	13	12	11	10	9	8	7	6	5	4	3	2	1	0
CNF11[1:0]		MODE11[1:0]		CNF10[1:0]		MODE10[1:0]		CNF9[1:0]		MODE9[1:0]		CNF8[1:0]		MODE8[1:0]	
rw	rw	rw	rw	rw	rw	rw	rw	rw	rw	rw	rw	rw	rw	rw	rw

位31:30 27:26 23:22 19:18 15:14 11:10 7:6 3:2	**CNFy[1:0]**:端口x配置位 (y=8...15) (Port x configuration bits) 软件通过这些位配置相应的I/O端口,请参考表17端口位配置表。 在输入模式(MODE[1:0]=00): 00:模拟输入模式 01:浮空输入模式(复位后的状态) 10:上拉/下拉输入模式 11:保留 在输出模式(MODE[1:0]>00): 00:通用推挽输出模式 01:通用开漏输出模式 10:复用功能推挽输出模式 11:复用功能开漏输出模式
位9:28 25:24 21:20 17:16 13:12 9:8, 5:4 1:0	**MODEy[1:0]**:端口x的模式位 (y=8...15) (Port x mode bits) 软件通过这些位配置相应的I/O端口,请参考表17端口位配置表。 00:输入模式(复位后的状态) 01:输出模式,最大速率10MHz 10:输出模式,最大速率2MHz 11:输出模式,最大速率50MHz

图 4.4 端口配置高寄存器(GPIOx_CRH)(x=A..E)

偏移地址：0x00
复位值：0x4444 4444

31	30	29	28	27	26	25	24	23	22	21	20	19	18	17	16
CNF7[1:0]		MODE7[1:0]		CNF6[1:0]		MODE6[1:0]		CNF5[1:0]		MODE5[1:0]		CNF4[1:0]		MODE4[1:0]	
rw	rw	rw	rw	rw	rw	rw	rw	rw	rw	rw	rw	rw	rw	rw	rw

15	14	13	12	11	10	9	8	7	6	5	4	3	2	1	0
CNF3[1:0]		MODE3[1:0]		CNF2[1:0]		MODE2[1:0]		CNF1[1:0]		MODE1[1:0]		CNF0[1:0]		MODE0[1:0]	
rw	rw	rw	rw	rw	rw	rw	rw	rw	rw	rw	rw	rw	rw	rw	rw

位31:30 27:26 23:22 19:18 15:14 11:10 7:6 3:2	**CNFy[1:0]**：端口x配置位（y=0...7）（Port x configuration bits） 软件通过这些位配置相应的I/O端口，请参考表17端口位配置表。 在输入模式（MODE[1:0]=00）： 00：模拟输入模式 01：浮空输入模式（复位后的状态） 10：上拉/下拉输入模式 11：保留 在输出模式（MODE[1:0]＞00）： 00：通用推挽输出模式 01：通用开漏输出模式 10：复用功能推挽输出模式 11：复用功能开漏输出模式
位29:28 25:24 21:20 17:16 13:12 9:8, 5:4 1:0	**MODEy[1:0]**：端口x的模式位（y=0...7）（Port x mode bits） 软件通过这些位配置相应的I/O端口，请参考表17端口位配置表。 00：输入模式（复位后的状态） 01：输出模式，最大速率10MHz 10：输出模式，最大速率2MHz 11：输出模式，最大速率50MHz

图 4.5 端口配置低寄存器（GPIOx_CRL）（x＝A..E）

4.2 使用寄存器点亮 LED 灯

4.2.1 新建工程——寄存器版

1. 新建工程文件夹

为了使工程目录更加清晰,在本地计算机上新建一个文件夹用于存放整个工程,如命名为 04_LED_reg,如图 4.6 所示。

图 4.6 新建工程文件夹

2. 新建工程

双击 Keil 5 图标,打开 Keil 5。选择 Project→New uVision Project,如图 4.7 所示。

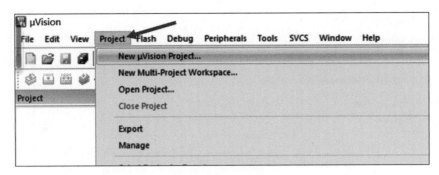

图 4.7 新建工程

弹出 Create New Project 对话框,新建一个工程,工程名为 LED_reg,直接保存在 04_LED_reg 文件夹下,如图 4.8 所示。

图 4.8 Create New Project 对话框

3. 选择 CPU

单击"保存"按钮,进入 Select Device for Target 'Target1' 对话框,选择 CPU 型号。CPU 的型号要与对应板块芯片一致,本开发板使用的是 STM32F103VE,如图 4.9 所示。Description 给出了 STM32F1 系列的简介。

单击 OK 按钮后,弹出 Manage Run-Time Environment 对话框,如图 4.10 所示。如果不需要在线添加库文件,就可以直接关掉。此处使用的是寄存器控制 STM32,直接关闭即可。

4. 添加启动文件

程序运行需要一些系统文件添加到工程中。如图 4.11 所示,双击 Source Group 1,弹出 Add Files to Group 'Source Group 1' 对话框,选择启动文件 startup_stm32f10x_hd.s,单击 Add 按钮添加到工程中。

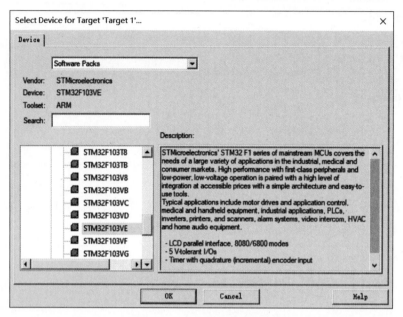

图 4.9 选择具体 CPU 型号

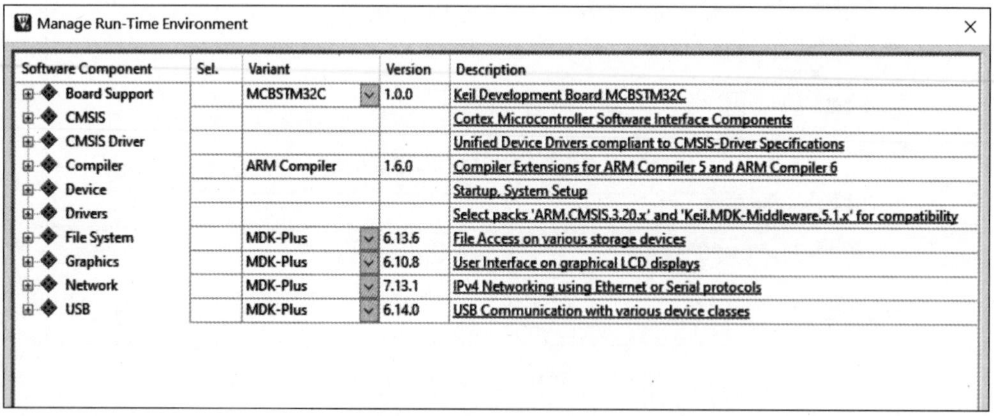

图 4.10 **Manage Run-Time Environment** 对话框

启动文件 startup_stm32f10x_hd.s 是系统上电后运行的第一个程序,由汇编语言编写。这个文件由官方提供,在固件库中。本书提供了固件库,该文件在 STM32F10x_StdPeriph_Lib_V3.5.0\Libraries\CMSIS\CM3\DeviceSupport\ST\STM32F10x\startup\arm\startup_stm32f10x_hd.s。将启动文件 startup_stm32f10x_hd.s 复制到工程目录下。

5. 新建文件

选择 File→New 新建文件,如图 4.12 所示,然后选择 File→Save 保存文件,文件名为 stm32f10x.h,单击"保存"按钮,即保存到工程文件夹中,如图 4.13 和图 4.14所示。

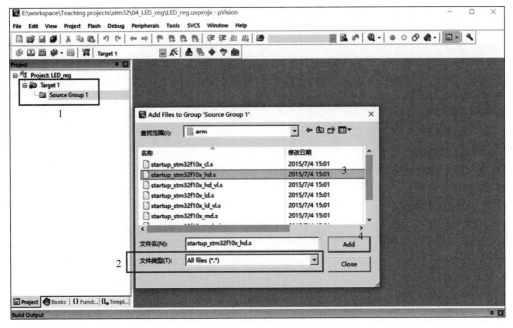

图 4.11　在工程中添加文件

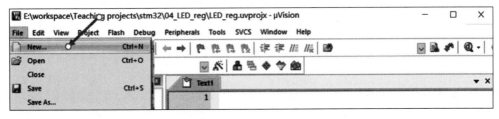

图 4.12　新建文件

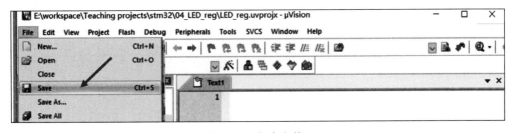

图 4.13　保存文件 1

　　头文件 stm32f10x. h 用于存放寄存器映射的代码,暂时为空。文件保存后,将此文件添加到工程中,步骤与添加启动文件 artup_stm32f10x_hd. s 一致,不再赘述。

　　将新建主程序文件 main. c(暂时为空)保存到工程文件夹中,然后添加到工程中。新建步骤如新建头文件 stm32f10x. h 过程一致,添加的流程如添加启动文件 startup_stm32f10x_hd. s 相同,不再赘述。操作完成后,结果如图 4.15 所示。

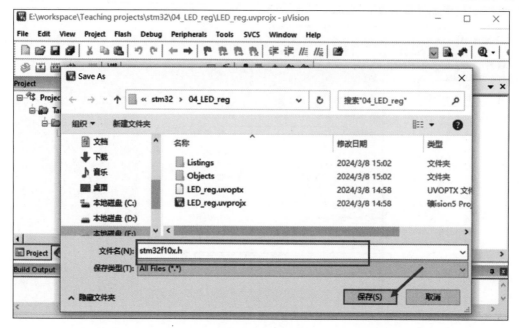

图 4.14　保存文件

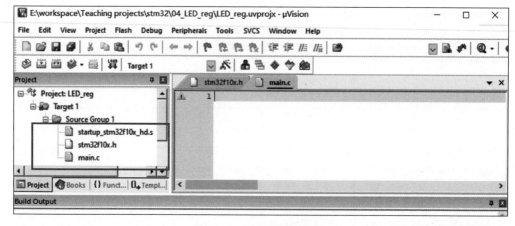

图 4.15　新建与添加文件

4.2.2　工程配置

单击魔术棒(Options for Target),进入 Options for Target'Target 1'对话框,如图 4.16 所示。

(1)在 Target 选项卡中勾选 Use MicroLIB 复选框,其目的是在日后编写串口驱动的时候可以使用 printf 函数,如图 4.17 所示。这一步的配置工作很重要,很多时候串口用不了 printf 函数,编译有问题,下载有问题,都是因为这个步骤的配置有问题。

(2)在 Output 选项卡中勾选 Create HEX File 复选框,以便在编译的过程中生成 hex 文件,如图 4.18 所示。

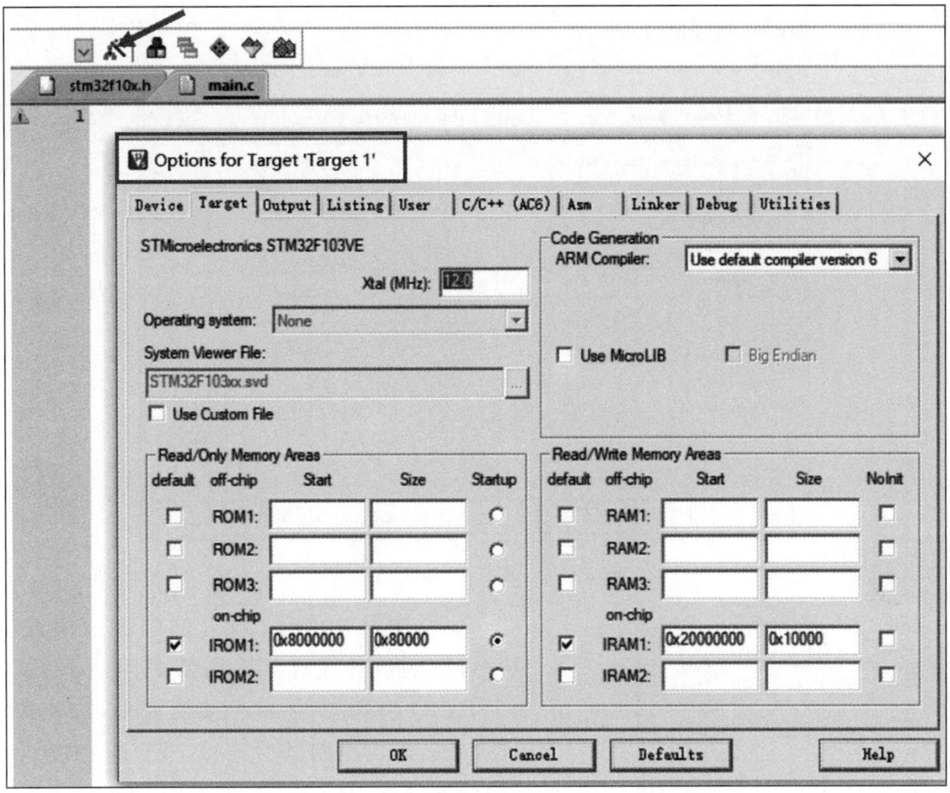

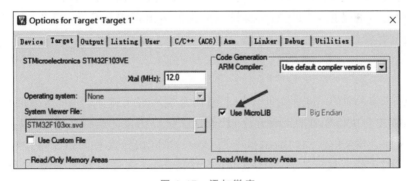

图 4.16 Options for Target'Target 1'对话框

图 4.17 添加微库

4.2.3 下载器配置

在仿真器连接好计算机和开发板且开发板供电正常的情况下,按照 2.2.2 节进行配置,在此不再赘述。

4.2.4 硬件电路

STM32 芯片与 LED 灯的连接如图 4.19 所示。这是一个 RGB 灯,里面由红、蓝、绿三个小灯构成,使用 PWM 控制时可以混合成 256 种颜色。

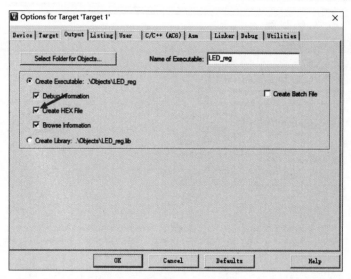

图 4.18　配置 Output 选项卡

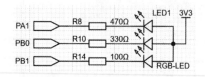

图 4.19　LED 灯电路连接图

图 4.19 中从 3 个 LED 灯的阳极引出连接到 3.3V 电源，阴极各经过 1 个限流电阻引入 STM32 的 3 个 GPIO 引脚中，因此只要控制这 3 个引脚输出高低电平，即可控制其所连接 LED 灯的亮灭。如果实验板 STM32 连接到 LED 灯的引脚或极性不一样，只需要修改程序到对应的 GPIO 引脚即可，工作原理都是一样的。

本实验的目的是把 GPIO 的引脚设置成推挽输出模式并且默认下拉，输出低电平，让 LED 灯亮起来。

4.2.5　启动文件

startup_stm32f10x_hd.s 文件使用汇编语言编写好了基本程序，当 STM32 芯片上电启动时，首先会执行这里的汇编程序，从而建立起 C 语言的运行环境，所以把这个文件称为启动文件。该文件使用的汇编指令是 Cortex-M3 内核支持的指令，可参考《Cortex-M3 权威指南》中指令集章节。startup_stm32f10x_hd.s 文件由官方提供，一般有需要也是在官方的基础上修改，不会自己完全重写。该文件从 ST 固件库里面找到，然后将启动文件添加到工程中即可。不同型号的芯片以及不同编译环境下使用的汇编文件是不一样的，但功能相同。

启动文件的主要功能如下：

（1）初始化堆栈指针 SP；

（2）初始化程序计数器指针 PC；

（3）设置堆、栈的大小；

（4）初始化中断向量表；

（5）配置外部 SRAM 作为数据存储器（由用户配置，一般的开发板可没有外部

SRAM）；

（6）调用 SystemIni()函数配置 STM32 的系统时钟；

（7）设置 C 库的分支入口"__main"（用来调用 main 函数）。

4.2.6 stm32f10x.h 文件

寄存器是给一个已经分配好地址的特殊的内存空间取的一个别名，这个特殊的内存空间可以通过指针来操作。在编程之前要先实现寄存器映射，有关寄存器映射的代码都统一写在 stm32f10x.h 文件中，见代码清单 4.2。

代码清单 4.2　外设地址定义

```
1  /* 片上外设基地址 */
2  # define PERIPH_BASE              ((unsigned int)0x40000000)
3
4  /* 总线基地址,GPIO 都挂载到 APB2 上 */
5  # define APB2PERIPH_BASE          (PERIPH_BASE + 0x10000)
6
7  /* AHB2 总线基地址 */
8  # define AHBPERIPH_BASE           (PERIPH_BASE + 0x20000)
9
10 /* GPIOB 外设基地址 */
11 # define GPIOB_BASE               (APB2PERIPH_BASE + 0x0C00)
12
13 /* GPIOB 寄存器地址,强制转换成指针 */
14 # define GPIOB_CRL                * (unsigned int * )(GPIOB_BASE + 0x00)
15 # define GPIOB_CRH                * (unsigned int * )(GPIOB_BASE + 0x04)
16 # define GPIOB_IDR                * (unsigned int * )(GPIOB_BASE + 0x08)
17 # define GPIOB_ODR                * (unsigned int * )(GPIOB_BASE + 0x0C)
18 # define GPIOB_BSRR               * (unsigned int * )(GPIOB_BASE + 0x10)
19 # define GPIOB_BRR                * (unsigned int * )(GPIOB_BASE + 0x14)
20 # define GPIOB_LCKR               * (unsigned int * )(GPIOB_BASE + 0x18)
21
22 /* RCC 外设基地址 */
23 # define RCC_BASE                 (AHBPERIPH_BASE + 0x1000)
24 /* RCC 的 AHB1 时钟使能寄存器地址,强制转换成指针 */
25 # define RCC_APB2ENR              * (unsigned int * )(RCC_BASE + 0x18)
```

GPIO 外设的地址是把寄存器的地址值都直接强制转换成了指针，方便使用。代码的最后两段是复位和时钟控制器（RCC）外设寄存器的地址定义，RCC 外设是用来设置时钟的，本实验中只要了解使用 GPIO 外设必须开启它的时钟即可。

4.2.7 main 文件

开始编写程序，在 main 文件中先编写一个 main 函数，里面暂时为空，见代码清单 4.3。

代码清单 4.3　内容为空的 main 程序

```
1  int main (void)
2  {
3  }
```

此时直接编译，会出现"Error：L6218E：Undefined symbol SystemInit（referred from startup_stm32f10x.o)",提示 SystemInit 没有定义,如图 4.20 所示。从分析启动文件时知道,Reset_Handler 调用该函数用来初始化 SMT32 系统时钟,为了简单起见,在 main 文件里面定义一个 SystemInit 空函数,目的是"骗过"编译器,避免这个错误。

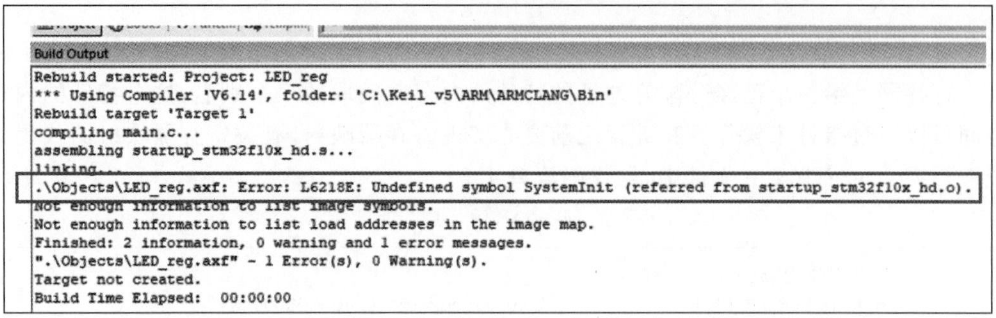

```
Build Output
Rebuild started: Project: LED_reg
*** Using Compiler 'V6.14', folder: 'C:\Keil_v5\ARM\ARMCLANG\Bin'
Rebuild target 'Target 1'
compiling main.c...
assembling startup_stm32f10x_hd.s...
linking...
.\Objects\LED_reg.axf: Error: L6218E: Undefined symbol SystemInit (referred from startup_stm32f10x_hd.o).
Not enough information to list image symbols.
Not enough information to list load addresses in the image map.
Finished: 2 information, 0 warning and 1 error messages.
".\Objects\LED_reg.axf" - 1 Error(s), 0 Warning(s).
Target not created.
Build Time Elapsed:  00:00:00
```

图 4.20　错误提示

关于配置系统时钟在后面介绍。当不配置系统时钟时,STM32 会把 HSI 当作系统时钟,HSI=8MHz,由芯片内部的振荡器提供。在 main 中添加如下函数,见代码清单 4.4。

代码清单 4.4　SystemInit 空函数

```
1   // 函数为空,目的是为了骗过编译器不报错
2   void SystemInit(void)
3   {
4   }
```

这时再编译就没有错误提示了。另一种方法是在启动文件中把有关 SystemInit 的代码注释掉。接下来在 main 函数中添加代码,实现点亮 LED 灯。

1. GPIO 模式

首先把连接到 LED 灯的 GPIO 引脚 PB0 配置成输出模式,即将 GPIO 的端口配置低寄存器 CRL,如图 4.21 所示。

CRL 中包含 0～7 号引脚,每个引脚占用 4 个寄存器位。MODE 位用来配置输出的速率,CNF 位用来配置各种输入输出模式。在这里把 PB0 配置为通用推挽输出,输出的速率为 10MHz,见代码清单 4.5。

代码清单 4.5　配置输出模式

```
1   // 清空控制 PB0 的端口位
2   GPIOB_CRL &= ～( 0x0F << ( 4 * 0));
3   // 配置 PB0 为通用推挽输出,速率为 10MHz
4   GPIOB_CRL | = (1 << 4 * 0);
```

在代码中,先把控制 PB0 的端口位清零,再向它赋值"0001b",从而将 GPIOB0 引脚设置成输出模式,速率为 10MHz。

代码中使用"&=～""|="这种操作方法,是为了避免影响到寄存器中的其他位(因为寄存器不能按位读写)。假如直接给 CRL 寄存器赋值:

端口配置低寄存器（GPIOx_CRL）（x=A..E）

偏移地址：0x00
复位值：0x4444 4444

31	30	29	28	27	26	25	24	23	22	21	20	19	18	17	16
CNF7[1:0]		MODE7[1:0]		CNF6[1:0]		MODE6[1:0]		CNF5[1:0]		MODE5[1:0]		CNF4[1:0]		MODE4[1:0]	
rw	rw	rw	rw	rw	rw	rw	rw	rw	rw	rw	rw	rw	rw	rw	rw

15	14	13	12	11	10	9	8	7	6	5	4	3	2	1	0
CNF3[1:0]		MODE3[1:0]		CNF2[1:0]		MODE2[1:0]		CNF1[1:0]		MODE1[1:0]		CNF0[1:0]		MODE0[1:0]	
rw	rw	rw	rw	rw	rw	rw	rw	rw	rw	rw	rw	rw	rw	rw	rw

位31:30 27:26 23:22 19:18 15:14 11:10 7:6 3:2	**CNFy[1:0]**：端口x配置位（y=0...7）（Port x configuration bits）　0　0　0　1 软件通过这些位配置相应的I/O端口，请参考表17端口位配置表。 在输入模式（MODE[1:0]=00）： 00：模拟输入模式 01：浮空输入模式（复位后的状态） 10：上拉/下拉输入模式 11：保留 在输出模式（MODE[1:0]＞00）： <u>00：通用推挽输出模式</u> 01：通用开漏输出模式 10：复用功能推挽输出模式 11：复用功能开漏输出模式
位29:28 25:24 21:20 17:16 13:12 9:8, 5:4 1:0	**MODEy[1:0]**：端口x的模式位（y=0...7）（Port x mode bits） 软件通过这些位配置相应的I/O端口，请参考表17端口位配置表。 00：输入模式（复位后的状态） <u>01：输出模式，最大速率10MHz</u> 10：输出模式，最大速率2MHz 11：输出模式，最大速率50MHz

图 4.21　GPIO 端口控制低寄存器 CRL

GPIOB_CRL＝0x0000001；

这时 CRL 的低 4 位被设置成"0001"输出模式，但同时低 16 位的其他 GPIO 引脚模式也被设置成输出模式，从而限制其他引脚的输入模式使用。

2. 控制引脚输出电平

当 GPIO 端口设置输出模式时，可以通过对 GPIO 端口的位置位/复位寄存器（BSRR）或位清除寄存器（BRR）或输出数据寄存器（ODR）写入参数，即可控制引脚的电平状态，其中对 BSRR 和 BRR 的操作也是对 ODR 的操作，从而实现对 GPIO 的控制，如图 4.22 所示。

为了一步到位，在这里直接操作 ODR 寄存器来控制 GPIO 的电平，见代码清单4.6。

代码清单 4.6　控制引脚输出低电平

```
1  // PB0 输出低电平
2  GPIOB_ODR & = ～(1 << 0);
```

端口输出数据寄存器（GPIOx_ODR）（x=A...E）

偏移地址：0Ch
复位值：0x0000 0000

31	30	29	28	27	26	25	24	23	22	21	20	19	18	17	16
							保留								

15	14	13	12	11	10	9	8	7	6	5	4	3	2	1	0
ODR15	ODR14	ODR13	ODR12	ODR11	ODR10	ODR9	ODR8	ODR7	ODR6	ODR5	ODR4	ODR3	ODR2	ODR1	ODR0
rw	rw	rw	rw	rw	rw	rw	rw	rw	rw	rw	rw	rw	rw	rw	rw

位31:16	保留，始终读为0。
位15:0	**ODRy[15:0]**：端口输出数据（y=0...15）（Port output data） 这些位可读可写并只能以字（16位）的形式操作。 注：对GPIOx_BSRR（x=A...E），可以分别地对各个ODR位进行独立的设置/清除。

图 4.22　GPIO 输出数据寄存器 ODR

3. 开启外设时钟

设置完 GPIO 的引脚，控制电平输出，并没有点亮 LED 灯。由于 STM32 的外设很多，为了降低功耗，每个外设都对应着一个时钟，在芯片刚上电时这些时钟都是被关闭的，如果要外设工作，必须把相应的时钟打开。

STM32 的所有外设的时钟由一个专门的外设 RCC 来管理，RCC 的介绍参见《STM32F10xxx 参考手册》的第 6 章。关于 RCC 外设中的时钟部分，这里做简单介绍，在本书第 8 章中将有详细的讲解。

所有的 GPIO 都挂载到 APB2 总线上，具体的时钟由 APB2 外设时钟使能寄存器（RCC_APB2ENR）来控制，如图 4.23 所示，具体程序见代码清单 4.7。

代码清单 4.7　开启端口时钟

```
1  // 开启 GPIOB 端口 时钟
2  RCC_APB2ENR |= (1 << 3);
```

APB2外设时钟使能寄存器（RCC_APB2ENR）

偏移地址：0x18
复位值：0x0000 0000
访问：字，半字和字节访问
通常无访问等待周期。但在APB2总线上的外设被访问时，将插入等待状态直到APB2的外设访问结束。
注：当外设时钟没有启用时，软件不能读出外设寄存器的数值，返回的数值始终是0x0。

31	30	29	28	27	26	25	24	23	22	21	20	19	18	17	16
							保留								

15	14	13	12	11	10	9	8	7	6	5	4	3	2	1	0
ADC3 EN	USART1 EN	TIM8 EN	SPI1 EN	AIM1 EN	ADC2 EN	ADC1 EN	IOPG EN	IOPF EN	IOPE EN	IOPD EN	IOPC EN	IOPB EN	IOPA EN	保留	AFIO EN
rw	rw	rw	rw	rw	rw	rw	rw	rw	rw	rw	rw	rw	rw		rw

图 4.23　APB2 外设时钟使能寄存器

4. 完整的 main 程序

开启时钟、配置引脚模式、控制电平,经过这三步就可以控制一个 LED。用 STM32 控制一个 LED 的代码,见代码清单 4.8。在第一行之前上加头文件 ♯ include "stm32f10x.h"。

代码清单 4.8　完整的 main 程序

```
1   # include "stm32f10x.h"
2
3   int main(void)
4   {
5   // 开启 GPIOB 端口时钟
6   RCC_APB2ENR | = (1 << 3);
7
8   //清空控制 PB0 的端口位
9   GPIOB_CRL & = ~( 0x0F << (4 * 0));
10  // 配置 PB0 为通用推挽输出,速率为 10MHz
11  GPIOB_CRL | = (1 << 4 * 0);
12
13  // PB0 输出 低电平
14  GPIOB_ODR & = ~(1 << 0);
15
16  while (1);
17
18  }
```

在本实验中,要求完全理解 stm32f1xx.h 文件及 main 文件中的内容(RCC 相关内容除外)。

4.2.8　下载验证

把编译好的程序下载到开发板并复位,可以看到开发板子的 LED 灯被点亮,如图 4.24 所示。

图 4.24　LED 灯点亮

第

5

章

点亮LED灯——固件库版

本章通过介绍使用固件库点亮 LED 灯的实验,着重分析 CMSIS 标准及库层次关系和如何构建库函数,从而从感性上清楚完成一个工程需要哪些具体操作和配置。

5.1 使用固件库点亮 LED 灯

5.1.1 新建工程模板——库函数版

建立一个空的工程文件,作为工程模板,以后各个外设工程都可以在此模板的基础上进行开发。

为了使工程目录更加清晰,在本地计算机上新建一个 05_Template 文件夹,并在它下面再新建 6 个文件夹,具体如表 5.1 和图 5.1 所示。

表 5.1 工程目录文件夹说明

文件夹名称	作 用
Doc	用来存放程序说明的文件,由写程序的人添加
Libraries	存放的是库文件
Listing	存放编译器编译时候产生的 C/汇编/链接的列表清单
Output	存放编译产生的调试信息、hex 文件、预览信息、封装库等
Project	用来存放工程
User	用户编写的驱动文件

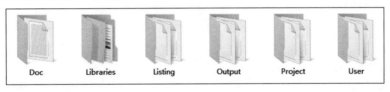

图 5.1 工程文件夹

在本地新建文件夹后,把准备好的库文件添加到相应的文件夹下,具体如下:

(1) 在 Doc 文件夹中新建 readme. txt 文件。

(2) 直接将固件库中的 Libraries 文件夹中的 CMSIS 文件夹和 STM32F10x_StdPeriph_Driver 文件夹复制到建好的 Libraries 文件夹中,其中 CMSIS 中存放 CM3(Cortex-M3)内核有关的库文件,STM32F10x_StdPeriph_Driver 中存放 STM32 外设库文件。

(3) Listing、Output、Project 文件夹均暂时为空。

(4) User 文件夹中存放 stm32f10x_conf. h、stm32f10x_it. h、stm32f10x_it. c 和 main. c 等文件,其中 stm32f10x_conf. h 文件用来配置库的头文件,stm32f10x_it. h 和 stm32f10x_it. c 用来存放中断相关的函数,main. c 就是 main 函数文件。

打开 Keil 5,新建一个工程,工程名为 Template(模板),保存在 Project 文件夹下,如图 5.2 和图 5.3 所示。

1. 选择 CPU 型号

根据开发板使用的 CPU 具体的型号来选择,开发板选 STM32F103VE 型号,如图 5.4 所示。

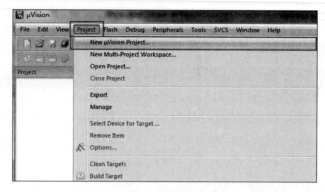

图 5.2　新建工程

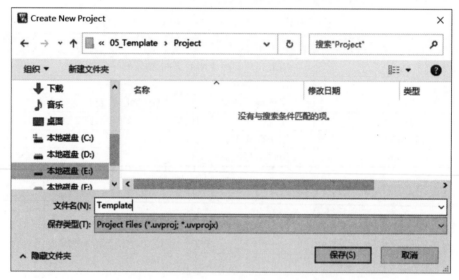

图 5.3　工程命名

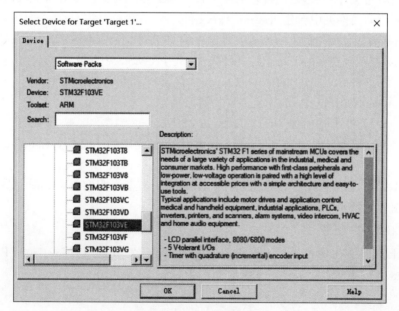

图 5.4　选择 CPU 型号

2. 在线添加库文件

手动添加库文件,单击"关闭"按钮,如图 5.5 所示。

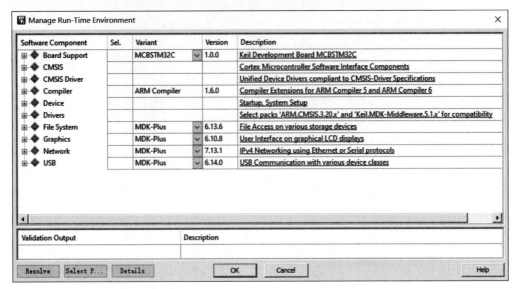

图 5.5 库文件管理

3. 添加组文件夹

在新建的工程中添加 5 个组文件夹,用来存放不同的文件。右击 Target1,然后选择 Add Group,将 New Group 重新命名为相应的文件夹名,如图 5.6 所示;或者右击 Target1,然后选择 Manage Project Items(这里选择此方法),如图 5.7 所示。弹出图 5.8 所示对话框,单击"1"处,就可以在"2"处输入相应的文件组名。

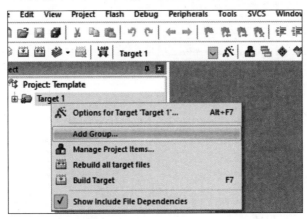

图 5.6 添加新的组文件 1

新建的 5 个组文件夹分别为 STARTUP、CMSIS、FWLB、USER、DOC,如图 5.9 所示。

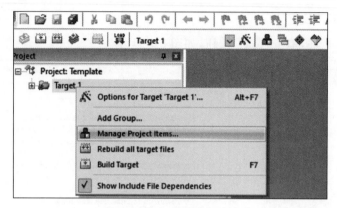

图 5.7　添加新的组文件 2

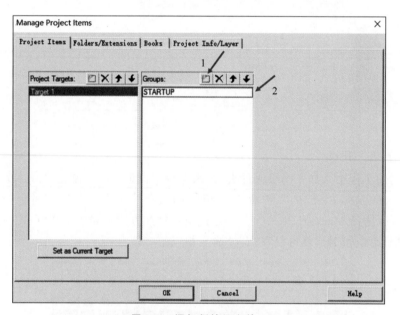

图 5.8　添加新的组文件 3

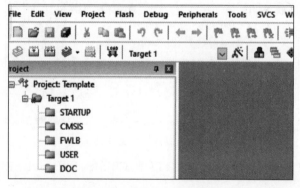

图 5.9　新建 5 个组文件夹

4. 添加文件

文件从本地建好的工程文件夹中获取,双击各组文件夹就会出现添加文件的路径,然后选择文件即可。各组文件夹内添加的文件如下:

(1) STARTUP,存放启动文件 startup_stm32f10x_hd.s。

(2) CMSIS,存放 core_cm.c、system_stm32f10x.c。

(3) FWLB,存放 STM32F10x_StdPeriph_Driver\src 文件夹下的全部 C 文件,即固件库。

(4) USER,存放用户编写的文件:main.c,main 函数文件,暂时为空;stm32f10x_it.c,与中断有关的函数都放这个文件,暂时为空。

(5) DOC,存放 readme.txt 程序说明文件,用于说明程序的功能和注意事项。

STARTUP 添加文件如图 5.10 所示。其他组文件夹添加文件的过程与 STARTUP 添加文件一致。

图 5.10 STARTUP 添加文件

5. 工程选项卡配置

单击魔术棒(Options for Target),进入 Options for Target'Target 1'对话框,如图 5.11 所示。

(1) 在 Target 选项卡中勾选 Use MicroLIB 复选框,目的是在日后编写串口驱动时可以使用 printf 函数,如图 5.12 所示。这一步的配置工作很重要,很多人串口用不了 printf 函数,编译有问题,下载有问题,都是因为这个步骤的配置有问题。

(2) 在 Output 选项卡中勾选 Create HEX File 复选框,以便在编译的过程中生成 hex 文件,如图 5.13 所示。

(3) 在 Listing 选项卡中把输出文件夹定位到工程目录下的 Listing 文件夹,双击

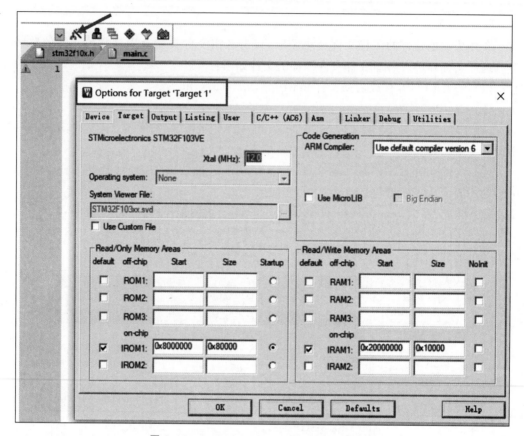

图 5.11　Options for Target'Target 1'对话框

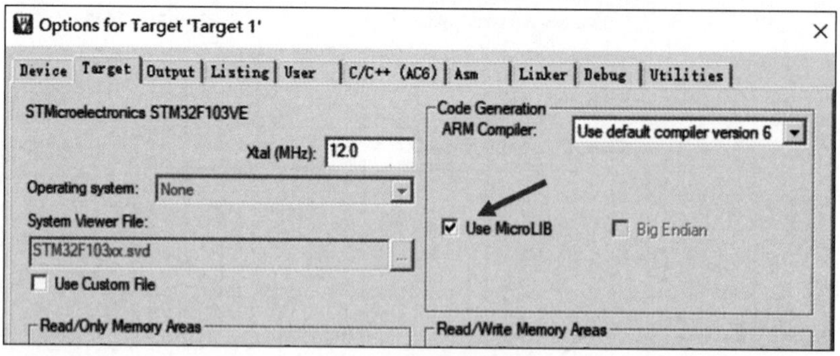

图 5.12　添加微库

Listing 文件夹,打开 Listing 文件夹,然后单击 OK 按钮,如图 5.14 和图 5.15 所示。

　　(4) 在 C/C++选项卡中添加处理宏及编译器编译时查找的头文件路径。若头文件路径添加有误,则编译时会报错找不到头文件。在 Preprocessor Symbols 下的 Define 中输入 STM32F10X_HD 和 USE_STDPERIPH_DRIVER,中间用","隔开,如图 5.16 所示。

　　在这个选项中添加宏,就相当于在文件中使用"#define"语句定义宏。在编译器中

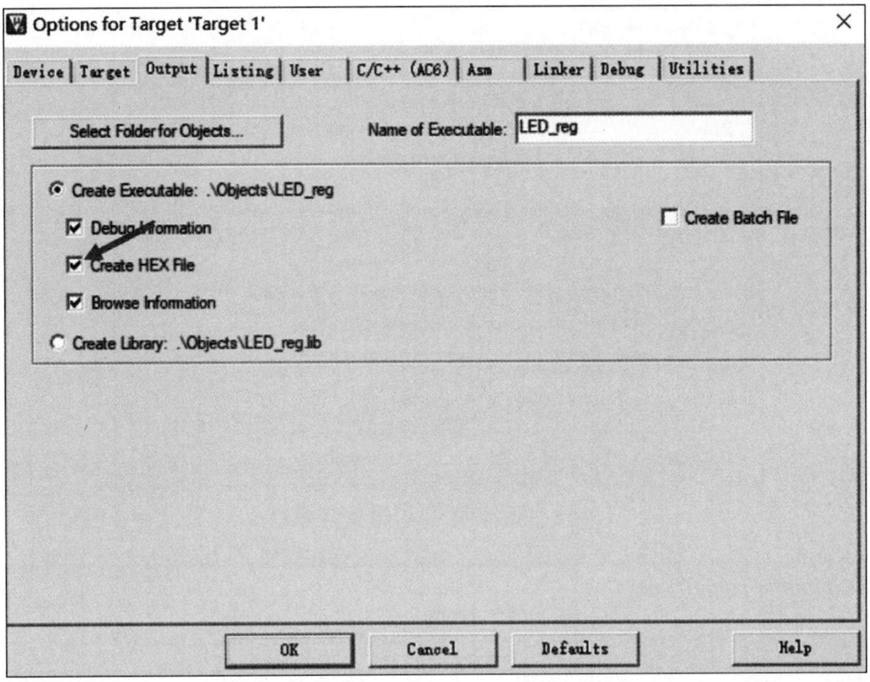

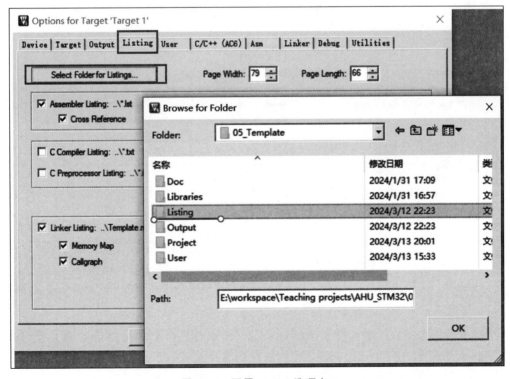

图 5.13 配置 Output 选项卡

图 5.14 配置 Listing 选项卡 1

第5章 点亮LED灯——固件库版

69

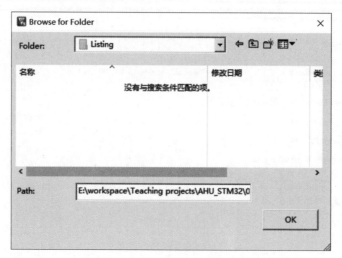

图 5.15　配置 Listing 选项卡 2

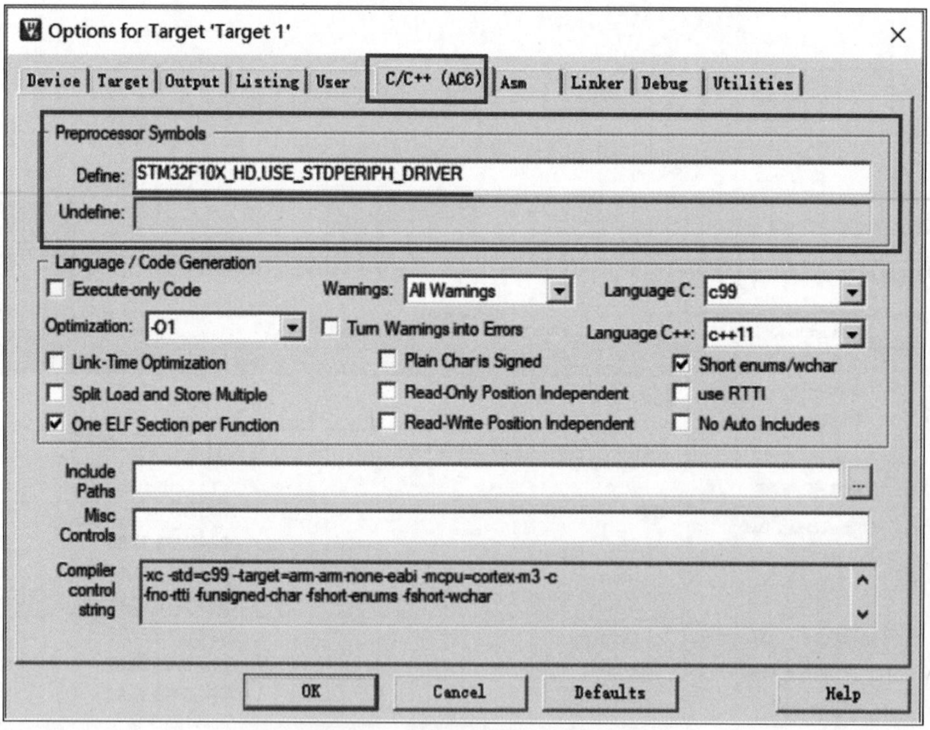

图 5.16　配置 C/C++ 选项卡 1

添加宏就不用在源文件中修改代码。

STM32F10X_HD 宏：为了告诉 STM32 标准库，项目工程使用的芯片类型是 STM32 大容量的，使 STM32 标准库根据选定的芯片型号来配置。

USE_STDPERIPH_DRIVER 宏：为了让 stm32f10x.h 包含 stm32f10x_conf.h 这个头文件。

C/C++的 Include Paths 中添加的是头文件的路径,如图 5.17 所示。如果编译时提示找不到头文件,一般是这里配置出了问题。头文件放到了哪个文件夹,就把哪个文件夹添加到这里。

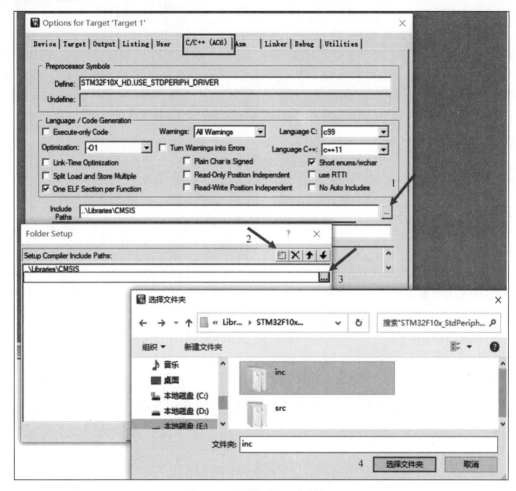

图 5.17　配置 C/C++选项卡 2

(5) 下载器配置。在仿真器连接好计算机和开发板且开发板供电正常的情况下,按照 2.2.2 节 DAP 仿真器配置进行配置,不再赘述。

至此,一个新的工程模板建立完毕。

5.1.2　使用库函数点亮 LED 灯

1. 硬件电路设计

使用库函数点亮 LED 灯的硬件电路设计与 4.2.4 节一样,不再赘述。

2. 软件电路设计

为了对整个项目工程中的各个文件关系有感性认识,先熟悉库函数点亮 LED 灯项目,后面将在此项目基础上详细分析 CMSIS 标准和库层次关系,以及如何构建库函数,在此只介绍核心代码部分。

新建工程文件夹"05_LED_FLB",并将工程模板文件夹"05_Template"的 6 个文件夹都复制到"05_LED_FLB"文件夹中,同时将"Project"的工程文件"Template"更名为"LED_FLB"。

为了使工程更加有条理,把 LED 灯控制相关的代码独立分开存储,方便以后移植。在"工程模板"的"USER"中新建文件夹"bsp_led",并在该文件夹中新建"bsp_led.c"及"bsp_led.h"文件。"bsp"即板级支持包(board support packet)。这两个文件不属于STM32 标准库的内容,是根据应用需要编写的。

编程要点如下:

(1) 使能 GPIO 端口时钟;

(2) 初始化 GPIO 目标引脚为推挽输出模式;

(3) 根据功能逻辑编写程序,控制 GPIO 引脚输出高、低电平。

3. 代码编写与分析

为了实现三个 LED 灯依次循环点亮,需要对 PA1、PB0、PB1 三个引脚依次循环输出低电平。

为了更好地进行程序移植,缩短开发周期,在编写应用程序的过程中,如果更改硬件环境,技术人员希望程序只需要做最小的修改即可在新的环境正常运行。例如,LED 灯的控制引脚与当前的不一样,一般把硬件相关的部分使用宏来封装,若更改了硬件环境,只修改这些硬件相关的宏即可。这些宏定义一般存储在头文件,如本例中的"bsp_led.h"文件中,见代码清单 5.1。

代码清单 5.1 LED 控制引脚相关的宏

```
1  /* 定义 LED 连接的 GPIO 口, 只需要修改下面的代码即可改变控制的 LED 引脚 */
2  //R-绿色
3  #define LED1_GPIO_PORT    GPIOA                   /* GPIO 端口 */
4  #define LED1_GPIO_CLK     RCC_APB2Periph_GPIOA    /* GPIO 端口时钟 */
5  #define LED1_GPIO_PIN     GPIO_Pin_1             /* 连接到 SCL 时钟线的 GPIO */
6
7  //G-红色
8  #define LED2_GPIO_PORT    GPIOB                   /* GPIO 端口 */
9  #define LED2_GPIO_CLK     RCC_APB2Periph_GPIOB    /* GPIO 端口时钟 */
10 #define LED2_GPIO_PIN     GPIO_Pin_0             /* 连接到 SCL 时钟线的 GPIO */
11
12 //B-蓝色
13 #define LED3_GPIO_PORT    GPIOB                   /* GPIO 端口 */
14 #define LED3_GPIO_CLK     RCC_APB2Periph_GPIOB    /* GPIO 端口时钟 */
15 #define LED3_GPIO_PIN     GPIO_Pin_1             /* 连接到 SCL 时钟线的 GPIO */
```

以上代码分别把控制 LED 灯的 GPIO 端口、GPIO 引脚号以及 GPIO 端口时钟封装起来。在实际控制时直接用这些宏,而不需要直接对硬件相关寄存器操作。其中的GPIO 时钟宏"RCC_APB2Periph_GPIOB"是 STM32 标准库定义的 GPIO 端口时钟相关的宏,它的作用与"GPIO_Pin_x"这类宏类似,是用于指示寄存器位的,方便库函数使用。下面初始化 GPIO 时钟时可以看到它的用法。

1）控制 LED 灯亮灭状态的宏定义

为了方便控制 LED 灯，把 LED 灯常用的亮灭及状态反转的控制也直接定义成宏，见代码清单 5.2。

代码清单 5.2　控制 LED 灯亮灭的宏

```
 1   /* 直接操作寄存器的方法控制 IO */
 2   #define digitalHi(p,i)      {p->BSRR = i;}        //输出为高电平
 3   #define digitalLo(p,i)      {p->BRR = i;}         //输出低电平
 4   #define digitalToggle(p,i) {p->ODR ^ = i;}        //输出反转状态
 5
 6   /* 定义控制 IO 的宏 */
 7   #define LED1_TOGGLE        digitalToggle(LED1_GPIO_PORT,LED1_GPIO_PIN)
 8   #define LED1_OFF           digitalHi(LED1_GPIO_PORT,LED1_GPIO_PIN)
 9   #define LED1_ON            digitalLo(LED1_GPIO_PORT,LED1_GPIO_PIN)
10
11   #define LED2_TOGGLE        digitalToggle(LED2_GPIO_PORT,LED2_GPIO_PIN)
12   #define LED2_OFF           digitalHi(LED2_GPIO_PORT,LED2_GPIO_PIN)
13   #define LED2_ON            digitalLo(LED2_GPIO_PORT,LED2_GPIO_PIN)
14
15   #define LED3_TOGGLE        digitalToggle(LED3_GPIO_PORT,LED3_GPIO_PIN)
16   #define LED3_OFF           digitalHi(LED3_GPIO_PORT,LED3_GPIO_PIN)
17   #define LED3_ON            digitalLo(LED3_GPIO_PORT,LED3_GPIO_PIN)
18
19   /* 基本混色,后面高级用法使用 PWM 可混出全彩颜色,且效果更好 */
20   //红
21   #define LED_RED \
                       LED1_ON;\
                       LED2_OFF\
                       LED3_OFF
22
23   //绿
24   #define LED_GREEN\
                       LED1_OFF;\
                       LED2_ON\
                       LED3_OFF
25
26   //蓝
27   #define LED_BLUE\
                       LED1_OFF;\
                       LED2_OFF\
                       LED3_ON
28
29   //黄(红 + 绿)
30   #define LED_YELLOW\
                       LED1_ON;\
                       LED2_ON\
                       LED3_OFF
31   //紫(红 + 蓝)
32   #define LED_PURPLE\
                       LED1_ON;\
                       LED2_OFF\
                       LED3_ON
33
34   //青(绿 + 蓝)
```

```
35   #define LED_CYAN \
                      LED1_OFF;\
                      LED2_ON\
                      LED3_ON
36
37   //白(红+绿+蓝)
38   #define LED_WHITE\
                      LED1_ON;\
                      LED2_ON\
                      LED3_ON
39
40   //黑(全部关闭)
41   #define LED_RGBOFF\
                      LED1_OFF;\
                      LED2_OFF\
                      LED3_OFF
```

这部分宏控制 LED 亮灭的操作是直接向 BSRR、BRR 和 ODR 这三个寄存器写入控制指令来实现的,对 BSRR 写 1 输出高电平,对 BRR 写 1 输出低电平,对 ODR 寄存器某位进行异或操作可反转位的状态。宏定义语句间的关系(图 5.18)如下:

(1) 代码通过宏定义将 GPIOA 与 GPIO_Pin_1 分别定义为 LED1_GPIO_PORT 和 LED1_GPIO_PIN,这部分代码在代码清单 5.1 中;

(2) 宏定义语句"#define LED1_TOGGLE digitalToggle(LED1_GPIO_PORT, LED1_GPIO_PIN)",将函数 digitalToggle(LED1_GPIO_PORT,LED1_GPIO_PIN)定义为 LED1_TOGGLE,完成输出引脚反转操作;

(3) 宏定义语句"#define digitalToggle(p,i) {p-> ODR^=i;}",将对 I/O 寄存器操作定义为函数"digitalToggle(p,i)"。

通过几轮宏定义,将程序变得更具可读性,变得更具移植性,但实际还是实现对 I/O 寄存器的操作,即"GPIOA-> ODR ^ = 0x0002"。宏定义语句"#define GPIO_Pin_1 ((uint16_t)0x0002)"位于固件库中的文件"stm32f10x_gpio.h"中。

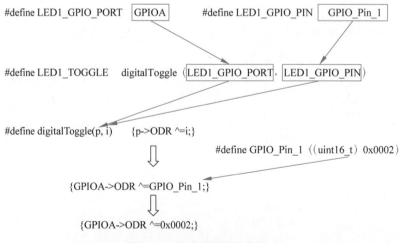

图 5.18　宏定义语句间的关系

　　RGB 彩灯可以实现混色，如代码清单 5.2 中 31 行和 32 行代码，控制红灯和蓝灯亮而绿灯灭，可混出紫色效果。

　　代码中的"\"是 C 语言中的续行符语法，表示续行符的下一行与续行符所在的代码是同一行。代码中因为宏定义关键字"♯define"只是对当前行有效，所以使用续行符来连接起来，与代码"♯define LED_YELLOW LED1_ON；LED2_ON；LED3_OFF"是等效的。应用续行符时要注意，在"\"后面不能有任何字符（包括注释、空格），只能直接按回车键。

　　2）LED GPIO 初始化函数

　　利用上面的宏，编写 LED 灯的初始化函数，见代码清单 5.3。

代码清单 5.3　LED GPIO 初始化函数

```
 1   void LED_GPIO_Config(void)
 2   {
 3   /*定义一个 GPIO_InitTypeDef 类型的结构体*/
 4   GPIO_InitTypeDef GPIO_InitStructure;
 5
 6   /*开启 LED 相关的 GPIO 外设时钟*/
 7   RCC_APB2PeriphClockCmd(  LED1_GPIO_CLK |
 8                            LED2_GPIO_CLK |
 9                            LED3_GPIO_CLK, ENABLE);
10   /*选择要控制的 GPIO 引脚*/
11   GPIO_InitStructure.GPIO_Pin = LED1_GPIO_PIN;
12
13   /*设置引脚模式为通用推挽输出*/
14   GPIO_InitStructure.GPIO_Mode = GPIO_Mode_Out_PP;
15
16   /*设置引脚速率为 50MHz */
17   GPIO_InitStructure.GPIO_Speed = GPIO_Speed_50MHz;
18
19   /*调用库函数,初始化 GPIO*/
20   GPIO_Init(LED1_GPIO_PORT, &GPIO_InitStructure);
21
22   /*选择要控制的 GPIO 引脚*/
23   GPIO_InitStructure.GPIO_Pin = LED2_GPIO_PIN;
24
25   /*调用库函数,初始化 GPIO*/
26   GPIO_Init(LED2_GPIO_PORT, &GPIO_InitStructure);
27
28   /*选择要控制的 GPIO 引脚*/
29   GPIO_InitStructure.GPIO_Pin = LED3_GPIO_PIN;
30
31   /*调用库函数,初始化 GPIOF*/
32   GPIO_Init(LED3_GPIO_PORT, &GPIO_InitStructure);
33
34   /* 关闭所有 led 灯*/
35   GPIO_SetBits(LED1_GPIO_PORT, LED1_GPIO_PIN);
36
37   /* 关闭所有 led 灯*/
38   GPIO_SetBits(LED2_GPIO_PORT, LED2_GPIO_PIN);
39
40   /* 关闭所有 led 灯*/
41   GPIO_SetBits(LED3_GPIO_PORT, LED3_GPIO_PIN);
42   }
```

整个函数与硬件相关的部分使用宏来代替。初始化 GPIO 端口时钟时也采用了 STM32 库函数,函数执行流程如下:

(1) 使用 GPIO_InitTypeDef 定义 GPIO 初始化结构体变量,以便下面用于存储 GPIO 配置。

(2) 调用库函数 RCC_APB2PeriphClockCmd 来使能 LED 灯的 GPIO 端口时钟。该函数有两个输入参数:一个参数用于指示要配置的时钟,如本例中的"RCC_APB2Periph_GPIOB",应用时使用"|"操作同时配置 3 个 LED 灯的时钟;另一个参数用于设置状态,可输入"Disable"关闭或"Enable"使能时钟。

(3) 向 GPIO 初始化结构体赋值,把引脚初始化成推挽输出模式,其中的 GPIO_Pin 使用宏"LEDx_GPIO_PIN"来赋值,使函数的实现方便移植。

(4) 使用以上初始化结构体的配置,调用 GPIO_Init 函数向寄存器写入参数,完成 GPIO 的初始化。这里的 GPIO 端口使用"LEDx_GPIO_PORT"宏来赋值,也是为了程序移植方便。

(5) 使用同样的初始化结构体,只修改控制的引脚和端口,初始化其他 LED 灯使用的 GPIO 引脚。

(6) 使用宏控制 RGB 灯默认关闭。

3) 主函数

编写完 LED 灯的控制函数后,就可以在 main 函数中测试,见代码清单 5.4。

代码清单 5.4 控制 LED 灯 main 程序

```
1    #include "stm32f10x.h"
2    #include "bsp_led.h"
3
4    #define SOFT_DELAY Delay(0x01FFFFF);
5
6    void Delay(__IO u32 nCount);
7    int main(void)
8    {
9      /* LED 端口初始化 */
10     LED_GPIO_Config();
11
12     while (1)
13     {
14       LED1_ON;                    //亮
15       SOFT_DELAY;
16       LED1_OFF;                   //灭
17
18       LED2_ON;                    //亮
19       SOFT_DELAY;
20       LED2_OFF;                   //灭
21
22       LED3_ON;                    //亮
23       SOFT_DELAY;
24       LED3_OFF;                   //灭
25
26       /* 轮流显示 红绿蓝黄紫青白 颜色 */
27       LED_RED;
```

```
28        SOFT_DELAY;
29
30        LED_GREEN;
31        SOFT_DELAY;
32
33        LED_BLUE;
34        SOFT_DELAY;
35
36        LED_YELLOW;
37        SOFT_DELAY;
38
39        LED_PURPLE;
40        SOFT_DELAY;
41
42        LED_CYAN;
43        SOFT_DELAY;
44
45        LED_WHITE;
46        SOFT_DELAY;
47
48        LED_RGBOFF;
49        SOFT_DELAY;
50      }
51    }
52
53    void Delay(__IO uint32_t nCount)          //简单的延时函数
54    {
55      for(; nCount != 0; nCount -- );
56    }
```

在 main 函数中,调用前面定义的 LED_GPIO_Config 初始化好 LED 的控制引脚,然后直接调用各种控制 LED 灯亮灭的宏来实现 LED 灯的控制。

以上就是一个使用 STM32 标准软件库开发应用的流程。

4. 下载验证

把编译好的程序下载到开发板,可看到 RGB 彩灯轮流显示不同的颜色,如图 5.19 所示。

图 5.19　RGB 灯依次闪烁

5.2 CMSIS 标准及 STM32 库层次关系

基于 Cortex-M3（简写为 CM3）内核的芯片制造厂商很多，如 ST、Freescale、SAMSUNG 等。虽然基于 CM3 架构系列芯片采用的内核都是相同的，但它们核外的片上外设的不同导致了在相同内核上运行的软件移植困难。为了解决不同厂商生产的 Cortex 微控制器软件的兼容性问题，ARM 公司于 2008 年 11 月发布了旨在降低 Cortex-M 处理器软件的移植难度，并减少新手使用微控制器学习与开发实践的处理器软件接口 CMSIS，即 ARM Cortex 微控制器软件接口标准（Cortex Micro-controller Software Interface Standard）。STM32 固件库是基于 CMSIS 标准的 BSP（Board Support Package）包。

5.2.1 基于 CMSIS 标准的软件架构

基于 CMSIS 标准的软件架构如图 5.20 所示。

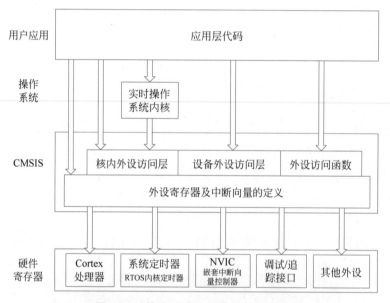

图 5.20　基于 CMSIS 标准的软件架构

从图 5.20 可以看到，基于 CMSIS 标准的软件架构主要分成用户应用层、操作系统层、CMSIS 层以及硬件寄存器层。其中 CMSIS 起着承上启下的作用，一方面对硬件寄存器层进行了统一的实现，屏蔽了不同厂商对 Cortex-M 系列微处理器内核外设寄存器的不同定义；另一方面向上层的操作系统和用户应用层提供接口，简化了应用程序开发的难度，使开发人员能够在完全透明的情况下进行一些应用程序的开发。

CMSIS 层主要分为以下三个层次：

（1）核内外设访问层（Core Peripheral Access Layer，CPAL）：该层由 ARM 负责实现，所定义的接口函数都是可重入的。其实现文件为 core_cm3.h 和 core_cm3.c，内容主要包括：

① 对核内寄存器名称,地址的定义;

② 嵌套向量中断控制器,以及对特殊用途寄存器、调试子系统的访问接口定义;

③ 对不同编译器的差异使用"__INLINE"来进行统一化处理;

④ 定义了一些访问 CM3 核内寄存器的函数,如对 xPSR、MSP、PSP 等寄存器的访问。

(2) 设备外设访问层(Device Peripheral Access Layer,DPAL):该层由芯片厂商负责实现,负责对外设寄存器地址,及其访问接口进行定义。该层可调用 CPAL 提供的接口函数,同时根据处理器特性对异常向量表进行扩展,以处理相应外设的中断请求。相应的实现文件有 stm32f10x. h、system_stm32f10x. h、system_stm32f10x. c、startup_stm32f10x_hd. s、stm32f10x_it. h、stm32f10x_it. c。

(3) 外设访问函数(Access Functions for Peripherals,AFP):这一层也由芯片厂商负责实现,主要提供访问片上外设的操作函数。

对一个 Cortex-M 微控制器系统而言,CMSIS 通过以上三个部分实现了定义了访问外设寄存器和异常向量的通用方法,定义了核内外设的寄存器名称和核异常向量的名称,以及为 RTOS 核定义了与设备独立的接口,包括 Debug 通道。

这样芯片厂商就能专注对芯片外设特性进行差异化,并且消除他们对微控制器进行编程时需要维持的不同的、互不兼容的标准需求,以达到低成本开发的目的。

5.2.2 STM32 固件库

本书讲解的 3.5.0 版本的标准固件库,以下内容请参考文件阅读。解压库文件后进入其目录为"STM32F10x_StdPeriph_Lib_V3.5.0\"。该文件夹下包含的内容如图 5.21 所示。

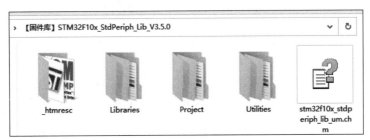

图 5.21 STM32F10x_StdPeriph_Lib_V3.5.0 文件夹中的内容

_htmresc 文件夹:其里面是两张 Logo 图片,一张是 CMSIS 的,另一张是 ST 的。

Libraries 文件夹:其里面是驱动库的源代码及启动文件。这里面的两个文件夹中的文件都非常重要。

Project 文件夹:文件夹下是用驱动库写的例子文件夹 STM32F10x_StdPeriph_Examples 和工程模板文件夹 STM32F10x_StdPeriph_Template,其中那些为每个外设写好的例程可以作程序编写的参考,例程非常全面,包括了外设的所有功能。

Utilities 文件夹:包含了基于 ST 官方实验板/评估板的例程,不需要用到,略过即可。

stm32f10x_stdperiph_lib_um. chm 文件夹：库帮助文档，可以查询到每个外设库函数说明，是 ST 公司已经写好了的每个外设驱动，非常翔实。

图 5.22　Libraries 文件内的内容

在使用固件库开发时，仅需要把 Libraries 目录下的库函数文件添加到工程的相应文件夹中，并通过查阅库帮助文档来了解 ST 提供的库函数的使用方法。进入 Libraries 文件夹可以看到 CMSIS 和 STM32F10x_StdPeriph_Driver 文件夹，如图 5.22 所示。

1. CMSIS 文件夹

STM32F10x_StdPeriph_Lib_V3.5.0\Libraries\CMSIS\文件夹展开内容如图 5.23 所示。

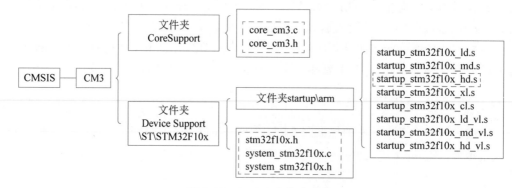

图 5.23　CMSIS 文件夹内容

1) 内核文件：core_cm3. h 文件与 core_cm3. c 文件

core_cm3. h 头文件里面实现了内核的寄存器映射，对应外设头文件 stm32f10x. h。它们的区别是 core_cm3. h 针对内核的外设，stm32f10x. h 针对片上（内核之外）的外设。

core_cm3. c 文件实现了一下操作内核外设寄存器的函数。此外，core_cm3. c 文件包含了"stdint. h"头文件。"stdint. h"是一个 ANSI C 文件，类似于 C 语言头文件"stdio. h"，是独立于处理器之外的，位于 Keil 软件的安装目录下，主要作用是提供一些类型定义。stdint. h 文件的部分代码见代码清单 5.5。

代码清单 5.5　stdint. h 文件的部分代码

```
1   /* exact - width signed integer types */
2   typedef signed          char        int8_t;
3   typedef signed short    int         int16_t;
4   typedef signed          int         int32_t;
5   typedef signed          __INT64     int64_t;

6   /* exact - width unsigned integer types */
7   typedef unsigned        char        uint8_t;
```

```
 8   typedef unsigned short  int       uint16_t;
 9   typedef unsigned         int       uint32_t;
10   typedef unsigned         __INT64   uint64_t;
```

2）启动文件：startup_stm32f10x_hd. s

在 startup/arm 文件夹下面存放了多个启动文件，不同的驱动文件针对不同型号的 stm32f10x 系列的芯片，以 stm32f10x 系列的芯片片内的 Flash 容量来做区分。本教程开发板中用的 STM32F103VET6 的 Flash 是 512K，属于基本型的大容量产品，启动文件统一选择 startup_stm32f10x_hd. s。

3）头文件：stm32f10x. h

stm32f10x. h 为最基础的头文件，它主要包含了以下三方面的内容：

（1）通用数据类型定义，见代码清单 5.6。

代码清单 5.6　stm32f10x. h 头文件里通用数据类型定义

```
1   /*! < STM32F10x Standard Peripheral Library old types (maintained for legacy
    purpose) */
2   typedef int32_t s32;
3   typedef int16_t s16;
4   typedef int8_t  s8;

5   typedef const int32_t sc32;   /*!< Read Only */
6   typedef const int16_t sc16;   /*!< Read Only */
7   typedef const int8_t  sc8;    /*!< Read Only */
8   ......
```

（2）定义所有外设的寄存器组结构，如 5.1 节中使用到的 GPIO 寄存器组，见代码清单 5.7。

代码清单 5.7　外设寄存器组定义

```
 1   typedef struct
 2   {
 3   __IO uint32_t CRL;
 4   __IO uint32_t CRH;
 5   __IO uint32_t IDR;
 6   __IO uint32_t ODR;
 7   __IO uint32_t BSRR;
 8   __IO uint32_t BRR;
 9   __IO uint32_t LCKR;
10   } GPIO_TypeDef;
```

由于外设的功能是通过其内部的寄存器来实现的，应将这些寄存器视为一个整体。通过 C 语言的结构体类型定义的方式在代码级就可实现这个操作。上面代码片断中的结构体类型 GPIO_TypeDef 代表了外设 GPIO，其内部成员是 GPIO 的 7 个寄存器。

（3）外设变量的声明，其部分代码见代码清单 5.8。

代码清单 5.8　外设变量的声明

```
1   #define FLASH_BASE   ((uint32_t)0x08000000) /*!< FLASH base address in the alias
    region */
2   #define SRAM_BASE    ((uint32_t)0x20000000) /*!< SRAM base address in the alias
```

```
region * /
3   #define PERIPH_BASE      ((uint32_t)0x40000000) /*!< Peripheral base address in the
    alias region */
4   #define SRAM_BB_BASE    ((uint32_t)0x22000000) /*!< SRAM base address in the bit-
    band region */
5   #define PERIPH_BB_BASE  ((uint32_t)0x42000000) /*!< Peripheral base address in the
    bit-band region */

6   #define FSMC_R_BASE      ((uint32_t)0xA0000000) /*!< FSMC registers base address */

7   /*!< Peripheral memory map */
8   #define APB1PERIPH_BASE PERIPH_BASE
9   #define APB2PERIPH_BASE (PERIPH_BASE + 0x10000)
10  #define AHBPERIPH_BASE (PERIPH_BASE + 0x20000)

11  #define TIM2_BASE (APB1PERIPH_BASE + 0x0000)
12  #define TIM3_BASE (APB1PERIPH_BASE + 0x0400)
13  ……
```

所谓的"外设的声明",其实质主要是一些宏定义,宏名就代表了某种外设,而宏值就是该外设基地址(实际上这种表述并不准确,在没有讲解具体外设之前,姑且这样认为)。如此一来,操作外设名就是在操作外设地址所在的寄存器,如对外设 GPIOA 的操作可以是"GPIOA-> IDR=17;"。

由此可见,文件 stm32f10x.h 在基于 STM32 库开发过程中的地位和作用。由于 stm32f10x.h 中绝大部分代码都是进行外设的声明和寄存器位定义,在用户使用 STM32 库编写外设驱动时必须将其包含在自己的工程文件中。

4) system_stm32f10x.h 和 system_stm32f10x.c

在系统上电复位那一刻,完成系统初始化的两个函数 SystemInit() 和 SystemCoreClockUpdate(),以及全局变量 SystemCoreClock 就在这两个文件中实现,它们的作用分别如下:

(1) SystemInit():设置系统时钟源,其中涉及锁相环(PLL)倍频因子、AHB-APB 预分频因子,以及扩展 Flash 的设置等,该函数在启动文件(startup_stm32f10x_xx.s)中被调用。

(2) SystemCoreClock:此变量代表高性能总线时钟(HCLK)的频率值,系统的"滴答"定时器定时长度的计算也是基于这个变量的。

(3) SystemCoreClockUpdate():在系统运行期间,若核心时钟 HCLK 需要改变,则必须调用此函数来调整 SystemCoreClock 的值。注意,只是在 HCLK 有了变化的情况下才使用它。

关于 system_stm32f10x 文件中所涉及的知识点,与系统的启动过程联系紧密,将在第 8 章"RCC 与 STM32 时钟"进行详细讲解。

2. STM32F10x_StdPeriph_Driver 文件夹

进入 Libraries 目录的 STM32F10x_StdPeriph_Driver 文件夹可以看到文件夹 inc 和

src,两个文件夹中的文件属于 CMSIS 之外的、芯片片上外设部分。src 里面是每个设备外设的驱动源程序,inc 则是相对应的外设头文件。src 和 inc 文件夹是 ST 标准库的主要内容。在 src 和 inc 文件夹里的是 ST 公司针对每个 STM32 外设而编写的库函数文件,每个外设对应一个.c 和.h 后缀的文件。这类外设文件统称为 stm32f10x_ppp.c 或 stm32f10x_ppp.h 文件,ppp 表示外设名称。如针对 GPIO 外设,在 src 文件夹下有一个 stm32f10x_gpio.c 源文件,在 inc 文件夹下有一个 stm32f10x_gpio.h 头文件,若开发的工程中用到了 STM32 内部的 ADC,则至少要把这两个文件包含到工程里,如图 5.24 所示。

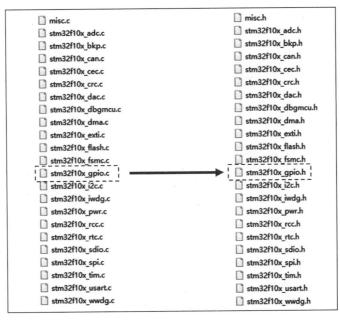

图 5.24　驱动的源文件及头文件

此外,还有相对特别的文件 misc.h 与 misc.c,这个文件提供了外设对内核中的 NVIC 的访问函数,在配置中断时必须把这个文件添加到工程中。

3. STM32F10x_StdPeriph_Template 文件夹

STM32F10x_StdPeriph_Template 文件夹在 Project 文件夹中。在这个文件目录下,存放了官方的一个库工程模板,在用库建立一个完整的工程时,还需要添加这个目录下的 stm32f10x_it.c、stm32f10x_it.h、stm32f10x_conf.h 和 system_stm32f10x.c 四个文件。

stm32f10x_it.c:文件是专门用来编写中断服务函数的,这个文件已经定义了一些系统异常(特殊中断)的接口,其他普通中断服务函数由自己添加。

stm32f10x_conf.h:文件被包含进 stm32f10x.h 文件。当使用固件库编程的时候,如果需要某个外设的驱动库,就应包含该外设的头文件 stm32f10x_ppp.h,包含一个还好,如果使用了多外设,就需要包含多个头文件,这不仅影响代码美观,而且不好管理。用一个头文件 stm32f10x_conf.h 把这些外设的头文件都包含在里面,让这个配置头文件统一管理这些外设的头文件。这样在应用程序中只需要包含这个配置头文件即可。这个头文件在 stm32f10x.h 的最后被包含,所以最终只需要包含 stm32f10x.h 这个头文件即可,非常方便。stm32f10x_conf.h 见代码清单 5.9。默认情况下所有头文件都被包含,没有注释掉,也可以把不要的注释掉,只留下需要使用的。

代码清单 5.9　stm32f10x_conf.h 内容

```
1   /* Define to prevent recursive inclusion ------------------------------- */
2   #ifndef __STM32F10x_CONF_H
3   #define __STM32F10x_CONF_H

4   /* Includes ------------------------------------------------------------- */
5   /* Uncomment/Comment the line below to enable/disable peripheral header file
    inclusion */
6   #include "stm32f10x_adc.h"
7   #include "stm32f10x_bkp.h"
8   #include "stm32f10x_can.h"
9   #include "stm32f10x_cec.h"
10  #include "stm32f10x_crc.h"
11  #include "stm32f10x_dac.h"
12  #include "stm32f10x_dbgmcu.h"
13  #include "stm32f10x_dma.h"
14  #include "stm32f10x_exti.h"
15  #include "stm32f10x_flash.h"
16  #include "stm32f10x_fsmc.h"
17  #include "stm32f10x_gpio.h"
18  #include "stm32f10x_i2c.h"
19  #include "stm32f10x_iwdg.h"
20  #include "stm32f10x_pwr.h"
21  #include "stm32f10x_rcc.h"
22  #include "stm32f10x_rtc.h"
23  #include "stm32f10x_sdio.h"
24  #include "stm32f10x_spi.h"
25  #include "stm32f10x_tim.h"
26  #include "stm32f10x_usart.h"
27  #include "stm32f10x_wwdg.h"
28  #include "misc.h" /* High level functions for NVIC and SysTick (add-on to CMSIS
    functions) */
```

5.2.3　STM32 库层次关系

前面简单介绍了各个库文件的作用,库文件直接包含进工程即可,不用修改,而有的文件在使用时根据具体需要进行配置。库工程中各个文件关系如图 5.25 所示。

图 5.25 中描述了 STM32 库各文件之间的调用关系,在实际的使用库开发工程的过程中,要把位于 CMSIS 层的文件包含进工程,除了特殊系统时钟需要修改 system_stm32f10x.c,其他文件不用修改,也不建议修改。对位于用户层的几个文件,就是在使用库的时候针对不同的应用对库文件进行增删(用条件编译的方法增删)和改动的文件。

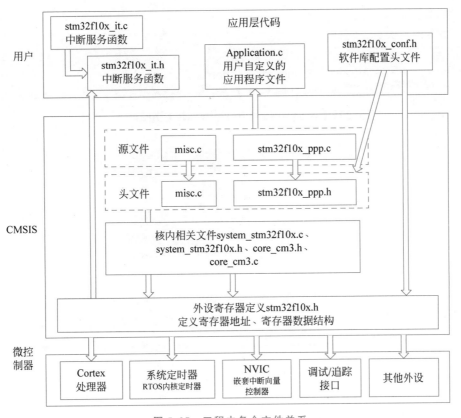

图 5.25　工程中各个文件关系

5.2.4　帮助文档

官方资料是所有关于 STM32 知识的源头,所以本节介绍如何使用官方资料。官方的帮助手册是最好的教程,几乎包含了所有在开发过程中遇到的问题。常用官方资料如下:

《STM32F10xxx 参考手册》:该文档全方位介绍了 STM32 芯片的各种片上外设,将 STM32 的时钟、存储器架构、各种外设、寄存器都描述得很清楚。

《STM32 规格书》:该文档相当于 STM32 的 datasheet,包含了 STM32 芯片所有的引脚功能说明,以及存储器架构、芯片外设架构说明。

《Cortex™-M3 内核编程手册》:该文档由 ST 公司提供,主要讲解 STM32 内核寄存器相关的说明,如系统定时器、NVIC 等核外设的寄存器。这部分的内容是《STM32F10xxx 参考手册》没涉及的内核部分的补充。

《Cortex-M3 权威指南》:该手册是由 ARM 公司提供的,详细讲解了 Cortex 内核的架构和特性,深入了解 Cortex-M 内核,这是首选。

《stm32f10x_stdperiph_lib_um.chm》:这就是本章提到的库的帮助文档,在使用库函数时,最好通过查阅此文件来了解标准库提供了哪些外设、函数原型或库函数的调用的方法,如图 5.26 所示。

图 5.26　stm32f10x_stdperiph_lib_um.chm 帮助文件

5.3　库函数及其构建

通过利用库函数驱动 LED 灯的实验从感性上认识了 STM32 固件库;通过对基于 CMSIS 标准软件架构与 STM32 固件库的介绍对 STM32 固件库有了更深刻的理解。为了进一步掌握 STM32 固件库的使用,本小节指导读者自己来写固件库。

5.3.1　固件库开发与寄存器开发

固件库是指“STM32 标准函数库”,它是由 ST 公司针对 STM32 提供的应用程序编程接口(Application Program Interface,API)。工程师通过调用这些函数接口来配置 STM32 的寄存器,避免了面对纷繁复杂的最底层的寄存器。基于固件库开发具有开发速度、易于阅读、维护成本低等优点。

库是架设在寄存器与用户驱动层之间的代码,向下处理与寄存器直接相关的配置,向上为用户提供配置寄存器的接口。固件库开发与寄存器开发的对比如图 5.27 所示。

相对固件库开发,寄存器开发生产的代码量少,具体参数直观、程序运行占用资源少。但因为 STM32 外设资源丰富,寄存器的数量众多,且寄存器位数也不再是 8 位,复杂程度更高,带来的不足是开发速度慢、程序可读性差、代码维护工作量大,导致各项成本增加。相对 8 位 CPU,STM32 的 CPU 资源充足,运行速度快。权衡优势与不足,在绝

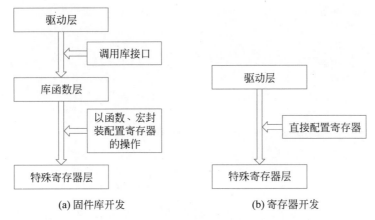

图 5.27 固件库开发与寄存器开发的对比

大部分时候可以牺牲一些 CPU 资源,选择固件库开发方式。

5.3.2 构建库函数

尽管库的优点很多,但是一开始用库时面对的代码多、文件多,反不知道从何下手。其原因是不清楚什么是库,也不知道库是怎么实现的。

为此,在对用固件库开发有了一定认识后,接下来将对 5.1.2 节稍做修改,将与底层硬件相关代码都直接使用标准固件库来完成。

下面采用自顶向下的方式来封装库函数,进行编写程序。

1. 主函数

主函数先通过调用子程序"LED_GPIO_Config()"对 LED 端口进行初始化,接着循环执行 LED1、LED2、LED3 点亮、熄灭,见代码清单 5.10。

代码清单 5.10 主函数代码

```
1   # include "stm32f10x.h"
2   # include "stm32f10x_gpio.h"
3   # include "bsp_led.h"
4
5   # define SOFT_DELAY Delay(0x01FFFFF);
6
7   void Delay(uint32_t nCount);
8
9   int main(void)
10  {
11    /* LED 端口初始化 */
12    LED_GPIO_Config();
13
14    while (1)
15    {
16      LED1(ON);                   // LED1 灯点亮
17      SOFT_DELAY;                 // 延时
18      LED1(OFF);                  // LED1 灯熄灭
19
20      LED2(ON);
```

```
21      SOFT_DELAY;
22      LED2(OFF);
23
24      LED3(ON);
25      SOFT_DELAY;
26      LED3(OFF);
27    }
28  }
29
30  void Delay(__IO uint32_t nCount)      //简单软件延时
31  {
32    for(; nCount != 0; nCount -- );
33  }
34  /************************* END OF FILE ***********************/
```

从代码清单 5.10 可以看到,需要声明主函数涉及外设的 LED_GPIO_Config()、LED1(ON)、LED1(OFF)、LED2(ON)等子程序。将这些声明在 LED 外设的头文件 bsp_led.h 中完成。"__IO"在文件"stm32f10x.h"中做了声明。子程序 LED_GPIO_Config()在文件"bsp_led.c"中。

2. 外设 LED 程序

文件"bsp_led.c"文件主要编写了 LED_GPIO_Config(),见代码清单 5.11。

代码清单 5.11 bps_led.c 代码

```
1   # include "stm32f10x_gpio.h"
2   # include "bsp_led.h"
3   # include "stm32f10x_rcc.h"
4
5   void LED_GPIO_Config(void)
6   {
7     /* 定义一个 GPIO_InitTypeDef 类型的结构体 */
8     GPIO_InitTypeDef GPIO_InitStructure;
9
10    /* 开启 LED 相关的 GPIO 外设时钟 */
11    RCC_APB2PeriphClockCmd( LED1_GPIO_CLK | LED2_GPIO_CLK | LED3_GPIO_CLK, ENABLE);
12    /* 选择要控制的 GPIO 引脚 */
13    GPIO_InitStructure.GPIO_Pin = LED1_GPIO_PIN;
14
15    /* 设置引脚模式为通用推挽输出 */
16    GPIO_InitStructure.GPIO_Mode = GPIO_Mode_Out_PP;
17
18    /* 设置引脚速率为 50MHz */
19    GPIO_InitStructure.GPIO_Speed = GPIO_Speed_50MHz;
20
21    /* 调用库函数,初始化 GPIO */
22    GPIO_Init(LED1_GPIO_PORT, &GPIO_InitStructure);
23
24    /* 选择要控制的 GPIO 引脚 */
25    GPIO_InitStructure.GPIO_Pin = LED2_GPIO_PIN;
26
27    /* 调用库函数,初始化 GPIO */
28    GPIO_Init(LED2_GPIO_PORT, &GPIO_InitStructure);
29
30    /* 选择要控制的 GPIO 引脚 */
```

```
31      GPIO_InitStructure.GPIO_Pin = LED3_GPIO_PIN;
32
33      /* 调用库函数,初始化 GPIOF */
34      GPIO_Init(LED3_GPIO_PORT, &GPIO_InitStructure);
35
36      /* 关闭所有 led 灯   */
37      GPIO_SetBits(LED1_GPIO_PORT, LED1_GPIO_PIN);
38
39      /* 关闭所有 led 灯   */
40      GPIO_SetBits(LED2_GPIO_PORT, LED2_GPIO_PIN);
41
42      /* 关闭所有 led 灯   */
43      GPIO_SetBits(LED3_GPIO_PORT, LED3_GPIO_PIN);
44    }
45
46    /********************** END OF FILE ************************/
```

LED_GPIO_Config() 函数执行流程如下:

(1) 使用 GPIO_InitTypeDef 定义 GPIO 初始化结构体变量,以便下面用于存储 GPIO 配置。GPIO_InitTypeDef 是一个结构体类型,用于配置 GPIO 端口的初始化参数 GPIO_Pin、GPIO_Speed、GPIO_Mode。该结构体类型定义在"stm32f10x. gpio. h"文件中。

(2) 调用库函数 RCC_APB2PeriphClockCmd 来使能 LED 灯的 GPIO 端口时钟。该函数定义在"stm32f10x. rcc. c"文件中,它有两个输入参数;一个参数用于指示要配置时钟的外设端口,如本例中的"RCC_APB2Periph_GPIOB"。在此语句中使用了"|"操作,可以同时配置 3 个 LED 灯的时钟。另一个参数用于设置状态,可输入"Disable"关闭或"Enable"使能时钟,"Disable"与"Enable"将在文件"stm32f10x. h"定义。

(3) 向 GPIO 初始化结构体赋值,即选择要控制的 GPIO 引脚,设置引脚模式为通用推挽输出,设置引脚速率为 50MHz。其中的 GPIO_Pin 使用宏"LEDx_GPIO_PIN"来赋值,使函数方便移植。

(4) 调用库函数 GPIO_Init(LED1_GPIO_PORT,&GPIO_InitStructure),向寄存器写入参数,完成 GPIO 的初始化。

(5) 使用同样的初始化结构体,只修改控制的引脚和端口,初始化其他 LED 灯使用的 GPIO 引脚。

(6) 使用宏控制 RGB 灯默认关闭。

3. 外设 LED 的头文件

外设 LED 的头文件"bsp_led. h"代码见代码清单 5.12。

代码清单 5.12   外设的函数声明与端口定义

```
1    #ifndef __LED_H
2    #define __LED_H
3
4    #include "stm32f10x. h"
5
6    /* 定义 LED 连接的 GPIO 端口,用户只需修改下面代码即可改变控制的 LED 引脚 */
7    // R-红色
```

```
 8   #define LED1_GPIO_PORT    GPIOA                    /* GPIO 端口 */
 9   #define LED1_GPIO_CLK     RCC_APB2Periph_GPIOA /* GPIO 端口时钟 */
10   #define LED1_GPIO_PIN     GPIO_Pin_1               /* 连接到 GPIO 的具体引脚上 */
11
12   // G-绿色
13   #define LED2_GPIO_PORT    GPIOB                    /* GPIO 端口 */
14   #define LED2_GPIO_CLK     RCC_APB2Periph_GPIOB /* GPIO 端口时钟 */
15   #define LED2_GPIO_PIN     GPIO_Pin_0               /* 连接到 GPIO 的具体引脚上 */
16
17   // B-蓝色
18   #define LED3_GPIO_PORT    GPIOB                    /* GPIO 端口 */
19   #define LED3_GPIO_CLK     RCC_APB2Periph_GPIOB /* GPIO 端口时钟 */
20   #define LED3_GPIO_PIN     GPIO_Pin_1               /* 连接到 GPIO 的具体引脚上 */
21
22   /** the macro definition to trigger the led on or off
23   1 - off
24   0 - on
25   */
26   #define ON    0
27   #define OFF   1
28
29   /* 使用标准的固件库控制 IO */
30   #define LED1(a)   if (a)  \
31           GPIO_SetBits(LED1_GPIO_PORT,LED1_GPIO_PIN);\
32           else  \
33           GPIO_ResetBits(LED1_GPIO_PORT,LED1_GPIO_PIN)
34
35   #define LED2(a)   if (a)  \
36           GPIO_SetBits(LED2_GPIO_PORT,LED2_GPIO_PIN);\
37           else  \
38           GPIO_ResetBits(LED2_GPIO_PORT,LED2_GPIO_PIN)
39
40   #define LED3(a)   if (a)  \
41           GPIO_SetBits(LED3_GPIO_PORT,LED3_GPIO_PIN);\
42           else  \
43           GPIO_ResetBits(LED3_GPIO_PORT,LED3_GPIO_PIN)
44
45   void    LED_GPIO_Config(void);
46
47   #endif  /* __LED_H */
```

代码的 8～20 行分别对 LED 灯的端口号、引脚号和端口使能时钟做了定义。GPIOA/GPIOB 外设端口在文件"stm32f10x. h"中做了声明；RCC_ APB2Periph_GPIOx 是通过 RCC 外设使能寄存器设置 APB2 总线对 GPIOx 外设时钟的使能或禁用状态的寄存器,定义在"stm32f10x_rcc. h"中；GPIO_Pin_x 是端口具体引脚的声明,在文件"stm32f10x. gpio. h"中。代码 30～40 行实现的是根据 a 值的真假,用宏定义 LEDx(a)来选择对应引脚的置位操作或复位操作。若 a 为真,则选择置位操作;否则选择复位操作。置位函数 GPIO_SetBits (LEDx_GPIO_PORT、LEDx_GPIO_PIN)和复位函数 GPIO_ResetBits(LEDx_GPIO_PORT、LEDx_GPIO_PIN)实现相应位的置位与复位,在文件"stm32f10x. gpio. c"中。45 行是 LED 灯与 GPIO 相关的配置函数"LED_GPIO_Config(void);"在"bsp_led. c"文件中。

4. stm32f10x. h 头文件

1）外设存储器映射

外设寄存器结构体定义仅是一个定义，实现给这个结构体赋值就达到操作寄存器的效果。另外，还需要找到该寄存器的地址，从而把寄存器地址与结构体的地址对应起来。再找到外设的地址，把这些外设的地址定义成一个个宏，实现外设存储器的映射。

在"stm32f10x. h"文件中，把片上外设基地址、APB2 总线基地址、AHB 总线基地址、具体外设的基地址和 RCC 外设基地址定义成相应的宏，实现映射，见代码清单 5.13。

代码清单 5.13　外设存储器映射

```
 1  #ifndef __STM32F10X_H
 2  #define __STM32F10X_H
 3
 4  // 片上外设基地址
 5  #define PERIPH_BASE      ((unsigned int)0x40000000)
 6
 7  /* APB1 总线基地址 */
 8  #define APB1PERIPH_BASE PERIPH_BASE
 9  /* APB2 总线基地址 */
10  #define APB2PERIPH_BASE (PERIPH_BASE + 0x10000)
11  /* RCC 外设基地址 */
12  #define AHBPERIPH_BASE  (PERIPH_BASE + 0x20000)
13
14  /* RCC 外设基地址 */
15  #define RCC_BASE        (AHBPERIPH_BASE + 0x1000)
16  /* GPIO 外设基地址 */
17  #define GPIOA_BASE      (APB2PERIPH_BASE + 0x0800)
18  #define GPIOB_BASE      (APB2PERIPH_BASE + 0x0C00)
19
20  /* RCC 外设基地址 */
21  #define RCC_APB2ENR     *(unsigned int *)(RCC_BASE + 0x18)
22
```

从代码清单 5.13 可以看出，GPIO 端口是挂接在 APB2 总线上，RCC 是挂接在 AHB 总线上，ABP2 与 AHB 都挂接在片上外设上，即 GPIOA_BASE 的地址是 0x40010800。

2）外设寄存器结构体定义

在操作寄存器时，操作的是都寄存器的绝对地址，如果每个外设寄存器都这样操作，将会相当复杂。考虑到外设寄存器的地址都是基于外设基地址的偏移地址，并且是在外设基地址上逐个连续递增的，每个寄存器占 32B。这种方式与结构体里面的成员类似，可定义一种外设结构体，结构体的地址代表外设的基地址，结构体的成员代表寄存器，成员的排列顺序和寄存器的顺序一样。这样，在操作寄存器时就不用每次都找到绝对地址，只知道外设的基地址就可以操作外设的全部寄存器，即操作结构体的成员。

在"stm32f10x. h"文件中，使用结构体封装 GPIO 及 RCC 外设的寄存器，如代码清单 5.14。结构体成员的顺序按照寄存器的偏移地址从低到高排列，成员类型和寄存器类型一样。

代码清单 5.14　封装寄存器列表

```
23  //寄存器的值常常是芯片外设自动更改的,即使 CPU 没有执行程序,也有可能发生变化
24  //编译器有可能会对没有执行程序的变量进行优化
25
26  //volatile 表示易变的变量,防止编译器优化
27  # define __IO volatile
28  typedef unsigned int uint32_t;
29  typedef unsigned short uint16_t;
30  typedef enum {DISABLE = 0, ENABLE = !DISABLE} FunctionalState;
31  // GPIO 寄存器结构体定义
32  typedef struct
33  {
34    __IO uint32_t CRL;     // 端口配置低寄存器,地址偏移 0x00
35    __IO uint32_t CRH;     // 端口配置高寄存器,地址偏移 0x04
36    __IO uint32_t IDR;     // 端口数据输入寄存器,地址偏移 0x08
37    __IO uint32_t ODR;     // 端口数据输出寄存器,地址偏移 0x0C
38    __IO uint32_t BSRR;    // 端口位设置/清除寄存器,地址偏移 0x10
39    __IO uint32_t BRR;     // 端口位清除寄存器,地址偏移 0x14
40    __IO uint32_t LCKR;    // 端口配置锁定寄存器,地址偏移 0x18
41  } GPIO_TypeDef;
42
43  typedef struct            // rcc 寄存器结构体定义
44  {
45    __IO uint32_t CR;
46    __IO uint32_t CFGR;
47    __IO uint32_t CIR;
48    __IO uint32_t APB2RSTR;
49    __IO uint32_t APB1RSTR;
50    __IO uint32_t AHBENR;
51    __IO uint32_t APB2ENR;
52    __IO uint32_t APB1ENR;
53    __IO uint32_t BDCR;
54    __IO uint32_t CSR;
55  }RCC_TypeDef;
56
```

这段代码在每个结构体成员前增加了"__IO"前缀,它的原型在这段代码的第 1 行,代表了 C 语言中的关键字"volatile",在 C 语言中该关键字用于表示变量是易变的,要求编译器不优化。这些结构体内的成员都代表着寄存器,而寄存器很多时候是由外设或STM32 芯片状态修改的,也就是说,即使 CPU 不执行代码修改这些变量,变量的值也有可能被外设修改、更新。因此,每次使用这些变量的时候,都要求 CPU 去该变量的地址重新访问。若没有这个关键字修饰,在某些情况下,编译器认为没有代码修改该变量,就直接从 CPU 的某个缓存获取该变量值,这时可以加快执行速度,但该缓存中的是陈旧数据,与要求的寄存器最新状态可能会有出入。

3) 外设声明

定义好外设寄存器结构体,实现完外设存储器映射后,再把外设的基址强制类型转换成相应的外设寄存器结构体指针,然后把该指针声明成外设名。这样,外设名就与外设的地址对应起来,而且该外设名还是一个该外设类型的寄存器结构体指针,通过该指针可以直接操作该外设的全部寄存器,见代码清单 5.15,此代码也在文件"stm32f10x.h"中。

代码清单 5.15　指向外设首地址的结构体指针

```
57  // GPIO 外设声明
58  #define GPIOA    ((GPIO_TypeDef * ) GPIOA_BASE)
59  #define GPIOB    ((GPIO_TypeDef * ) GPIOB_BASE)
60  // RCC 外设声明
61  #define RCC      ((RCC_TypeDef * ) RCC_BASE)
62  /* RCC 的 AHB1 时钟使能寄存器地址,强制转换成指针 */
63  #endif          /* __STM32F10X_H */
```

首先通过强制类型转换把外设的基地址转换成 GPIO_TypeDef 类型的结构体指针,然后通过宏定义把 GPIOA、GPIOB 等定义成外设的结构体指针,通过外设的结构体指针就可以达到访问外设的寄存器的目的。

5. stm32f10x.gpio.c 文件

本工程中的文件 stm32f10x.gpio.c 是我们自己构建的,与标准库中的有所区别。该文件定义了 GPIO 初始化函数和位操作函数。

1) GPIO 初始化函数

对初始化结构体赋值后,把它输入 GPIO 初始化函数,由它来实现寄存器配置。GPIO 初始化函数见代码清单 5.16。

代码清单 5.16　GPIO 初始化函数

```
1   #include "stm32f10x_gpio.h"
2   /**
3    * 函数功能:初始化引脚模式
4    * 参数说明:GPIOx,该参数为 GPIO_TypeDef 类型的指针,指向 GPIO 端口的地址
5    * GPIO_InitTypeDef:GPIO_InitTypeDef 结构体指针,指向初始化变量
6    */
7   void GPIO_Init(GPIO_TypeDef * GPIOx, GPIO_InitTypeDef * GPIO_InitStruct)
8   {
9     uint32_t currentmode = 0x00, currentpin = 0x00, pinpos = 0x00, pos = 0x00;
10    uint32_t tmpreg = 0x00, pinmask = 0x00;
11
12    /* ---------------- GPIO 模式配置 ---------------- */
13    // 把输入参数 GPIO_Mode 的低 4 位暂存在 currentmode
14      currentmode = ((uint32_t)GPIO_InitStruct -> GPIO_Mode) & ((uint32_t)0x0F);
15    // bit4 是 1 表示输出,bit4 是 0 则是输入
16    // 判断 bit4 是 1 还是 0,即首选判断是输入还是输出模式
17      if ((((uint32_t)GPIO_InitStruct -> GPIO_Mode) & ((uint32_t)0x10)) != 0x00)
18      {
19
20        /* 输出模式则要设置输出速率 */
21        currentmode |= (uint32_t)GPIO_InitStruct -> GPIO_Speed;
22      }
23
24  /* ------- GPIO CRL 寄存器配置 CRL 寄存器控制着低 8 位 IO- ---- */
25    /* 配置端口低 8 位,即 Pin0~Pin7 */
26    if (((uint32_t)GPIO_InitStruct -> GPIO_Pin & ((uint32_t)0x00FF)) != 0x00)
27    {
28      //先备份 CRL 寄存器的值
29      tmpreg = GPIOx -> CRL;
30      //循环,从 Pin0 开始配对,找出具体的 Pin
31      for (pinpos = 0x00; pinpos < 0x08; pinpos++)
```

```
32        {
33          // pos 的值为 1 左移 pinpos 位
34          pos = ((uint32_t)0x01) << pinpos;
35
36          /* 令 pos 与输入参数 GPIO_PIN 作位与运算 */
37          currentpin = (GPIO_InitStruct->GPIO_Pin) & pos;
38
39          //若 currentpin = pos,则找到使用的引脚
40          if (currentpin == pos)
41          {
42            // pinpos 的值左移两位(乘以 4),因为寄存器中 4 个位配置一个引脚
43            pos = pinpos << 2;
44            /* 把控制这个引脚的 4 个寄存器位清零,其他寄存器位不变 */
45            pinmask = ((uint32_t)0x0F) << pos;
46            tmpreg &= ~pinmask;
47
48            /* 向寄存器写入将要配置的引脚的模式 */
49            tmpreg |= (currentmode << pos);
50
51            /* 判断是否为下拉输入模式 */
52            if (GPIO_InitStruct->GPIO_Mode == GPIO_Mode_IPD)
53            {
54              //下拉输入模式,引脚默认置 0,对 BRR 寄存器写 1 对引脚置 0
55              GPIOx->BRR = (((uint32_t)0x01) << pinpos);
56            }
57            else
58            {
59              /* 判断是否为上拉输入模式 */
60              if (GPIO_InitStruct->GPIO_Mode == GPIO_Mode_IPU)
61              {
62                //上拉输入模式,引脚默认值为 1,对 BSRR 寄存器写 1 对引脚置 1
63                GPIOx->BSRR = (((uint32_t)0x01) << pinpos);
64              }
65            }
66          }
67        }
68        把前面处理后的暂存值写入 CRL 寄存器之中
69        GPIOx->CRL = tmpreg;
70      }
71  /* -------- GPIO CRH 寄存器配置 CRH 寄存器控制着高 8 位 IO- ----- */
72  /* 配置端口高 8 位,即 Pin8~Pin15 */
73  if (GPIO_InitStruct->GPIO_Pin > 0x00FF)
74  {
75    //先备份 CRH 寄存器的值
76    tmpreg = GPIOx->CRH;
77    //循环,从 Pin8 开始配对,找出具体的 Pin
78    for (pinpos = 0x00; pinpos < 0x08; pinpos++)
79    {
80      pos = (((uint32_t)0x01) << (pinpos + 0x08));
81      /* pos 与输入参数 GPIO_PIN 做位与运算 */
82      currentpin = ((GPIO_InitStruct->GPIO_Pin) & pos);
83      //若 currentpin = pos,则找到使用的引脚
84      if (currentpin == pos)
85      {
86        //pinpos 的值左移两位(乘以 4),因为寄存器中 4 个位配置一个引脚
87        pos = pinpos << 2;
88        /* 把控制这个引脚的 4 个寄存器位清零,其他寄存器位不变 */
89        pinmask = ((uint32_t)0x0F) << pos;
```

```
90              tmpreg & = ～pinmask;
91              /*向寄存器写入将要配置的引脚的模式*/
92              tmpreg | = (currentmode << pos);
93              /*判断是否为下拉输入模式*/
94              if(GPIO_InitStruct->GPIO_Mode == GPIO_Mode_IPD)
95              {
96                //下拉输入模式,引脚默认置0,对BRR寄存器写1可对引脚置0
97                GPIOx->BRR = (((uint32_t)0x01) << (pinpos + 0x08));
98              }
99              /*判断是否为上拉输入模式*/
100             if(GPIO_InitStruct->GPIO_Mode == GPIO_Mode_IPU)
101             {
102               //上拉输入模式,引脚默认值为1,对BSRR寄存器写1可对引脚置1
103               GPIOx->BSRR = (((uint32_t)0x01) << (pinpos + 0x08));
104             }
105           }
106         }
107       //把前面处理后的暂存值写入CRH寄存器之中
108       GPIOx->CRH = tmpreg;
109     }
110   }
```

这个函数有 GPIOx 和 GPIO_InitStruct 两个输入参数,分别是 GPIO 外设指针和 GPIO 初始化结构体指针,分别用来指定要初始化的 GPIO 端口及引脚的工作模式。要充分理解这个 GPIO 初始化函数,需结合 GPIO 引脚工作模式真值表(表 5.2)与注释来分析。

表 5.2　GPIO 引脚工作模式真值表

GPIOMode_Typedef	十六进制	二进制							
		bit7	bit6	bit5	bit4	bit3	bit2	bit1	bit0
			上拉/下拉		输入/输出	工作模式依寄存器说明			
GPIO _ Mode _AIN	模拟输入	0x00							
GPIO_Mode_ IN_FLOATING	浮空输入	0x04							
GPIO _ Mode _IPD	下拉输入	0x28							
GPIO _ Mode _IPU	上拉输入	0x48							
GPIO_Mode_ OUT_OD	开漏输出	0x14							
GPIO_Mode_ OUT_PP	推挽输出	0x10							
GPIO_Mode_ AF_OD	复用开漏输出	0x1c							
GPIO_Mode_ AF_PP	复用推挽输出	0x18							

这 8 个宏的高 4bit 可随意设置,只要能在程序上帮助判断出模式即可,真正写到寄存器的值是 bit2 和 bit3

（1）取得 GPIO_Mode 的值，判断 bit4 是 1 还是 0 来确定是输出还是输入。若是输出，则设置输出速率，即加上 GPIO_Speed 的值；而输入没有速率之说，不用设置。

（2）配置 CRL 寄存器。通过 GPIO_Pin 的值计算出具体需要初始化哪个引脚，然后把需要配置的值写入 CRL 寄存器中，具体分析见代码注释。上拉/下拉输入不是直接通过配置某个寄存器来实现的，而是通过写 BSRR 或者 BRR 寄存器来实现的，如图 5.28 所示。因为《STM32F10xxx 参考手册》的寄存器说明中没有明确地指出如何配置上拉/下拉，只看手册没看固件库底层源码是弄不清楚的。

位31:30	CNFy[1:0]：端口x配置位（y=0...7）（Port x configuration bits）
27:26	软件通过这些位配置相应的I/O端口，请参考表17端口位配置表。
23:22	在输入模式（MODE[1:0]=00）：
19:18	00：模拟输入模式
15:14	01：浮空输入模式（复位后的状态）
11:10	10：上拉/下拉输入模式 如何区分上拉或者下拉???
7:6	11：保留
3:2	在输出模式（MODE[1:0]＞00）：
	00：通用推挽输出模式
	01：通用开漏输出模式
	10：复用功能推挽输出模式
	11：复用功能开漏输出模式

图 5.28　上拉下拉寄存器说明

2）定义位操作函数

使用函数来封装 GPIO 的基本操作，以后应用时不需要查询寄存器，而是直接通过调用这里定义的函数来实现。把针对 GPIO 外设操作的函数及其宏定义分别存放在"stm32f10x_gpio.c"和"stm32f10x_gpio.h"文件中，这两个文件需要自己新建。

在"stm32f10x_gpio.c"文件定义两个位操作函数，分别用于控制引脚输出高电平和低电平，见代码清单 5.17。

代码清单 5.17　GPIO 置位函数与复位函数的定义

```
1  /**
2    * 函数功能:设置引脚为高电平
3    * 参数说明:GPIOx:该参数为 GPIO_TypeDef 类型的指针,指向 GPIO 端口的地址
4    *          GPIO_Pin:选择要设置的 GPIO 端口引脚,可输入宏 GPIO_Pin_0-15,
5    *          表示 GPIOx 端口的 0~15 号引脚.
6    */
7  void GPIO_SetBits(GPIO_TypeDef * GPIOx, uint16_t GPIO_Pin)
8  {
9     /*  设置 GPIOx 端口 BSRR 寄存器的第 GPIO_Pin 位,使其输出高电平 */
10    /*  因为 BSRR 寄存器写 0 不影响,
11     *  宏 GPIO_Pin 只是对应位为 1,其他位均为 0,所以可以直接赋值 */
12    GPIOx -> BSRR = GPIO_Pin;
13  }
14  /**
15    * 函数功能:设置引脚为低电平
16    * 参数说明:GPIOx:该参数为 GPIO_TypeDef 类型的指针,指向 GPIO 端口的地址
```

```
17     *           GPIO_Pin:选择要设置的 GPIO 端口引脚,可输入宏 GPIO_Pin_0 - 15,
18     *           表示 GPIOx 端口的 0~15 号引脚.
19  */
20  void GPIO_ResetBits(GPIO_TypeDef * GPIOx, uint16_t GPIO_Pin)
21  {
22      /*   设置 GPIOx 端口 BRR 寄存器的第 GPIO_Pin 位,使其输出低电平 */
23      /*   因为 BRR 寄存器写 0 不影响,
24       *   宏 GPIO_Pin 只是对应位为 1,其他位均为 0,所以可以直接赋值 */
25      GPIOx - > BRR = GPIO_Pin;
26  }
```

这两个函数体内都是只有一个语句,对 GPIOx 的 BSRR 或 BRR 寄存器赋值,从而设置引脚为高电平或低电平,操作 BSRR 或者 BRR 可以实现单独地操作某一位,有关这两个的寄存器说明见图 5.29 和图 5.30。其中 GPIOx 是一个指针变量,通过函数的输入参数可以修改它的值,如给它赋予 GPIOA、GPIOB、GPIOH 等结构体指针值,这个函数就可以控制相应的 GPIOA、GPIOB、GPIOH 等端口的输出。

端口位设置/清除寄存器（GPIOx_BSRR）（x=A..E）

偏移地址：0x10
复位值：0x0000 0000

31	30	29	28	27	26	25	24	23	22	21	20	19	18	17	16
BR15	BR14	BR13	BR12	BR11	BR10	BR9	BR8	BR7	BR6	BR5	BR4	BR3	BR2	BR1	BR0
w	w	w	w	w	w	w	w	w	w	w	w	w	w	w	w

15	14	13	12	11	10	9	8	7	6	5	4	3	2	1	0
BS15	BS14	BS13	BS12	BS11	BS10	BS9	BS8	BS7	BS6	BS5	BS4	BS3	BS2	BS1	BS0
w	w	w	w	w	w	w	w	w	w	w	w	w	w	w	w

位31:16	BRy：清除端口x的位y（y=0...15）（Port x Reset bit y） 这些位只能写入并只能以字（16位）的形式操作。 0：对对应的ODRy位不产生影响 1：清除对应的ODRy位为0 注：如果同时设置了BSy和BRy的对应位,BSy位起作用。
位15:0	BSy：设置端口x的位y（y=0...15）（Port x Set bit y） 这些位只能写入并只能以字（16位）的形式操作。 0：对对应的ODRy位不产生影响 1：设置对应的ODRy位为1

图 5.29　BSRR 寄存器说明

利用这两个位操作函数可以方便地操作各种 GPIO 的引脚电平,如代码语句“GPIO_SetBits(GPIOB,(uint16_t)(1<<10));”,控制 GPIOB 的引脚 10 输出高电平。使用以上函数输入参数设置引脚号时还是稍感不便,为此把表示 16 个引脚的操作数都定义成宏,这个宏定义在文件“stm32f10x_gpio.h”中。

6. stm32f10x_gpio.h 文件

1）引脚号定义

GPIO 引脚号定义在 stm32f10x_gpio.h 头文件中,见代码清单 5.18。

端口位清除寄存器（GPIOx_BRR）（x=A..E）

偏移地址：0x14
复位值：0x0000 0000

31	30	29	28	27	26	25	24	23	22	21	20	19	18	17	16
保留															

15	14	13	12	11	10	9	8	7	6	5	4	3	2	1	0
BR15	BR14	BR13	BR12	BR11	BR10	BR9	BR8	BR7	BR6	BR5	BR4	BR3	BR2	BR1	BR0
w	w	w	w	w	w	w	w	w	w	w	w	w	w	w	w

位31:16	保留。
位15:0	BRy：清除端口x的位y（y=0...15）（Port x Reset bit y） 这些位只能写入并只能以字（16位）的形式操作。 0：对对应的ODRy位不产生影响 1：清除对应的ODRy位为0

图 5.30　BRR 寄存器说明

代码清单 5.18　选择引脚参数的宏

```
1   #ifndef __STM32F10X_GPIO_H
2   #define __STM32F10X_GPIO_H
3
4   #include "stm32f10x.h"
5
6   /* GPIO 引脚号定义 */
7   #define GPIO_Pin_0    (uint16_t)0x0001)   /*!< 选择 Pin0 (1<<0) */
8   #define GPIO_Pin_1    ((uint16_t)0x0002)   /*!< 选择 Pin1 (1<<1) */
9   #define GPIO_Pin_2    ((uint16_t)0x0004)   /*!< 选择 Pin2 (1<<2) */
10  #define GPIO_Pin_3    ((uint16_t)0x0008)   /*!< 选择 Pin3 (1<<3) */
11  #define GPIO_Pin_4    ((uint16_t)0x0010)   /*!< 选择 Pin4 */
12  #define GPIO_Pin_5    ((uint16_t)0x0020)   /*!< 选择 Pin5 */
13  #define GPIO_Pin_6    ((uint16_t)0x0040)   /*!< 选择 Pin6 */
14  #define GPIO_Pin_7    ((uint16_t)0x0080)   /*!< 选择 Pin7 */
15  #define GPIO_Pin_8    ((uint16_t)0x0100)   /*!< 选择 Pin8 */
16  #define GPIO_Pin_9    ((uint16_t)0x0200)   /*!< 选择 Pin9 */
17  #define GPIO_Pin_10   ((uint16_t)0x0400)   /*!< 选择 Pin10 */
18  #define GPIO_Pin_11   ((uint16_t)0x0800)   /*!< 选择 Pin11 */
19  #define GPIO_Pin_12   ((uint16_t)0x1000)   /*!< 选择 Pin12 */
20  #define GPIO_Pin_13   ((uint16_t)0x2000)   /*!< 选择 Pin13 */
21  #define GPIO_Pin_14   ((uint16_t)0x4000)   /*!< 选择 Pin14 */
22  #define GPIO_Pin_15   ((uint16_t)0x8000)   /*!< 选择 Pin15 */
23  #define GPIO_Pin_All  ((uint16_t)0xFFFF)   /*!< 选择全部引脚 */
```

这些宏代表的参数是某位"1"、其他位置"0"的数值，其中最后一个"GPIO_Pin_ALL"是所有数据位都为"1"，所以用它可以一次控制设置整个端口的 0～15 所有引脚。利用这些宏对 GPIOB 的引脚 10 输出高电平的控制可以改写成"GPIO_SetBits(GPIOB, GPIO_Pin_10);"。使用以上代码控制 GPIO 不需要再看寄存器，直接从函数名和输入参数就可以直观看出这个语句要实现什么操作。

2）定义初始化结构体 GPIO_InitTypeDef

在控制 GPIO 输出电平前需要初始化 GPIO 引脚的各种模式，这部分代码涉及的寄存器很多。为此,先根据 GPIO 初始化时涉及的初始化参数以结构体的形式封装起来,声明一个名为 GPIO_InitTypeDef 的结构体类型,见代码清单 5.19。

代码清单 5.19 定义 GPIO 初始化结构体

```
25  typedef struct
26  {
27  uint16_t GPIO_Pin;    /*!< 选择要配置的 GPIO 引脚 */
28
29  uint16_t GPIO_Speed;  /*!< 选择 GPIO 引脚的速率 */
30
31  uint16_t GPIO_Mode;   /*!< 选择 GPIO 引脚的工作模式 */
32  } GPIO_InitTypeDef;
```

这个结构体中包含了初始化 GPIO 所需要的信息,如引脚号、工作模式和输出速率。设计这个结构体的思路是初始化 GPIO 前先定义一个这样的结构体变量,根据需要配置的 GPIO 模式对这个结构体的各个成员进行赋值,然后把这个变量作为“GPIO 初始化函数”的输入参数,该函数能根据这个变量值中的内容去配置寄存器,从而实现 GPIO 的初始化。

3)定义引脚模式的枚举

上面定义的结构体很直接,不足之处是在对结构体中各个成员赋值实现某个功能时还需要查询手册的寄存器说明。GPIO_Speed 和 GPIO_Mode 对应的寄存器是端口配置寄存器 CRL 和 CRH,具体见图 5.31 和图 5.32。

偏移地址:0x00
复位值:0x4444 4444

31	30	29	28	27	26	25	24	23	22	21	20	19	18	17	16
CNF7[1:0]		MODE7[1:0]		CNF6[1:0]		MODE6[1:0]		CNF5[1:0]		MODE5[1:0]		CNF4[1:0]		MODE4[1:0]	
rw	rw	rw	rw	rw	rw	rw	rw	rw	rw	rw	rw	rw	rw	rw	rw

15	14	13	12	11	10	9	8	7	6	5	4	3	2	1	0
CNF3[1:0]		MODE3[1:0]		CNF2[1:0]		MODE2[1:0]		CNF1[1:0]		MODE1[1:0]		CNF0[1:0]		MODE0[1:0]	
rw	rw	rw	rw	rw	rw	rw	rw	rw	rw	rw	rw	rw	rw	rw	rw

位31:30 27:26 23:22 19:18 15:14 11:10 7:6 3:2	CNFy[1:0]:端口x配置位(y=0...7)(Port x configuration bits) 软件通过这些位配置相应的I/O端口,请参考表17端口位配置表。 在输入模式(MODE[1:0]=00): 00:模拟输入模式 01:浮空输入模式(复位后的状态) 10:上拉/下拉输入模式 11:保留 在输出模式(MODE[1:0]>00): 00:通用推挽输出模式 01:通用开漏输出模式 10:复用功能推挽输出模式 11:复用功能开漏输出模式
位29:28 25:24 21:20 17:16 13:12 9:8, 5:4 1:0	MODEy[1:0]:端口x的模式位(y=0...7)(Port x mode bits) 软件通过这些位配置相应的I/O端口,请参考表17端口位配置表。 00:输入模式(复位后的状态) 01:输出模式,最大速率10MHz 10:输出模式,最大速率2MHz 11:输出模式,最大速率50MHz

图 5.31 端口配置低寄存器(GPIOx_CRL)(x=A..E)

偏移地址：0x04
复位值：0x4444 4444

31	30	29	28	27	26	25	24	23	22	21	20	19	18	17	16
CNF15[1:0]		MODE15[1:0]		CNF14[1:0]		MODE14[1:0]		CNF13[1:0]		MODE13[1:0]		CNF12[1:0]		MODE12[1:0]	
rw	rw	rw	rw	rw	rw	rw	rw	rw	rw	rw	rw	rw	rw	rw	rw

15	14	13	12	11	10	9	8	7	6	5	4	3	2	1	0
CNF11[1:0]		MODE11[1:0]		CNF10[1:0]		MODE10[1:0]		CNF9[1:0]		MODE9[1:0]		CNF8[1:0]		MODE8[1:0]	
rw	rw	rw	rw	rw	rw	rw	rw	rw	rw	rw	rw	rw	rw	rw	rw

位31:30 27:26 23:22 19:18 15:14 11:10 7:6 3:2	CNFy[1:0]：端口x配置位（y=8...15）（Port x configuration bits） 软件通过这些位配置相应的I/O端口，请参考表17端口位配置表。 在输入模式（MODE[1:0]=00）： 00：模拟输入模式 01：浮空输入模式（复位后的状态） 10：上拉/下拉输入模式 11：保留 在输出模式（MODE[1:0]>00）： 00：通用推挽输出模式 01：通用开漏输出模式 10：复用功能推挽输出模式 11：复用功能开漏输出模式
位29:28 25:24 21:20 17:16 13:12 9:8, 5:4 1:0	MODEy[1:0]：端口x的模式位（y=8...15）（Port x mode bits） 软件通过这些位配置相应的I/O端口，请参考表17端口位配置表。 00：输入模式（复位后的状态） 01：输出模式，最大速率为10MHz 10：输出模式，最大速率为2MHz 11：输出模式，最大速率为50MHz

图5.32　端口配置高寄存器（GPIOx_CRH）（x=A..E）

　　人们不希望每次用到时都要去查询手册，可以使用C语言中的枚举定义功能，根据手册把每个成员的所有取值都定义好，具体见代码清单5.20。

代码清单5.20　GPIO枚举类型定义

```
34  /*
35   * GPIO 输出速率枚举定义
36   */
37  typedef enum
38  {
39  GPIO_Speed_10MHz = 1,// 10MHZ (01)b
40  GPIO_Speed_2MHz,// 2MHZ (10)b
41  GPIO_Speed_50MHz// 50MHZ (11)b
42  } GPIOSpeed_TypeDef;
43  /**
44    * GPIO 工作模式枚举定义
45    */
46  typedef enum
47  {
48  GPIO_Mode_AIN = 0x0,          // 模拟输入(0000 0000)b
49  GPIO_Mode_IN_FLOATING = 0x04,// 浮空输入(0000 0100)b
50  GPIO_Mode_IPD = 0x28,          // 下拉输入(0010 1000)b
```

```
51   GPIO_Mode_IPU = 0x48,          // 上拉输入(0100 1000)b
52
53   GPIO_Mode_Out_OD = 0x14,       // 开漏输出(0001 0100)b
54   GPIO_Mode_Out_PP = 0x10,       // 推挽输出(0001 0000)b
55   GPIO_Mode_AF_OD = 0x1C,        // 复用开漏输出 (0001 1100)b
56   GPIO_Mode_AF_PP = 0x18         // 复用推挽输出 (0001 1000)b
57   } GPIOMode_TypeDef;
58
59   void GPIO_SetBits(GPIO_TypeDef * GPIOx,uint16_t GPIO_Pin);
60   void GPIO_ResetBits( GPIO_TypeDef * GPIOx,uint16_t GPIO_Pin );
61   void GPIO_Init(GPIO_TypeDef * GPIOx, GPIO_InitTypeDef * GPIO_InitStruct);
62
63   #endif /* __STM32F10X_GPIO_H */
```

下面分析这两个枚举类型的值如何跟端口控制寄存器里面的说明对应起来。有关速率的枚举类型有(01)b10MHz、(10)b2MHz 和(11)b50MHz,这三个值跟寄存器说明对得上,很容易理解。模式的枚举类型的值理解起来有些难。可以通过表5.2梳理,帮助理解。

单从这些枚举值的十六进制来看很难发现规律,转化成二进制之后就比较容易发现规律。bit4 用来区分端口是输入还是输出,0 表示输入,1 表示输出,bit2 和 bit3 对应寄存器的 CNFY[1:0]位,是真正要写入到端口控制寄存器 CRL 和 CRH 中的值。bit0 和 bit1 对应寄存器的 MODEY[1:0]位,这里暂不初始化,在 GPIO_Init()初始化函数中用来和 GPIOSpeed 的值相加即可实现速率的配置。有关具体的代码分析见 GPIO_Init() 库函数。其中在下拉输入和上拉输入中设置 bit5 和 bit6 的值为 01 和 10 来以示区别。

有了这些枚举定义,GPIO_InitTypeDef 结构体就可以使用枚举类型来限定输入参数。如果不使用枚举类型,仍使用"uint16_t"类型来定义结构体成员,成员值的范围就是0~255,实际上这些成员只能输入几个数值。因此,使用枚举类型可以对结构体成员起到限定输入的作用,只能输入相应已定义的枚举值。

此外,59 行、60 行、61 行声明了 GPIO_SetBits、GPIO_ResetBits、GPIO_Init 三个函数。

7. stm32f10x_rcc.c 与 stm32f10x_rcc.h 文件

文件"stm32f10x_rcc.c"程序见代码清单5.21。

代码清单 5.21　文件"stm32f10x_rcc.c"程序代码

```
1    #include "stm32f10x_rcc.h"
2
3    void RCC_APB2PeriphClockCmd(uint32_t RCC_APB2Periph, FunctionalState NewState)
4    {
5
6      if (NewState != DISABLE)
7      {
8        RCC->APB2ENR | = RCC_APB2Periph;
9      }
10     else
11     {
12       RCC->APB2ENR & = ~RCC_APB2Periph;
13     }
14   }
```

文件"stm32f10x_rcc.c"定义了函数 RCC_APB2PeriphClockCmd，用于使能或失能 APB2 外设时钟。

文件"stm32f10x_rcc.h"程序见代码清单 5.22。

代码清单 5.22　文件"stm32f10x_rcc.h"程序代码

```
1   # ifndef __STM32F10x_RCC_H
2   # define __STM32F10x_RCC_H
3
4   # include "stm32f10x.h"
5
6   # define RCC_APB2Periph_GPIOA ((uint32_t)0x00000004)
7   # define RCC_APB2Periph_GPIOB ((uint32_t)0x00000008)
8
9   void RCC_APB2PeriphClockCmd(uint32_t RCC_APB2Periph, FunctionalState NewState);
10
11  # endif
```

文件"stm32f10x_rcc.c"声明了函数 RCC_APB2PeriphClockCmd，并对 RCC_APB2Periph_GPIOA 与 RCC_APB2Periph_GPIOB 做了声明。

第

6

章

按键检测

通过完成独立按键输入检测,熟悉 GPIO 外设的基本输入功能。当按键 1 被按下时,LED1 灯点亮,LED2 灯熄灭;当按键 2 被按下时,LED1 灯熄灭,LED2 灯点亮。在完成按键检测工程的同时,进一步熟悉固件库。

6.1 按键及其检测电路

6.1.1 按键

在嵌入式系统外围电路中,用到的按键通常是机械弹性开关,开关闭合时线路导通,开关断开时线路断开。图 6.1 是嵌入式系统中常见的机械按键。

图 6.1　常见的机械按键

机械弹性开关在使用时,在机械触点断开或闭合时,由于机械触点的弹性作用,按键开关不会立即稳定地接通或断开,在闭合或断开的瞬间均会伴随一连串的抖动,抖动时间和按键的机械特性有关,一般为 5~10ms。按键按下或抬起会产生带纹波的信号,按键抖动的电平状态如图 6.2 所示。

图 6.2　按键抖动电平状态

机械抖动会影响 MCU 对按键状态的检测,如在按键按下时,MCU 检测到前抖动区域里的电平相对高的地方,会误判为按键没有按下操作。消抖是为了避免在按键按下或抬起时电平抖动带来的影响。可采用两种方法进行按键的消抖:一种是硬件的消抖主要采用专用的消抖电路,也有采用专用的消抖芯片。另一种是用软件延时,避开抖动区间。软件延时通常是在检测到第一个高电平时(针对图 6.3 所示的电路),就执行一个延时程序,实现 5~10ms 的延时。在前沿抖动消失后再一次检测按键的状态,如果检测到的电平状态仍然为高电平,则确认为真正有键按下。释放按键与按下按键类似。

6.1.2 硬件电路设计

本教程的开发板采用了简单硬件消抖硬件电路,即利用电容充放电的延时来消除纹波,如图 6.3 所示。

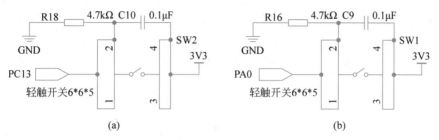

图 6.3 按键消抖硬件电路

从图 6.3 可知,按键没有被按下时,GPIO 引脚 PC13/PA0 经过电阻 R18 和 R16 接到了 GND 端,输入电平状态为低电平;当按键按下时,GPIO 引脚直接连接到电源 3V3 端,输入电平状态为高电平。只要检测引脚的输入电平状态(高/低),就可判断按键是否被按下。

6.2 程序编写

本项目程序需要完成的功能:当按键 1 被按下时,LED1 灯点亮,LED2 灯熄灭;当按键 2 被按下时,LED1 灯熄灭,LED2 灯点亮。此工程涉及的外设为 GPIO 端口,需要对 GPIO 端口的相应引脚设置为输出模式,供 LED 用,设置为输入模数,供按键用。

为了使工程更加有条理,仍将 LED 相关的代码、按键相关的代码分开,分别建立各自的文件,方便以后移植。复制"Template"工程文件夹,并修改工程文件夹为"06_Key",同时将该工程下的"Project"下的"Template.uvprojx"工程文件修改为"Key.uvprojx"。接下来将项目"0503_LED_FLB"工程"User"文件夹下的"bsp_led"文件夹复制到"06_Key"工程"User"文件夹下。然后在"User"文件下新建文件夹"bsp_key,并在该文件夹下新建文件"bsp_key.c"和"bsp_key.h"。接下来仍采用自顶向下的方式编写程序。

6.2.1 主函数

LED 外设与按键外设是通过 STM32 的 GPIO 端口实现的。首先对 LED 端口与按键端口进行初始化,接着执行按键扫描子程序实现对按键状态的检测;当按键 1 被按下时,LED1 灯点亮,LED2 灯熄灭;当按键 2 被按下时,LED2 灯点亮,LED1 灯熄灭,详见代码清单 6.1。

代码清单 6.1 主函数代码

```
1    # include "stm32f10x.h"
2
```

```
3   int main (void)
4   {
5     / * LED 端口初始化  * /
6     LED_GPIO_Config();
7
8     / * 按键端口初始化  * /
9     Key_GPIO_Config();
10
11    / * 轮询按键状态,若按键按下则 LED 状态翻转 * /
12    while(1)
13    {
14      if(Key_Scan(KEY1_GPIO_PORT,KEY1_GPIO_PIN) == KEY_ON)
15      {
16        / * LED1 灯点亮 * /
17        LED1(ON);
18        LED2(OFF);
19      }
20
21      if(Key_Scan(KEY2_GPIO_PORT,KEY2_GPIO_PIN) == KEY_ON)
22      {
23        / * LED2 灯点亮 * /
24        LED2(ON);
25        LED1(OFF);
26      }
27    }
28  }
```

主函数调用的子函数"LED_GPIO_Config()"声明在"bsp_led. h"中,写在"bsp_led. c"中;子函数"Key_GPIO_Config()"和"Key_Scan (KEY1_GPIO_PORT,KEY1_GPIO_PIN)"声明在"bsp_key. h"中,写在"bsp_key. h"中;LEDx(ON)与 LEDx(OFF)声明在"bsp_led. h"中。

6.2.2　按键程序

按键程序"bsp_key. c"文件中定义了函数 Key_GPIO_Config(void)和 uint8_t Key_Scan(GPIO_TypeDef * GPIOx,uint16_t GPIO_Pin),见代码清单 6.2。

代码清单 6.2　bsp_key. c 代码

```
1   # include "stm32f10x. h"

2   void Key_GPIO_Config(void)
3   {
4     / * 定义个 GPIO_InitTypeDef 类型的结构体 * /
5     GPIO_InitTypeDef GPIO_InitStructure;
6
7     / * 开启按键端口的时钟 * /
8     RCC_APB2PeriphClockCmd(KEY1_GPIO_CLK|KEY2_GPIO_CLK,ENABLE);
9
10    //选择按键的引脚
11    GPIO_InitStructure.GPIO_Pin = KEY1_GPIO_PIN;
12    // 设置 GPIO 按键的引脚为浮空输入
13    GPIO_InitStructure.GPIO_Mode = GPIO_Mode_IN_FLOATING;
14    //使用结构体初始化按键
```

```
15      GPIO_Init(KEY1_GPIO_PORT, &GPIO_InitStructure);
16
17      //选择按键的引脚
18      GPIO_InitStructure.GPIO_Pin = KEY2_GPIO_PIN;
19      //设置按键的引脚为浮空输入
20      GPIO_InitStructure.GPIO_Mode = GPIO_Mode_IN_FLOATING;
21      //使用结构体初始化按键
22      GPIO_Init(KEY2_GPIO_PORT, &GPIO_InitStructure);
23  }
24
25  /*
26      函数名:Key_Scan
27      描述 :检测是否有按键按下
28      输入 :GPIOx:x 可以是 A,B,C,D 或者 E
29      GPIO_Pin:待读取的端口位
30      输出 :KEY_OFF(没按下按键)、KEY_ON(按下按键)
31   */
32  uint8_t Key_Scan(GPIO_TypeDef * GPIOx,uint16_t GPIO_Pin)
33  {
34      /*检测是否有按键按下 */
35      if(GPIO_ReadInputDataBit(GPIOx,GPIO_Pin) == KEY_ON )
36      {
37      /*等待按键释放 */
38        while(GPIO_ReadInputDataBit(GPIOx,GPIO_Pin) == KEY_ON);
39        return   KEY_ON;
40      }
41      else
42      return KEY_OFF;
43  }
44  /************************* END OF FILE *************************/
```

Key_GPIO_Config(void)的执行流程如下：

（1）使用 GPIO_InitTypeDef 定义 GPIO 初始化结构体变量，以便下面存储 GPIO 配置。

（2）调用库函数 RCC_APB2PeriphClockCmd 来使能按键的 GPIO 端口时钟。该函数有两个输入参数：一个参数用于指示要配置的时钟，如"RCC_APB2Periph_GPIOA"与"RCC_APB2Periph_GPIOB"，应用时使用"|"操作同时配置 2 个按键的时钟；是一个参数用于设置状态，可输入"Disable"关闭时钟或输入"Enable"使能时钟，"Disable"与"Enable"被声明在"stm32f10x.h"中。

（3）向 GPIO 初始化结构体赋值。选择按键的引脚，GPIO_Pin 使用宏"LEDx_GPIO_PIN"来赋值；设置 GPIO 按键的引脚为浮空输入，把引脚初始化成浮空输入模式，GPIO_Mode 使用宏"GPIO_Mode_IN_FLOATING"来赋值。

（4）使用以上初始化结构体的配置，调用 GPIO_Init 函数向寄存器写入参数，完成 GPIO 的初始化。

（5）使用同样的初始化结构体，只修改控制的引脚和端口，初始化其他按键使用的 GPIO 引脚。

函数 RCC_APB2PeriphClockCmd 已经在文件"stm32f10x_rcc.h"中声明，在文件"stm32f10x_rcc.c"中描述。

初始化按键后,就可以通过检测对应引脚的电平来判断按键状态。uint8_t Key_Scan(GPIO_TypeDef * GPIOx,uint16_t GPIO_Pin)是用于扫描按键状态,带返回值的函数。GPIO 引脚的输入电平状态可以通过读取 IDR 寄存器对应的数据位来感知,而 STM32 标准库提供了库函数 GPIO_ReadInputDataBit 来获取位状态。该函数输入 GPIO 端口及引脚号,函数返回该引脚的电平状态,高电平返回 1,低电平返回 0。Key_Scan 函数中以 GPIO_ReadInputDataBit 的返回值与自定义的宏"KEY_ON"对比,若检测到按键按下,则使用 while 循环持续检测按键状态,直到按键释放,Key_Scan 函数返回一个"KEY_ON"值;若没有检测到按键按下,则函数直接返回"KEY_OFF"。若按键的硬件没有做消抖处理,需要在这个 Key_Scan 函数中做软件滤波,防止波纹抖动引起误触发。

GPIO_ReadInputDataBit 函数被定义在文件 stm32f10_gpio.c 文件中,用于读取 GPIO 端口指定引脚状态,函数返回值为指定引脚的电平状态(1 或 0)。

6.2.3 按键程序头文件

在 bsp_key.h 文件中,定义了按键检测引脚时钟、端口以及引脚号;定义了按键宏,按键按下为高电平,设置 KEY_ON=1,KEY_OFF=0;声明了函数 Key_GPIO_Config 与 Key_Scan,见代码清单 6.3。

代码清单 6.3　bsp_key.h 代码

```
 1   # ifndef __KEY_H
 2   # define __KEY_H
 3
 4   # include "stm32f10x.h"
 5
 6   /* 引脚定义 */
 7   # define KEY1_GPIO_CLK      RCC_APB2Periph_GPIOA
 8   # define KEY1_GPIO_PORT     GPIOA
 9   # define KEY1_GPIO_PIN      GPIO_Pin_0
10
11   # define KEY2_GPIO_CLK      RCC_APB2Periph_GPIOC
12   # define KEY2_GPIO_PORT     GPIOC
13   # define KEY2_GPIO_PIN      GPIO_Pin_13
14   /** 按键按下标置宏
15     按键按下为高电平,设置 KEY_ON = 1, KEY_OFF = 0
16     若按键按下为低电平,把宏设置成 KEY_ON = 0 ,KEY_OFF = 1 即可
17   */
18
19   # define KEY_ON   1
20   # define KEY_OFF  0
21
22   void Key_GPIO_Config(void);
23   uint8_t Key_Scan(GPIO_TypeDef * GPIOx,uint16_t GPIO_Pin);
24
25   # endif /* __KEY_H */
```

关于文件"bsp_led.c"和"bsp_led.h"的内容可参见 5.3 节。文件"main.c"、"bsp_

led. c"、"bsp_led. h"、"bsp_key. c"和"bsp_key. h"包含的头文件只有"stm32f10x. h",这是因为文件"stm32f10x. h"包含了文件"stm32f10x_conf. h"(见代码清单 6.4);而文件"stm32f10x_conf. h"包含了工程会用到的所有头文件(见代码清单 6.5)。

代码清单 **6.4** stm32f10x. h 包含 stm32f10x_conf. h

```
1   # ifdef USE_STDPERIPH_DRIVER
2       # include "stm32f10x_conf.h"
3   # endif
```

代码清单 **6.5** 头文件 stm32f10x_conf. h 包含着其他头文件

```
1    /* Includes ----------------------------------------------
     ----------- */
     /* Uncomment/Comment the line below to enable/disable peripheral header file inclusion */
2    # include "stm32f10x_adc.h "
3    # include "stm32f10x_bkp.h "
4    # include "stm32f10x_can.h "
5    # include "stm32f10x_cec.h "
6    # include "stm32f10x_crc.h "
7    # include "stm32f10x_dac.h "
8    # include "stm32f10x_dbgmcu.h"
9    # include "stm32f10x_dma.h"
10   # include "stm32f10x_exti.h "
11   # include "stm32f10x_flash.h "
12   # include "stm32f10x_fsmc.h "
13   # include "stm32f10x_gpio.h"
14   # include "stm32f10x_i2c.h "
15   # include "stm32f10x_iwdg.h "
16   # include "stm32f10x_pwr.h "
17   # include "stm32f10x_rcc.h "
18   # include "stm32f10x_rtc.h "
19   # include "stm32f10x_sdio.h "
20   # include "stm32f10x_spi.h "
21   # include "stm32f10x_tim.h "
22   # include "stm32f10x_usart.h "
23   # include "stm32f10x_wwdg.h "
24   # include "misc.h" /* High level functions for NVIC and SysTick (add - on to CMSIS
     functions) */

25   # include "bsp_key.h"
26   # include "bsp_led.h"
27   …… /* 可以接着添加其他外设的头文件 */
```

在代码清单 6.5 的 25 行和 26 行分别包含着我们自己建立的外设头文件"bsp_key. h"和"bsp_led. h"。

6.3 程序下载验证

把编译好的程序下载到开发板,按下按键可以控制 LED 灯亮灭状态,如图 6.4 所示。

图 6.4　按键检测实物

第 **7** 章

中断应用

STM32 的每个外设都可以产生中断。本章介绍外部中断/事件控制器(EXTI)的使用方法,帮助读者掌握外部中断/事件控制器的使用。

7.1 中断概述

7.1.1 中断与异常

异常是正常控制流的一种突变,反映了系统运行状态的改变,处理器根据这些状态来调整自己的执行轨迹,以适应系统运行环境的改变。在 CM3(Cortex-M3)中,状态变化的信号是由 CM3 内核引起的,这种事件称为系统异常;将来自片上外设引起状态变化的事件称为外部中断。STM32F103 在内核上搭建了异常响应系统,支持为数众多的系统异常和外部中断。其中系统异常有 10 个(如表 7.1 所示),外部中断有 60 个(如表 7.2 所示)。除了某些特殊的异常优先级被锁定,其他的异常优先级都是可编程的。

表 7.1 STM32F103 系统异常

编　　号	优　先　级	优先级类型	名　　称	说　　明	地　　址
—	—	—	保留(实际存的是 MSP 地址)	0x0000 0000
	−3	固定	Reset	复位	0x0000 0004
	−2	固定	NMI	不可屏蔽中断。RCC 时钟安全系统连接到 NMI 向量	0x0000 0008
	−1	固定	HardFault	所有类型的错误	0x0000 000C
	0	可编程	MemManage	存储器管理	0x0000 0010
	1	可编程	BusFault	预取指失败,存储器访问失败	0x0000 0014
	2	可编程	UsageFault	未定义的指令或非法状态	0x0000 0018
	—	—		保留	0x0000 001C~0x0000 002B
	3	可编程	SVCall	通过 SWI 指令调用的系统服务	0x0000 002C
	4	可编程	Debug Monitor	调试监控器	0x0000 0030
	—	—	—	保留	0x0000 0034
	5	可编程	PendSV	可挂起的系统服务	0x0000 0038
	6	可编程	SysTick	系统嘀嗒定时器	0x0000 003C

表 7.2 STM32F103 外部中断

编　　号	优　先　级	优先级类型	名　　称	说　　明	地　　址
0	7	可编程	WWDG	窗口看门狗中断	0x0000 0040
1	8	可编程	PVD	连到 EXTI 的电源电压检测(PVD)中断	0x0000 0044
2	9	可编程	TAMPER	侵入检测中断	0x0000 0048
3	10	可编程	RTC	实时时钟(RTC)全局中断	0x0000 004C
4	11	可编程	FLASH	闪存全局中断	0x0000 0050
5	12	可设置	RCC	复位和时钟控制中断	0x0000 0054
6	13	可设置	EXTI0	EXTI 线 0 中断	0x0000 0058

续表

编 号	优 先 级	优先级类型	名 称	说 明	地 址
7	14	可设置	EXTI1	EXTI 线 1 中断	0x0000 005C
8	15	可设置	EXTI2	EXTI 线 2 中断	0x0000 0060
9	16	可设置	EXTI3	EXTI 线 3 中断	0x0000 0064
10	17	可设置	EXTI4	EXTI 线 4 中断	0x0000 0068
11	18	可设置	DMA1 通道 1	DMA1 通道 1 全局中断	0x0000 006C
12	19	可设置	DMA1 通道 2	DMA1 通道 2 全局中断	0x0000 0070
13	20	可设置	DMA1 通道 3	DMA1 通道 3 全局中断	0x0000 0074
14	21	可设置	DMA1 通道 4	DMA1 通道 4 全局中断	0x0000 0078
15	22	可设置	DMA1 通道 5	DMA1 通道 5 全局中断	0x0000 007C
16	23	可设置	DMA1 通道 6	DMA1 通道 6 全局中断	0x0000 0080
17	24	可设置	DMA1 通道 7	DMA1 通道 7 全局中断	0x0000 0084
18	25	可设置	ADC1_2	ADC1 和 ADC2 的全局中断	0x0000 0088
19	26	可设置	USB _ HP _ CAN_TX	USB 高优先级或 CAN 发送中断	0x0000 008C
20	27	可设置	USB _ LP _ CAN_RX0	USB 低优先级或 CAN 接收 0 中断	0x0000 0090
21	28	可设置	CAN_RX1	CAN 接收 1 中断	0x0000 0094
22	29	可设置	CAN_SCE	CAN SCE 中断	0x0000 0098
23	30	可设置	EXTI9_5	EXTI 线[9:5] 中断	0x0000 009C
24	31	可设置	TIM1_BRK	TIM1 刹车中断	0x0000 00A0
25	32	可设置	TIM1_UP	TIM1 更新中断	0x0000 00A4
26	33	可设置	TIM1 _ TRG _COM	TIM1 触发和通信中断	0x0000 00A8
27	34	可设置	TIM1_CC	TIM1 捕获比较中断	0x0000 00AC
28	35	可设置	TIM2	TIM2 全局中断	0x0000 00B0
29	36	可设置	TIM3	TIM3 全局中断	0x0000 00B4
30	37	可设置	TIM4	TIM4 全局中断	0x0000 00B8
31	38	可设置	I2C1_EV	I2C1 事件中断	0x0000 00BC
32	39	可设置	I2C1_ER	I2C1 错误中断	0x0000 00C0
33	40	可设置	I2C2_EV	I2C2 事件中断	0x0000 00C4
34	41	可设置	I2C2_ER	I2C2 错误中断	0x0000 00C8
35	42	可设置	SPI1	SPI1 全局中断	0x0000 00CC
36	43	可设置	SPI2	SPI2 全局中断	0x0000 00D0
37	44	可设置	USART1	USART1 全局中断	0x0000 00D4
38	45	可设置	USART2	USART2 全局中断	0x0000 00D8
39	46	可设置	USART3	USART3 全局中断	0x0000 00DC
40	47	可设置	EXTI15_10	EXTI 线[15:10] 中断	0x0000 00E0
41	48	可设置	RTCAlarm	连到 EXTI 的 RTC 闹钟中断	0x0000 00E4
42	49	可设置	USB 唤醒	连到 EXTI 的从 USB 待机唤醒中断	0x0000 00E8

续表

编　号	优先级	优先级类型	名　　称	说　明	地　址
43	50	可设置	TIM8_BRK	TIM8 刹车中断	0x0000 00EC
44	51	可设置	TIM8_UP	TIM8 更新中断	0x0000 00F0
45	52	可设置	TIM8_TRG_COM	TIM8 触发和通信中断	0x0000 00F4
46	53	可设置	TIM8_CC	TIM8 捕获比较中断	0x0000 00F8
47	54	可设置	ADC3	ADC3 全局中断	0x0000 00FC
48	55	可设置	FSMC	FSMC 全局中断	0x0000 0100
49	56	可设置	SDIO	SDIO 全局中断	0x0000 0104
50	57	可设置	TIM5	TIM5 全局中断	0x0000 0108
51	58	可设置	SPI3	SPI3 全局中断	0x0000 010C
52	59	可设置	UART4	UART4 全局中断	0x0000 0110
53	60	可设置	UART5	UART5 全局中断	0x0000 0114
54	61	可设置	TIM6	TIM6 全局中断	0x0000 0118
55	62	可设置	TIM7	TIM7 全局中断	0x0000 011C
56	63	可设置	DMA2 通道 1	DMA2 通道 1 全局中断	0x0000 0120
57	64	可设置	DMA2 通道 2	DMA2 通道 2 全局中断	0x0000 0124
58	65	可设置	DMA2 通道 3	DMA2 通道 3 全局中断	0x0000 0128
59	66	可设置	DMA2 通道 4_5	DMA2 通道 4 和 DMA2 通道 5 全局中断	0x0000 012C

CM3 内核响应一个异常,表现为执行对应的异常服务例程(ESR)。为了确定 ESR 的入口地址,CM3 使用了向量表查表机制。向量表其实是一个 Word 类型的数组,每个数组元素对应一种异常,数组下标×4 是该 ESR 的入口地址。例如,发生了中断 52(SPI)事件,则 NVIC 会计算出其偏移量为 $52×4=0xD0$,然后从 0xD0 取出服务例程 SPI_IRQHandler 并执行。

图 7.1 示出程序执行流程中的异常和中断。

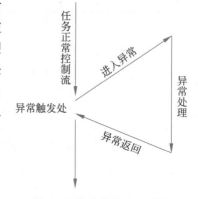

图 7.1　程序执行流程中的异常和中断

7.1.2　嵌套向量中断控制器与中断控制

1. 嵌套向量中断控制器概述

CM3 在内核搭载了一个中断控制器——嵌套向量中断控制器,它与内核紧密耦合,具有如下基本功能:

(1)可嵌套中断支持。可嵌套中断覆盖了所有的外部中断和绝大多数系统异常。当一个异常/中断发生时,硬件电路会自动比较该异常/中断的优先级是否比当前的异常(或任务)优先级更高。如果是更高优先级的异常/中断,处理器会中断当前的服务程序(或普通程序),而执行新来的异常服务程序,即立即抢占。如此一级一级地抢占,就形成异常的多级嵌套,直到达到硬件所能支持的最高嵌套级数为止。

（2）向量中断支持。当响应一个中断后，CM3 会自动定位向量表，并且根据中断号从表中找出 ISR 的入口地址，然后跳转过去开始执行相应的 ISR。

（3）动态优先级调整。软件可以在运行时更改中断的优先级，如果在某 ISR 中修改了自己所对应中断的优先级，而且这个中断又有新的实例处于挂起状态（Pending），也不会自己打断自己，从而没有重入的风险。

2. NVIC 与外部中断

图 7.2 是 NVIC 与中断、CM3 内核之间的联系，从中可以看出 SysTick 与 NVIC、CM3 内核之间的联系，NMI（非屏蔽中断）与 NVIC、CM3 内核之间的联系，EXTI 以及其他外设中断与 NVIC、CM3 内核之间的联系。

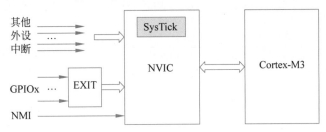

图 7.2　NVIC 与中断、CM3 内核之间的联系

（1）SysTick：没有中断信号线与 NVIC 相连，而是直接集成到 NVIC 内部，直接向 CM3 申请。SysTick 是一个定时器，它的基本作用就是以一定的时间间隔来产生 SysTick 异常，作为整个系统的时基。

（2）NMI：在任何情况下都不能被屏蔽，以处理系统极其特殊的异常情况。NMI 是除复位信号以外优先级最高的中断信号。大多数情况下，NMI 会被连接到一个看门狗定时器，有时也会连接到电压监视模块，以便在电压掉至危险级别后警告处理器。NMI 可以在任何时间被激活。

（3）EXTI：通过 GPIO 引脚将外接部件的信号传递给 NVIC。

（4）其他外设中断：运行协议的外设，这类外设没有明显的外部引脚与 NVIC 相连，而通过其内部状态/中断控制寄存器来管理外设产生的中断信号并传递给 NVIC。

在标准库中的"core_cm3.h"头文件中给出了 NVIC 结构体定义，该结构体给每个寄存器预留了许多位，以便于日后功能扩展，NVIC 结构体定义见代码清单 7.1。在配置中断时，一般只用 ISER、ICER 和 IP 三个寄存器，配置中断使能或失能、设置中断优先级。

代码清单 7.1　NVIC 结构体定义

```
1  typedef struct
2  {
3  __IO uint32_t ISER[8];    /* !< Offset: 0x000 Interrupt Set Enable Register */
4  uint32_t RESERVED0[24];
5  __IO uint32_t ICER[8];    /* !< Offset: 0x080 Interrupt Clear Enable Register */
6  uint32_t RSERVED1[24];
7  __IO uint32_t ISPR[8];    /* !< Offset: 0x100 Interrupt Set Pending Register */
8  uint32_t RESERVED2[24];
9  __IO uint32_t ICPR[8];    /* !< Offset: 0x180 Interrupt Clear Pending Register */
```

```
10   uint32_t RESERVED3[24];
11   __IO uint32_t IABR[8];    /*!< Offset: 0x200 Interrupt Active bit Register */
12   uint32_t RESERVED4[56];
13   __IO uint8_t IP[240];     /*!< Offset: 0x300 Interrupt Priority Register (8Bit wide) */
14   uint32_t RESERVED5[644];
15   __O uint32_t STIR;        /*!< Offset: 0xE00 Software Trigger Interrupt Register */
16   } NVIC_Type;
```

此外,头文件"core_cm3.h"还提供了 NVIC 的遵循 CMSIS 规则的函数,CM3 内核的处理器都可以使用,如表 7.3 所示。表中的库函数用得少。

表 7.3　符合 CMSIS 标准的 NVIC 库函数

CMSIS 标准的 NVIC 库函数	描　　述
void NVIC_EnableIRQ(IRQn_Type IRQn)	使能中断
void NVIC_DisableIRQ(IRQn_Type IRQn)	失能中断
void NVIC_SetPendingIRQ(IRQn_Type IRQn)	设置中断悬起位
void NVIC_ClearPendingIRQ(IRQn_Type IRQn)	清除中断悬起位
uint32_t NVIC_GetPendingIRQ(IRQn_Type IRQn)	获取悬起中断编号
void NVIC_SetPriority(IRQn_Type IRQn, uint32_t priority)	设置中断优先级
uint32_t NVIC_GetPriority(IRQn_Type IRQn)	获取中断优先级
void NVIC_SystemReset(void)	系统复位

3. 嵌套向量中断控制器中断优先级

CM3 内核支持中断嵌套,意味着高优先级的任务可以中断正在运行的低优先级任务,而在高优先级任务获得 CPU 控制权后,若再来了一个优先级更高的任务,则此高优先级的任务也可被中断。显然,实现中断嵌套,必须首先标识(设置)各中断任务的优先级。

CM3 内核所支持异常的优先级划分规则:固定优先级,即优先级为负数的异常,共 3 个(复位、NMI 及硬 Fault);可编程优先级,256 级,其中系统异常(优先级可编程设置)有 11 个,外部中断(优先级可编程设置)有 240 个。

NVIC 中对于每个中断需要设置抢占优先级和响应优先级(又称子优先级)。NVIC 利用 4bit 来保存抢占优先级和响应优先级。在 NVIC 有一个专门的寄存器——中断优先级寄存器 NVIC_IPRx,用来配置外部中断的优先级。该寄存器是 8bit,原则上每个外部中断可配置的优先级为 0~255,数值越小,优先级越高。但在 STM32F103 中只使用了高 4bit。可以自由设置用几 bit 来保存抢占优先级和响应优先级。例如,用这 4bit 保存响应优先级,那么响应优先级可以设置为 0~15 中的任何一个值,这就是优先级分组 0,这时抢占优先全部一样。也可以设置 1bit 来保存抢占优先级,3bit 保存响应优先级。这样抢占优先级就可以设置为 0 和 1,响应优先级就可以设置为 0~7,这就是优先级分组 1。

优先级的分组由内核外设系统控制块(System Control Block,SCB)的应用程序中断及复位控制寄存器(AIRCR)的 PRIGROUP[10:8]位决定,STM32F103 分为 5 组,具体如表 7.4 所示。

表 7.4　优先级分组真值表

优先级分组	主优先级	子优先级	描　述
NVIC_PriorityGroup_0	0	0～15	主占 0bit,子占 4bit
NVIC_PriorityGroup_1	0～1	0～7	主占 1bit,子占 3bit
NVIC_PriorityGroup_2	0～3	0～3	主占 2bit,子占 2bit
NVIC_PriorityGroup_3	0～7	0～1	主占 3bit,子占 1bit
NVIC_PriorityGroup_4	0～15	0	主占 4bit,子占 0bit

通过调用标准库函数 NVIC_PriorityGroupConfig()来设置优先级分组,该函数在库文件"misc. c"和"misc. h"中。中断优先级分组库函数 NVIC_PriorityGroupConfig()见代码清单 7.2。

代码清单 7.2　中断优先级分组库函数 NVIC_PriorityGroupConfig()

```
1.   /**
2.    * @brief Configures the priority grouping: pre - emption priority and subpriority.
3.    * @param NVIC_PriorityGroup: specifies the priority grouping bits length.
4.    * This parameter can be one of the following values:
5.    * @arg NVIC_PriorityGroup_0: 0 bits for pre - emption priority
6.    *                           4 bits for subpriority
7.    * @arg NVIC_PriorityGroup_1: 1 bits for pre - emption priority
8.    *                           3 bits for subpriority
9.    * @arg NVIC_PriorityGroup_2: 2 bits for pre - emption priority
10.   *                           2 bits for subpriority
11.   * @arg NVIC_PriorityGroup_3: 3 bits for pre - emption priority
12.   *                           1 bits for subpriority
13.   * @arg NVIC_PriorityGroup_4: 4 bits for pre - emption priority
14.   *                           0 bits for subpriority
15.   * @retval None
16.   */
17.  void NVIC_PriorityGroupConfig(uint32_t NVIC_PriorityGroup)
18.  {
19.      /* Check the parameters */
20.      assert_param(IS_NVIC_PRIORITY_GROUP(NVIC_PriorityGroup));
21.      /* Set the PRIGROUP[10:8] bits according to NVIC_PriorityGroup value */
22.      SCB -> AIRCR = AIRCR_VECTKEY_MASK | NVIC_PriorityGroup;
23.  }
```

抢占优先级与响应优先级区别如下:

(1) 高优先级的抢占优先级可以打断正在进行的低抢占优先级中断。(值越小,优先级越高)

(2) 抢占优先级相同的中断,高响应优先级不可以打断低响应优先级的中断。

(3) 抢占优先级相同的中断,在两个中断同时发生的情况下,响应优先级高的先执行。

(4) 如果两个中断的抢占优先级和响应优先级一样,则中断先发生就先执行。

4. 嵌套向量中断控制器初始化

对嵌套向量中断控制器的初始化主要针对中断服务函数入口地址、中断的抢占优先级、中断的运行优先级和中断启停四方面。实际上,库文件 misc. h 也是按这四方面来定义 NVIC 初始化结构体类型的,见代码清单 7.3。

代码清单 7.3 NVIC 初始化结构体

```
1  typedef struct
2  {
3  uint8_t NVIC_IRQChannel;                       /* 中断服务函数入口 */
4  uint8_t NVIC_IRQChannelPreemptionPriority;     /* 中断的抢占优先级 */
5  uint8_t NVIC_IRQChannelSubPriority;            /* 中断的运行优先级 */
6  FunctionalState NVIC_IRQChannelCmd;            /* 是否开启相应的中断 */
7  } NVIC_InitTypeDef;
```

(1) 成员 NVIC_IRQChannel 表示向 NVIC 控制器注册的中断号 IRQn,在 stm32f10x.h 头文件中定义了一个名为 IRQn 的枚举类型,见代码清单 7.4,其内部的成员值涵盖了 STM32F103xx 所有系统异常和外部中断,并代表着相应外部中断的中断号, NVIC 就是根据此中断号计算出相应的中断服务函数入口地址的。

代码清单 7.4 IRQn 的枚举

```
1  typedef enum IRQn
2  {
3  /*********** Cortex-M3 Processor Exceptions Numbers ***************/
4  NonMaskableInt_IRQn      = -14,  /* !< 2 Non Maskable Interrupt */
5  MemoryManagement_IRQn    = -12,  /* !< 4 Cortex-M3 Memory Management Interrupt */
6  BusFault_IRQn            = -11,  /* !< 5 Cortex-M3 Bus Fault Interrupt */
7  UsageFault_IRQn          = -10,  /* !< 6 Cortex-M3 Usage Fault Interrupt */
8  SVCall_IRQn              = -5,   /* !< 11 Cortex-M3 SV Call Interrupt */
9  DebugMonitor_IRQn        = -4,   /* !< 12 Cortex-M3 Debug Monitor Interrupt */
10 PendSV_IRQn              = -2,   /* !< 14 Cortex-M3 Pend SV Interrupt */
11 SysTick_IRQn             = -1,   /* !< 15 Cortex-M3 System Tick Interrupt */
12 /*********** STM32 specific Interrupt Numbers ********************/
13  WWDG_IRQn               = 0,    /* !< Window WatchDog Interrupt */
14 PVD_IRQn                 = 1,  /* !< PVD through EXTI Line detection Interrupt */
15 TAMPER_IRQn              = 2,    /* !< Tamper Interrupt */
16 RTC_IRQn                 = 3,    /* !< RTC global Interrupt */
17 FLASH_IRQn               = 4,    /* !< FLASH global Interrupt */
18 ………… //中间部分省略,详细请查看头文件"stm32f10x.h."
19 ADC1_2_IRQn              = 18, /* !< ADC1 and ADC2 global Interrupt */
20 USB_HP_CAN1_TX_IRQn = 19, /* !< USB Device High Priority or CAN1 TX Interrupts */
21 USB_LP_CAN1_RX0_IRQn = 20, /* !< USB Device Low Priority or CAN1 RX0 Interrupts */
22 CAN1_RX1_IRQn = 21,      /* !< CAN1 RX1 Interrupt */
23 CAN1_SCE_IRQn = 22,      /* !< CAN1 SCE Interrupt */
24 ………… //中间部分省略,详细请查看头文件"stm32f10x.h."
25 TIM7_IRQn                = 55,   /* !< TIM7 global Interrupt */
26 DMA2_Channel1_IRQn       = 56,   /* !< DMA2 Channel 1 global Interrupt */
27 DMA2_Channel2_IRQn       = 57,   /* !< DMA2 Channel 2 global Interrupt */
28 DMA2_Channel3_IRQn       = 58,   /* !< DMA2 Channel 3 global Interrupt */
29 DMA2_Channel4_5_IRQn     = 59 /* !< DMA2 Channel 4 and Channel 5 global Interrupt */
30 } IRQn_Type;
```

使用示例:向 NVIC 注册 EXTI0 的中断服务函数地址。

```
NVIC_InitStructure.NVIC_IRQChannel = EXTI0_IRQn;
```

向 NVIC 注册了相应外部中断的中断号以后,在执行时,NVIC 根据此中断号计算出其具体的中断服务函数入口地址。

（2）成员 NVIC_IRQChannelPreemptionPriority 表明所发生中断的抢占优先级。

（3）成员 NVIC_IRQChannelSubPriority 表明所发生中断的子优先级。

（4）成员 NVIC_IRQChannelCmd 表示打开或关闭相应的中断通道，调用中断服务。其取值为枚举类型 FunctionalState 的成员值 ENABLE 或 DISABLE。FunctionalState（功能状态）类型定义在文件 stm32f10x.h 中。

```
typedef enum { DISABLE = 0, ENABLE = !DISABLE } FunctionalState;
```

NVIC 初始化结构体示例见代码清单 7.5。

代码清单 7.5　NVIC 初始化结构体示例

```
1  NVIC_InitTypeDef NVIC_InitStructure;                        //定义 NVIC 初始化结构体变量
2  NVIC_InitStructure.NVIC_IRQChannel = EXTI15_10_IRQn;        //向 NVIC 注册中断号
3  NVIC_InitStructure.NVIC_IRQChannelPreemptionPriority = 0x0F; //中断优先级为 15
4  NVIC_InitStructure.NVIC_IRQChannleSubPriority = 0x0F;       //中断运行优先级为 15
5  NVIC_InitStructure.NVIC_IRQChannelCmd = ENABLE;            //开启 EXTI15_10 中断
6  NVIC_Init(&NVIC_InitStructure);                            //将 NVIC 初始设置写入 NVIC 寄存器
```

7.2　外部中断/事件控制器

7.2.1　外部中断/事件控制器简介

STM32 中断分为两类：一类是通过外设内部的状态/中断寄存器来管理的中断；另一类是直接通过芯片的引脚将外接部件的电信号传到 CPU 而引起的中断，称为 EXTI，如按键、热敏电阻等的中断事件。在 STM32F103xx 芯片中有 19 个这样的外部中断，如图 7.3 所示。

EXTI0～15：分别连接到 GPIO 端口（GPIOx，x＝A～E）中的 Pin0～Pin15。即 Pin0 对应 EXTI_Line0，…，Pin15 对应 EXTI_Line15；

EXTI16：连接到电源电压检测（PVD）中断；

EXTI17：连接到 RTC 闹钟中断；

EXTI18：连接到 USB 待机唤醒中断；

EXTI19：连接到以太网唤醒事件（只适用于互联型产品）。

EXTI 线（0～15）与 GPIO 引脚有一一对应关系。为了操作方便，在文件"stm32f10x_exit.h"中表示其线号的宏定义，见代码清单 7.6。

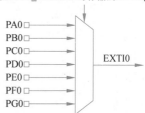

在AFIO_EXTICR1寄存器的EXTI0[3:0]位

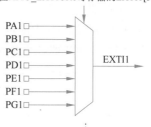

在AFIO_EXTICR1寄存器的EXTI1[3:0]位

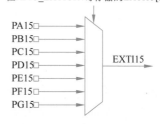

在AFIO_EXTICR4寄存器的EXTI15[3:0]位

图 7.3　外部中断通用 I/O 映像

代码清单 7.6 EXTI_Line 线宏定义

```
 1  # define EXTI_Line0      ((uint32_t)0x00001) /*!< External interrupt line 0 */
 2  # define EXTI_Line1      ((uint32_t)0x00002) /*!< External interrupt line 1 */
 3  # define EXTI_Line2      ((uint32_t)0x00004) /*!< External interrupt line 2 */
 4  # define EXTI_Line3      ((uint32_t)0x00008) /*!< External interrupt line 3 */
 5  # define EXTI_Line4      ((uint32_t)0x00010) /*!< External interrupt line 4 */
 6  # define EXTI_Line5      ((uint32_t)0x00020) /*!< External interrupt line 5 */
 7  # define EXTI_Line6      ((uint32_t)0x00040) /*!< External interrupt line 6 */
 8  # define EXTI_Line7      ((uint32_t)0x00080) /*!< External interrupt line 7 */
 9  # define EXTI_Line8      ((uint32_t)0x00100) /*!< External interrupt line 8 */
10  # define EXTI_Line9      ((uint32_t)0x00200) /*!< External interrupt line 9 */
11  # define EXTI_Line10     ((uint32_t)0x00400) /*!< External interrupt line 10 */
12  # define EXTI_Line11     ((uint32_t)0x00800) /*!< External interrupt line 11 */
13  # define EXTI_Line12     ((uint32_t)0x01000) /*!< External interrupt line 12 */
14  # define EXTI_Line13     ((uint32_t)0x02000) /*!< External interrupt line 13 */
15  # define EXTI_Line14     ((uint32_t)0x04000) /*!< External interrupt line 14 */
16  # define EXTI_Line15     ((uint32_t)0x08000) /*!< External interrupt line 15 */
17  # define EXTI_Line16 ((uint32_t)0x10000) /*!< External interrupt line 16 Connected to
    the PVD Output */
18  # define EXTI_Line17 ((uint32_t)0x20000) /*!< External interrupt line 17 Connected to
    the RTC Alarm event */
19  # define EXTI_Line18 ((uint32_t)0x40000) /*!< External interrupt line 18 Connected to
    the USB Device/USB OTG FS Wakeup from suspend event */
20  # define EXTI_Line19 ((uint32_t)0x80000) /*!< External interrupt line 19 Connected to
    the Ethernet Wakeup event */
```

EXTI_Line 宏值的定义规则与 GPIO_Pin 宏值规则相同：将 16 位二进制数中每一位对应一条引脚，全部清 0 后，某位置 1 即表示对应引脚的索引号，此时二进制数对应的十六进制值，即宏值。例如，第 13 号引脚，对应的二进制数为 10_0000_0000_0000，转换为十六进制数后为 0x2000。

7.2.2 外部中断/事件控制器的结构

外部中断/事件控制器由 19 个产生事件/中断要求的边沿检测器组成，每个输入线可以独立地配置输入类型（中断或事件），以及对应的触发事件（上升沿、下降沿、双沿触发），每个输入线都可以被独立地屏蔽，挂起寄存器保持着状态线的中断要求。外部中断/事件控制器的结构如图 7.4 所示。

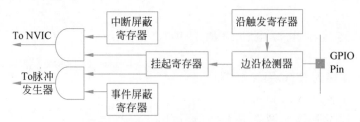

图 7.4 外部中断/事件控制器的结构

配置中断屏蔽寄存器/事件屏蔽寄存器来确定中断/事件的工作模式。外部中断/事件控制器可以通过寄存器设置任意一个 GPIO Pin 作为中断/事件输入线。边沿检测电路，通过沿触发器寄存器，即上升沿触发选择寄存器（EXTI-RTSR）和下降沿触发选择寄存器(EXTI-FTSR)选择输入信号检测的方式——上升沿触发、下降沿触发和上升沿下降沿都能触发(双沿触发)。在挂起寄存器中标识着在外部中断线上是否发生了所设置选择的边沿事件。

外部中断/事件控制器的工作过程:外接部件(如按键)的电信号通过 GPIO 引脚传输到外部中断/事件控制器后,其内的边沿检测器根据设定的中断触发方式,挂起寄存器对应的 EXTI_Line 位置为 1,表明发生了相应的中断。如果此时的中断屏蔽寄存器相应位置为 1(表明开放线 x 上的中断请求),中断信号就顺利地传向嵌套向量中断控制器(嵌套向量中断控制器根据 EXTI_Line 确定中断号),嵌套向量中断控制器再查异常向量表,跳转到相应的中断服务程序并执行。如此就完成了中断"产生—传递—响应"这样一个完整的过程。外部中断/事件控制器对事件的处理流程与中断方式类似。

1. 外部中断/事件寄存器位定义

外部中断/事件控制器涉及的寄存器有中断屏蔽寄存器(EXTI_IMR)、事件屏蔽寄存器(EXTI_EMR)、上升沿触发选择寄存器(EXTI_RTSR)、下降沿触发选择寄存器(EXTI_FTSR)、软件中断事件寄存器(EXTI_SWIER)和挂起寄存器(EXTI_PR)。这些寄存器的位定义原则是以上寄存器从第 0～18 位分别对应 EXTI_Line0～EXTI_Line18,以便实现各类控制。例如:

EXTI_IMR 的 bit0 控制 EXTI_Line0 的中断请求。若 IMR0=1,则允许中断请求。

EXTI_EMR 的 bit0 控制 EXTI_Line0 的事件请求。若 EMR0=1,则允许事件请求。

EXTI_RTSR 的 bit0 控制 EXTI_Line0 的上升沿触发事件的开或关。若 RTSR0=1,则允许输入线 0 上的上升沿触发(中断或事件)。

EXTI_FTSR 的 bitFTSR0 控制 EXTI_Line0 的下降沿触发事件的开或关。若 FTSR0=1,则允许输入线 0 上的下降沿触发(中断或事件)。

EXTI_SWIER 的 bit0 控制 EXTI_Line0 的软件中断事件的开或关。若 SWIER0=1,则允许输入线 0 上的软件触发(中断或事件)。

EXTI_PR 的 bit0 标识 EXTI_Line0 是否发生了中断/事件边沿触发事件。若 PR0=1,则输入线 0 上发生了中断/事件边沿触发事件。

2. 外部中断/事件控制器结构体类型

与外设 GPIO 端口一样,将外部中断/事件控制器内所有寄存器封装在一起,在文件"stm32f10x.h"中定义了 EXTI_TypeDef 类型,见代码清单 7.7。

代码清单 7.7　EXTI_TypeDef 结构体类型

```
1  typedef struct
2  {
3    __IO uint32_t IMR;
4    __IO uint32_t EMR;
5    __IO uint32_t RTSR;
6    __IO uint32_t FTSR;
7    __IO uint32_t SWIER;
8    __IO uint32_t PR;
9  } EXTI_TypeDef;
```

外部中断/事件控制器挂接在总线 APB2 上，其基址在文件"stm32f10x. h"中，见代码" ♯ define EXTI_BASE(APB2PERIPH_BASE＋0x0400)"与" ♯ define EXTI((EXTI_TypeDef ＊)EXTI_BASE)"。这句宏定义的作用就是将外设 EXTI_BASE 的基地址（32位整数）转换为 EXTI_TypeDef 类型的指针 EXTI。如此一来，就可以直接以"→"操作符操作 EXTI_TypeDef 中的结构体成员。例如：

```
EXTI－>IMR ＝ EXTI_Line5;        //将外部中断线 5 设置为中断工作模式
```

3. 外部中断/事件控制器初始化结构体

对外部中断/事件控制器初始化首先要确定使用哪一条 EXTI_Line，其次设置 EXTI 的工作模式和边沿触发模式，在文件"stm32f10x_exti. h"中定义了 EXTI 初始化结构体，见代码清单 7.8。

代码清单 7.8　EXTI 初始化结构体

```
1  typedef struct
2  {
3      uint32_t EXTI_Line;                /*!初始化的外部中断线 EXTI_Line */
4      EXTIMode_TypeDef EXTI_Mode;        /* 设置外部中断线的工作模式 */
5      EXTITrigger_TypeDef EXTI_Trigger;  /*!设置外部中断线的触发方式 */
6      FunctionalState EXTI_LineCmd;      /* 是否启用外部中断线标志 */
7  }EXTI_InitTypeDef;
```

结构体成员 EXTI_Mode 代表了 EXTI 的工作模式，工作模式是中断或事件二者之一。在文件"stm32f10x_exti. h"中，使用枚举结构体对这两种模式进行封装，见代码清单 7.9。

代码清单 7.9　EXTI_Mode 枚举结构体

```
1  typedef enum
2  {
3      EXTI_Mode_Interrupt = 0x00,        //中断模式:值为中断屏蔽寄存器的偏移量
4      EXTI_Mode_Event = 0x04             //事件模式:值为事件屏蔽寄存器的偏移量
5  }EXTIMode_TypeDef;
```

结构体成员 EXTI_Trigger 代表了 EXTI 的触发方式，触发方式是上升沿、下降沿和双沿触发三者之一。在文件"stm32f10x_exti. h"中，使用枚举结构体对触发方式进行封装，见代码清单 7.10。

代码清单 7.10　EXTI_Trigger 枚举结构体

```
1  typedef enum
2  {
3      EXTI_Trigger_Rising = 0x08,           //上升沿触发,值为上升沿触发寄存器偏移量
4      EXTI_Trigger_Falling = 0x0C,          //下降沿触发,值为下降沿触发寄存器偏移量
5      EXTI_Trigger_Rising_Falling = 0x10    //双沿触发,值为 SWIER 寄存器偏移量
6  } EXTITrigger_Typedef;
```

使用举例：定义初始化结构体变量"EXTI_InitTypeDef EXTI_InitStructure;"，然后给初始化结构体变量各成员赋值，见代码清单 7.11。

代码清单 7.11　初始化 EXTI_InitStructure 各成员

```
1  EXTI_InitStructure.EXTI_Line = EXTI_Line5;              // 使用 EXTI 模块的 5 号中断线
2  EXTI_InitStructure.EXTI_Mode = EXTI_Mode_Interrupt;     // 对中断寄存器的第 5 位置 1
3  EXTI_InitStructure.EXTI_Trigger_Rising;                 // 对上升沿寄存器第 5 位置 1
4  EXTI_InitStructure.EXTI_LineCmd = ENABLE;
```

以上步骤只是填充了 EXTI_InitStructure 变量,还没有真正将其写入 EXTI 模块的内部寄存器。真正完成将这些信息写入 EXTI 寄存器的是 STM32 库函数 EXTI_Init(),见代码"EXIT_Init(&EXTI_InitStructure);"。

7.2.3　GPIO 引脚到 EXTI_Line 的映射

尽管 GPIO_Pin 与外部 EXTI-Line 有对应的关系,但在芯片内部,它们之间的连接是断开的,因而需要通过软件将这种映射关系连接起来,然后 GPIO 引脚的中断信号才能经 EXTI_Line 进入 NVIC。此映射关系的建立是通过 AFIO 寄存器组中的 AFIO_EXTICRx(x=1,2,3,4)配置来实现的。

为了优化芯片引脚的数目,芯片公司将绝大部分引脚设计成具备复用功能,即这些引脚除用于默认的 GPIO,还可以用作某种外设协议引脚。假如 PB0 已经当作 ADC12_IN8 使用,设计电路时发现外设 TIM3_CH3 也需要 PB0 作为其 TIM3_CH3 协议引脚,即两种外设争用同一条 GPIO 引脚,这时就需要用到"重映射"功能。对于 STM32F103 芯片来说,可以将原本在 PB0 上定义的 TIM3_CH3 功能映射到 PC8 引脚,因为 PD8 引脚具有 GPIO(通用功能)、TIM8_CH3/SDIO_D0(复用功能)、TIM3_CH3(重映射功能)三种功能。

当用到重映射功能时,需要一组寄存器对这个过程进行管理。在文件"stm32f10x. h"中为 AFIO 功能模块定义了一个 AFIO_TypeDef 结构体类型,见代码清单 7.12。

代码清单 7.12　AFIO_TypeDef 结构体类型

```
1  typedef struct
2  {
3    __IO uint32_t EVCR;
4    __IO uint32_t MAPR;
5    __IO uint32_t EXTICR[4];        //外部中断线控制寄存器
6    uint32_t RESERVED0;
7    __IO uint32_t MAPR2;
8  } AFIO_TypeDef;
```

在使用外部中断时,只关注 AFIO_TypeDef 结构体的成员 EXTICR[4]。该成员是一个有 4 个元素的数组,每个元素都是"外部中断线(重映射)寄存器"。在文件"stm32f10x. h"中,AFIO 同样被定义了内存空间的地址,即"♯define AFIO_BASE(APB2PERIPH_BASE +0x0000)"与"♯define AFIO((AFIO_TypeDef *)AFIO_BASE)"。

GPIO 引脚通过图 7.3 的方式连接到 16 个外部中断/事件线上,并通过 AFIO_EXTICRx(x=1~4)进行选择配置。图中每个 AFIO_EXTICR 寄存器只使用了低 16 位(高 16 位保留),被分为 4 组,每组对应于一条 EXTI_Line 线,而且每组占用 4 位,分别对应 7 个 GPIO 端口。以 AFIO_EXTICR1 为例,具体的对应关系如表 7.5 所示。

表 7.5 AFIO_EXTICR1 的位定义关系

寄 存 器	位 段	位 值	引 脚 号	中 断 线
AFIO_EXTICR1	[3:0]	0000	PA0	EXTI_Line0
		0001	PB0	
		0010	PC0	
		0011	PD0	
		0100	PE0	
		0101	PF0	
		0110	PG0	
		0111	—	—
	[7:4]	0000	PA1	EXTI_Line1
		...	...	
		0000	PG1	
	[11:8]	0000	PA2	EXTI_Line2
		...	...	
		0000	PG2	
	[15:12]	0000	PA3	EXTI_Line3
		0001	PB3	
		0010	PC3	
		0011	PD3	
		0100	PE3	
		0101	PF3	
		0110	PG3	
		0111	—	

文件“stm32f10x_gpio.c”中的函数 GPIO_EXTILineConfig()按上面的映射规则完成从 GPIO_Pin 到 EXTI_Line 的关联映射,见代码清单 7.13。

代码清单 7.13   函数 GPIO_EXTILineConfig()

```
1  void GPIO_EXTILineConfig(uint8_t GPIO_PortSource, uint8_t GPIO_PinSource)
2  {
3    uint32_t tmp = 0x00;
4    tmp = ((uint32_t)0x0F) << (0x04 * (GPIO_PinSource & (uint8_t)0x03));
5    AFIO -> EXTICR[GPIO_PinSource >> 0x02] &= ~tmp;
6    AFIO -> EXTICR[GPIO_PinSource >> 0x02] |= (((uint32_t)GPIO_PortSource) << (0x04 *
     (GPIO_PinSource & (uint8_t)0x03)));
7  }
```

应用示例: 将端口 F 的 GPIO_Pin_8 与 EXTI 控制器的 EXTI_Line_8 关联起来,代码如“GPIO_EXITLineConfig(GPIOF,GPIO_Pin_8);”。

7.2.4 EXTI_Line 到 NVIC 的映射

EXTI_Line 到 NVIC 的映射是通过初始化 NVIC 实现的。在 7.1.2 节已经讲过

NVIC 的初始化设置,其初始化类型结构体的第一个成员 NVIC_IRQChannel 代表外设的中断号,NVIC 根据此中断号计算出相应的中断服务函数地址。对于 EXTI 来说,NVIC_IRQChannel 取值(每条 EXTI_Line 对应的中断号)如表 7.6 所示。

表 7.6　EXTI_Line、EXTI_Line 中断号和 EXTI_Line 中断服务函数对照表

EXTI_Line	EXTI_Line 中断号(向 NVIC 注册时使用)	EXTI_Line 中断处理函数
EXTI_Line0	EXTI0_IRQn	EXTI0_IRQHandler
EXTI_Line1	EXTI1_IRQn	EXTI1_IRQHandler
EXTI_Line2	EXTI2_IRQn	EXTI2_IRQHandler
EXTI_Line3	EXTI3_IRQn	EXTI3_IRQHandler
EXTI_Line9..5	EXTI9_5_IRQn	EXTI9_5_IRQHandler
EXTI_Line15..10	EXTI15_10_IRQn	EXTI5_10_IRQHandler

为了将 EXTI_Line6 的中断服务例程在 NVIC 控制器中进行注册,需要编写代码 "NVIC_TypeDef NVIC_InitStructure; //定义 NVIC 初始化结构体变量"与"NVIC_InitStructure. NVIC_IRQChannel ＝ EXTI9_5_IRQHandler; //注 册 EXTI9_5_IRQHandler"。然后在文件"stm32f10x_it. c"中添加 EXTI9_5_IRQHandler() 函数及代码,见代码清单 7.14。

代码清单 7.14　EXTI9_5_IRQHandler() 函数

```
1  void EXTI9_5_IRQHandler ()
2  {
3      /* 因为中断线 EXTI_Line9..5 共用同一个服务例程 EXTI9_5_IRQHandler,所以在其内
        部还要做一次判断,以明确是哪一条 EXTI_Line 触发了中断 */
4      if (EXTI_GetITStatus(EXTI_Line6))      //如果 EXTI_Line6 发生了中断
5      {
6          ……
7      }
8      //清除 EXTI_Line6 中断的悬挂标志,表示此次中断已处理
9      EXTI_ClearITPendingBit(EXTI_Line6);
10 }
```

代码清单第 4 行调用的函数 EXTI_GetITStatus(EXTI_Line6)的作用是查询外部中断线 EXTI_Line6 是否发生了中断。

函数 P_GetITStatus()判断来自外设 P 的 IT 中断是否发生。

函数 P_ClearITPendingBit()清除外设 P 的 IT 中断待处理标志位。

函数 P_GetFlagStatus()检查(获取)外设 P 的 FLAG 标志的状态(是否被设置)。

7.3　中断编程

在使用中断时一般有以下三个编程要点:

(1)使能外设某个中断。这具体由每个外设的相关中断使能位控制。比如,串口由发送完成中断、接收完成中断,这两个中断都由串口控制寄存器的相关中断使能位控制。

(2)初始化 NVIC_InitTypeDef 结构体,配置中断优先级分组,设置抢占优先级和子优先级,使能中断请求。NVIC_InitTypeDef 结构体在固件库头文件 misc. h 中定义。

（3）编写中断服务。在启动文件 startup_stm32f10x_hd.s 中预先为每个中断都写了一个中断服务函数，这些中断函数都为空，只是初始化中断向量表，见代码清单 7.15。实际的中断服务函数都需要重新编写，中断服务函数统一写在"stm32f10x_it.c"这个库文件中。

代码清单 7.15　初始化中断向量表

```
__Vectors        DCD      __initial_sp                  ; Top of Stack
                 DCD      Reset_Handler                 ; Reset Handler
                 DCD      NMI_Handler                   ; NMI Handler
                 DCD      HardFault_Handler             ; Hard Fault Handler
                 …………  ;省略了部分
                 DCD      PendSV_Handler                ; PendSV Handler
                 DCD      SysTick_Handler               ; SysTick Handler
                 ; External Interrupts
                 DCD      WWDG_IRQHandler               ; Window Watchdog
                 DCD      PVD_IRQHandler                ; PVD through EXTI Line detect
                 …………  ;省略了部分
                 DCD      EXTI2_IRQHandler              ; EXTI Line 2
                 DCD      EXTI3_IRQHandler              ; EXTI Line 3
                 DCD      EXTI4_IRQHandler              ; EXTI Line 4
                 DCD      DMA1_Channel1_IRQHandler      ; DMA1 Channel 1
                 DCD      DMA1_Channel2_IRQHandler      ; DMA1 Channel 2
                 …………  ;省略了部分
                 DCD      DMA2_Channel3_IRQHandler      ; DMA2 Channel3
                 DCD      DMA2_Channel4_5_IRQHandler    ; DMA2 Channel4 & Channel5
__Vectors_End
```

注意，代码清单 7.15 中的注释以"；"开始，因为汇编语言的注释符是"；"。

在文件"stm32f10x_it.c"中，中断服务函数的函数名必须与启动文件中预先设置的一样。如果写错，系统在中断向量表中就找不到中断服务函数的入口，从而直接跳转到启动文件中预先写好的空函数，并且在里面无限循环，实现不了中断。

7.4　外部中断控制实验

7.4.1　工程文件逻辑结构

本项目程序需要完成的功能：按下按键 1，绿灯亮，红灯灭；按下按键 2，红灯亮，绿灯灭。本项目涉及文件有 bps_led.c/h、bps_key.c/h、stm32f10x_exti.h/c 和 misc.h/c，图 7.5 后者包含了与 NVIC 相关操作的函数实现，如 NVIC 初始化 NVIC_Init()、中断优先级的管理 NVIC_PriorityGroupConfig() 等。若在外设驱动中需要用到中断功能，则必须引入 misc.h/c 源文件。各个文件作用说明如下：

（1）main.c：完成实验主逻辑。

（2）PPP.c/h：用户自定义外设驱动文件，在它里边实现外设（GPIO 引脚、EXTI 中断线、NVIC 控制器）初始化函数，以及实现 LED 亮、灭、闪烁、延时等具体功能函数。

（3）所用外设库文件如下：

① stm32f10x_rcc.h/c：包含系统时钟、各外设时钟的开/关及其设置等。

② stm32f10x_gpio.h/c：包含 GPIO 引脚状态获取、数据发送和数据接收等函数。

③ stm32f10x_exti.h/c：包含 EXTI 中断线状态获取、是否屏蔽中断线等函数。

④ misc.h/c：包含与 NVIC 中断控制器相关的功能函数实现。

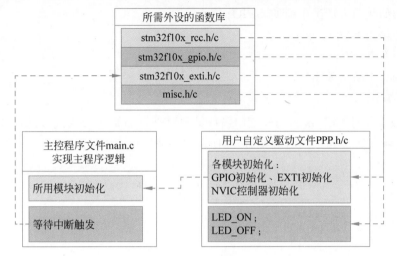

图 7.5 工程文件逻辑结构

7.4.2 硬件电路设计

外部中断涉及 LED 灯与按键两种外设，电路如图 7.6 和图 7.7 所示。

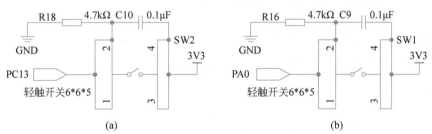

图 7.6 按键消抖硬件电路

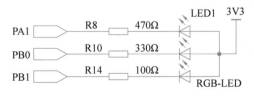

图 7.7 三色 LED 电路

本项目涉及两个 LED 灯和两个按键。通过两个按键触发不同的外部中断，实现点亮不同的 LED 灯。

7.4.3 程序编写

在已有的"bsp_led.c"与 bsp_led.h 文件的基础上再创建 bsp_exti.c 和 bsp_exti.h

文件,用来存放 EXTI 驱动程序及相关宏定义,中断服务函数放在 stm32f10x_it.h 文件中。文件 bsp_led.c 与 bsp_led.h 不再赘述。

编程要点如下:

(1) 初始化用来产生中断的 GPIO;

(2) 初始化 EXTI;

(3) 配置 NVIC;

(4) 编写中断服务函数。

1. 主函数

主函数首先对 LED 端口与外部中断按键端口进行初始化,然后进入循环,等待中断触发,见代码清单 7.16。中断触发后,程序会跳转到"stm32f10_it.c"文件中执行外部中断服务函数。

代码清单 7.16 main.c 程序代码

```
1   #include "stm32f10x.h"
2   #include "bsp_led.h"
3   #include "bsp_exti.h"
4
5   int main(void)
6   {
7       /* LED 端口初始化 */
8       LED_GPIO_Config();
9
10      /* 初始化 EXTI 中断,按下按键会触发中断,
11      ** 触发中断会进入 stm32f4xx_it.c 文件中的函数
12      ** KEY1_IRQHandler 和 KEY2_IRQHandler,处理中断,反转 LED 灯.
13      */
14      EXTI_Key_Config();
15      /* 等待中断,由于使用中断方式,CPU 不用轮询按键 */
16      while(1)
17      {
18      }
19  }
```

2. bsp_exti.c/h 程序

bsp_exti.c 文件定义了函数 NVIC_Configuration(void)与 EXTI_Key_Config(void)。函数 NVIC_Configuration(void)用于配置中断优先级组、配置中断源、配置抢占优先级与子优先级,然后使能中断通道;接着针对中断 2 进行类似的配置。函数 EXTI_Key_Config(void)用于配置 IO 为 EXTI 中断口,并设置中断优先级。bsp_exti.c 程序代码见代码清单 7.17。

代码清单 7.17 bsp_exti.c 程序代码

```
1   #include "bsp_exti.h"
2
3   static void NVIC_Configuration(void)
4   {
5   NVIC_InitTypeDef NVIC_InitStructure;
6
```

```
7    /* 配置 NVIC 为优先级组 1 */
8    NVIC_PriorityGroupConfig(NVIC_PriorityGroup_1);
9
10   /* 配置中断源:按键 1 */
11   NVIC_InitStructure.NVIC_IRQChannel = KEY1_INT_EXTI_IRQ;
12   /* 配置抢占优先级 */
13   NVIC_InitStructure.NVIC_IRQChannelPreemptionPriority = 1;
14   /* 配置子优先级 */
15   NVIC_InitStructure.NVIC_IRQChannelSubPriority = 1;
16   /* 使能中断通道 */
17   NVIC_InitStructure.NVIC_IRQChannelCmd = ENABLE;
18   NVIC_Init(&NVIC_InitStructure);
19
20   /* 配置中断源:按键 2,其他使用上面相关配置 */
21   NVIC_InitStructure.NVIC_IRQChannel = KEY2_INT_EXTI_IRQ;
22   NVIC_Init(&NVIC_InitStructure);
23   }
24
25   /** 配置 IO 为 EXTI 中断口,并设置中断优先级 */
26   void EXTI_Key_Config(void)
27   {
28   GPIO_InitTypeDef GPIO_InitStructure;
29   EXTI_InitTypeDef EXTI_InitStructure;
30
31   /* 开启按键 GPIO 口的时钟 */
32   RCC_APB2PeriphClockCmd(KEY1_INT_GPIO_CLK,ENABLE);
33
34   /* 配置 NVIC 中断 */
35   NVIC_Configuration();
36
37   /* ----------------------- KEY1 配置 ----------------------- */
38   /* 选择按键用到的 GPIO */
39   GPIO_InitStructure.GPIO_Pin = KEY1_INT_GPIO_PIN;
40   /* 配置为浮空输入 */
41   GPIO_InitStructure.GPIO_Mode = GPIO_Mode_IN_FLOATING;
42   GPIO_Init(KEY1_INT_GPIO_PORT, &GPIO_InitStructure);
43
44   /* 选择 EXTI 的信号源 */
45   GPIO_EXTILineConfig(KEY1_INT_EXTI_PORTSOURCE, KEY1_INT_EXTI_PINSOURCE);
46   EXTI_InitStructure.EXTI_Line = KEY1_INT_EXTI_LINE;
47
48   /* EXTI 为中断模式 */
49   EXTI_InitStructure.EXTI_Mode = EXTI_Mode_Interrupt;
50   /* 上升沿中断 */
51   EXTI_InitStructure.EXTI_Trigger = EXTI_Trigger_Rising;
52   /* 使能中断 */
53   EXTI_InitStructure.EXTI_LineCmd = ENABLE;
54   EXTI_Init(&EXTI_InitStructure);
55
56   /* ----------------------- KEY2 配置 ----------------------- */
57   /* 选择按键用到的 GPIO */
58   GPIO_InitStructure.GPIO_Pin = KEY2_INT_GPIO_PIN;
59   /* 配置为浮空输入 */
60   GPIO_InitStructure.GPIO_Mode = GPIO_Mode_IN_FLOATING;
61   GPIO_Init(KEY2_INT_GPIO_PORT, &GPIO_InitStructure);
62
63   /* 选择 EXTI 的信号源 */
```

```
64    GPIO_EXTILineConfig(KEY2_INT_EXTI_PORTSOURCE, KEY2_INT_EXTI_PINSOURCE);
65    EXTI_InitStructure.EXTI_Line = KEY2_INT_EXTI_LINE;
66
67    /* EXTI 为中断模式 */
68    EXTI_InitStructure.EXTI_Mode = EXTI_Mode_Interrupt;
69    /* 下降沿中断 */
70    EXTI_InitStructure.EXTI_Trigger = EXTI_Trigger_Falling;
71    /* 使能中断 */
72    EXTI_InitStructure.EXTI_LineCmd = ENABLE;
73    EXTI_Init(&EXTI_InitStructure);
74    }
```

函数 EXTI_Key_Config(void)首先开启按键 GPIO 口的时钟,配置 NVIC 中断,接着配置按键 1。在配置按键 1 时,先选择按键用到的 GPIO 并配置为浮空输入,选择 EXTI 的信号源并配置为中断模式,配置为上升沿中断触发,使能中断,最后初始化外部中断。外部中断按键 2 的配置与按键 1 类似。

在头文件"bsp_exti.h"中声明定义了按键端口、引脚号、端口时钟、外部中断源端口、源端口引脚号、对应的外部中断线、外部中断号及其外部中断服务函数,最后声明了函数 EXTI_Key_Config(void),见代码清单 7.18。

代码清单 7.18　bsp_exti.h 程序代码

```
 1    #ifndef __EXTI_H
 2    #define __EXTI_H
 3    #include "stm32f10x.h"
 4
 5    //引脚定义
 6    #define KEY1_INT_GPIO_PORT          GPIOA
 7    #define KEY1_INT_GPIO_CLK           (RCC_APB2Periph_GPIOA|RCC_APB2Periph_AFIO)
 8    #define KEY1_INT_GPIO_PIN           GPIO_Pin_0
 9    #define KEY1_INT_EXTI_PORTSOURCE    GPIO_PortSourceGPIOA
10    #define KEY1_INT_EXTI_PINSOURCE     GPIO_PinSource0
11    #define KEY1_INT_EXTI_LINE          EXTI_Line0
12    #define KEY1_INT_EXTI_IRQ           EXTI0_IRQn
13
14    #define KEY1_IRQHandler             EXTI0_IRQHandler
15
16    #define KEY2_INT_GPIO_PORT          GPIOC
17    #define KEY2_INT_GPIO_CLK           (RCC_APB2Periph_GPIOC|RCC_APB2Periph_AFIO)
18    #define KEY2_INT_GPIO_PIN           GPIO_Pin_13
19    #define KEY2_INT_EXTI_PORTSOURCE    GPIO_PortSourceGPIOC
20    #define KEY2_INT_EXTI_PINSOURCE     GPIO_PinSource13
21    #define KEY2_INT_EXTI_LINE          EXTI_Line13
22    #define KEY2_INT_EXTI_IRQ           EXTI15_10_IRQn
23
24    #define KEY2_IRQHandler             EXTI15_10_IRQHandler
25
26    void EXTI_Key_Config(void);
27
28    #endif /* __EXTI_H */
```

7.4.4　stm32f10x_it.c/h 程序

在文件"stm32f10x_it.c"中,添加中断服务函数 KEY1_IRQHandler(void)与 KEY2_

IRQHandler(void)。这两个函数均是在检测到中断触发后，点亮一只 LED 灯，熄灭一只 LED 灯。函数 KEY1_IRQHandler(void) 的程序代码见代码清单 7.19。

代码清单 7.19　KEY1_IRQHandler(void) 程序代码

```
1   void KEY1_IRQHandler(void)
2   {
3       //确保是否产生了 EXTI Line 中断
4       if(EXTI_GetITStatus(KEY1_INT_EXTI_LINE) != RESET)
5       {
6           LED1(ON);
7           LED3(OFF);
8           //清除中断标志位
9           EXTI_ClearITPendingBit(KEY1_INT_EXTI_LINE);
10      }
11  }
```

7.4.5　程序下载验证

把编译好的程序下载到开发板，按下按键可以控制 LED 灯亮灭状态，如图 7.8 所示。

图 7.8　中断触发

第8章

复位和时钟控制器与STM32时钟系统

复位和时钟控制器(RCC)是微控制器中的一个重要模块,主要负责管理芯片的时钟和复位功能。STM32 时钟树是 STM32 微控制器芯片上的时钟分配和控制结构,它负责管理和分配各种时钟信号,确保不同的系统模块都能获得适当的时钟频率以支持它们的正常运行。本章将详细介绍 RCC 与 STM32 时钟树,然后通过使用高速外部时钟信号与高速内部时钟信号进行时钟配置,并通过 LED 灯或示波器呈现出来。

8.1 复位

STM32F10xxx 支持三种复位形式,分别为系统复位、电源复位和备份区域复位。

1. 系统复位

除了时钟控制器的 RCC_CSR 寄存器中的复位标志位和备份区域中的寄存器,系统复位将复位所有寄存器至它们的复位状态。当发生以下任一事件时,产生一个系统复位:

(1) NRST 引脚上的低电平(外部复位);

(2) 窗口看门狗计数终止(WWDG 复位);

(3) 独立看门狗计数终止(IWDG 复位);

(4) 软件复位(SW 复位);

(5) 低功耗管理复位。

其中,软件复位是通过将 Cortex-M3 中断应用和复位控制寄存器中的 SYSRESETREQ 置 1 得以实现;低功耗管理复位是指在进入待机模式时产生低功耗管理复位与在进入停止模式时产生低功耗管理复位。

2. 电源复位

当上电/掉电复位或者从待机模式中返回时,将产生电源复位。电源复位将复位除了备份区域外的所有寄存器。

3. 备份区域复位

备份区域拥有两个专门的复位,它们只影响备份区域。在软件复位时,设置备份域控制寄存器(RCC_BDCR)中的 BDRST 位产生;或者在 VDD 和 VBAT 两者掉电的前提下,VDD 或 VBAT 上电将引发备份区域复位。

8.2 时钟

8.2.1 时钟树

TM32 时钟系统分为系统级和外设级。系统级的时钟服务于整个系统,具有全局性,其状态关系其他外设能否正常工作。外设级时钟的设计是为了降低功耗。因为每个外设都有独立的时钟开关,可通过它将片上不需要的外设关闭来达到节能的目的。全局性时钟和独立的外设时钟一起构成了 STM32 片上系统的时钟树,如图 8.1 所示。

分析图 8.1 可以发现,时钟树的整体框架可以分为以下五部分(图 8.2)。

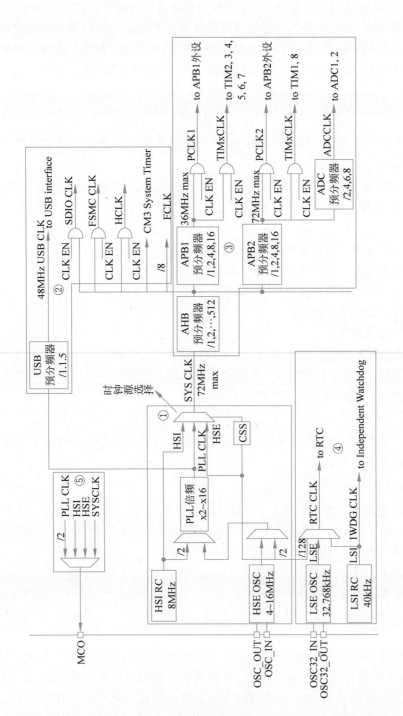

图 8.1 时钟树

（1）系统时钟（SYSCLK）：可以通过高速外部时钟信号（HSE）、高速内部时钟信号（HSI）和 PLL 时钟来驱动 SYSCLK，它是整个片上系统除去 RTC 和看门狗的所有其他外设的时钟源。

（2）特殊外设时钟：其可分为两部分，一部分是为整个系统正常工作服务的外设时钟（全局性外设，如 HCLK、FCLK、SYSTick 等），另一部分是扩展的高速总线时钟（如 USB、SDIO、FSMC 总线等）。

（3）一般外设时钟：通用外设（如 DMA、USART 等）所具有的时钟。

（4）二级时钟：为实时时钟（RTC）和看门狗提供工作频率，其作用侧重于在节能模式下保存关键信息和唤醒系统。

（5）片内时钟输出（MCO）：当该控制器作为时钟源为其他板卡提供时钟驱动时，可以通过软件设置将内部的 SYSTick、PLLCK、HSE、HSI 时钟通过 GPIO 引脚输出。

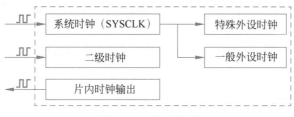

图 8.2　时钟树框架

8.2.2　时钟树的二级框架

在图 8.1 和图 8.2 所示总体框架的基础上，可以看出各个模块的具体组成以及它们之间的相互关系。

1. 系统时钟

系统时钟来源可以是高速外部时钟信号、高速内部时钟信号、锁相环时钟信号，具体的时钟配置通过寄存器 CFGR 的位 1～0:SW[1:0]设置。

1）高速外部时钟信号

高速外部时钟信号由有源晶振或者无源晶振提供，频率为 4～16MHz。当使用有源晶振时，时钟从 OSC_IN 引脚进入，OSC_OUT 引脚悬空；当使用无源晶振时，时钟从 OSC_IN 和 OSC_OUT 进入，并且要配谐振电容。HSE 最常使用的是 8Hz 的无源晶振。当确定 PLL 时钟来源时，HSE 可以不分频或者 2 分频，由时钟配置寄存器 CFGR 的位 17:PLLXTPRE 设置。

2）高速内部时钟信号

高速内部时钟信号由芯片内部的 8MHzRC 振荡器产生，可直接作为系统时钟输出。如果 PLL 的时钟来源是 HSE，那么当 HSE 出现故障时，不仅 HSE 不能使用，连 PLL 也会被关闭，这时系统会自动切换 HSI 作为系统时钟，此时 SYSCLK＝HSI＝8MHz。

3）锁相环时钟信号

当 HSI 或 HSE 频率直接输出不能满足应用需要时，须将它们作为 PLL 的输入，进行倍频或分频来获得需要的时钟频率,这种方式相对于直接频率输出的方式,称为间接频率输出。

4)时钟安全系统

时钟安全系统(CCS)是整个系统时钟安全的一个保障。当系统使用HSE作为时钟源时(直接或间接),如果HSE时钟发生故障将导致系统时钟自动切换到HSI,同时关闭HSE(间接方式下,PLL也将会被关闭)。具体的过程如《STM32F10xxx参考手册》中描述:如果HSE时钟发生故障,HSE振荡器被自动关闭,时钟失效事件将被送到高级定时器(TIM1和TIM8)的刹车输入端,并产生时钟安全中断(CSSI),允许软件完成营救操作。此CSSI连接到CM3的NMI(不可屏蔽中断)。此时一旦CSS被激活,NMI将被不断执行,直到CSS中断挂起位被清除为止。因此,在NMI的处理程序中必须通过设置时钟中断寄存器(RCC_CIR)中的CSSC位来清除CSS中断。

2. 其他时钟

1)全局性外设时钟

全局性外设时钟为整个系统的正常工作服务的外设时钟。

(1)高速时钟(HCLK):系统时钟(SYSCLK)经过AHB预分频器分频之后得到的时钟称为APB总线时钟,即HCLK,分频因子可以是[1,2,4,8,16,64,128,256,512],具体由时钟配置寄存器CFGR的位7～4:HPRE[3:0]设置,提供给存储器、DMA等高速外设。

(2)内核的自由运行时钟(FCLK):它是STM32微控制器的内核自由运行时钟,为CPU内核提供时钟信号。"自由"表现在它不受HCLK的影响,在HCLK停止时也会继续运行。它的存在可以保证在处理器休眠时也能采样到中断和跟踪休眠事件,并且与HCLK同步。

(3)系统定时器(SYS Ticker):其实质就是一个硬件定时器,由它来产生软件系统所需要的"滴答"中断,作为整个系统的时基,方便操作系统以此进行时间片管理,满足多任务的同时运行。它通常使用HCLK/8作为运行时钟。

2)扩展存储设备的高速总线时钟

(1)安全数字输入与输出时钟(SDIOCLK):为扩展SDIO装置而设计的总线协议标准,挂接在其上的外设所需要的时钟为SDIOCLK。

(2)柔性静态存储控制器时钟(FSMCCLK):STM32等微控制器中用于驱动FSMC的时钟信号,同步FSMC与外部存储器之间的数据传输。

3)一般外设时钟

具体外设本身所需要的时钟,这些外设数量众多,工作速度有快有慢,所以可以再分支出两类速率的总线时钟,即APB1时钟和APB2时钟。

4)二级时钟

它为实时时钟和看门狗提供工作频率,包括:

(1)低速外部时钟(LSE):以外部晶振32.768kHz作为时钟源,主要为RTC提供工作频率。

（2）低速内部时钟（LSI）：由内部 40kHz 的 RC 振荡器产生的一个低功耗时钟源,可以在停机和待机模式下保持运行,为独立看门狗和自动唤醒单元提供时钟。

5）微控制器时钟输出（MCO）

在 STM32F1 系列中由 PA8 复用所得,主要作用是对外提供时钟,相当于有源晶振。MCO 的时钟来源可以是 PLLCLK/2、HSI、HSE、SYSCLK,具体选哪个时钟由时钟配置寄存器 CFGR 的位 26～24：MCO[2:0]决定。除了对外提供时钟作用,还可以通过示波器监控 MCO 引脚的时钟输出来验证系统时钟配置是否正确。

8.2.3 设置系统时钟库函数

在对时钟树有了一定的了解之后,可以通过程序设置系统时钟。该函数代码在文件 system_stm32f10x.c 中,具体见代码清单 8.1。

代码清单 8.1 设置系统时钟库函数

```
1   static void SetSysClockTo72(void)
2   {
3     __IO uint32_t StartUpCounter = 0, HSEStatus = 0;
4     RCC -> CR |= ((uint32_t)RCC_CR_HSEON); // 使能 HSE,并等待 HSE 稳定
5     /* 等待 HSE 启动稳定,并做超时处理 */
6     do
7     {
8       HSEStatus = RCC -> CR & RCC_CR_HSERDY;
9       StartUpCounter++;
10    } while((HSEStatus == 0) && (StartUpCounter != HSE_STARTUP_TIMEOUT));
11
12    if ((RCC -> CR & RCC_CR_HSERDY) != RESET)
13    {
14      HSEStatus = (uint32_t)0x01;
15    }
16    else
17    {
18      HSEStatus = (uint32_t)0x00;
19    }
20    /* HSE 启动成功,则继续往下处理 */
21    if (HSEStatus == (uint32_t)0x01)
22    {
23      /* 使能 Flash 预存取缓冲区 */
24      FLASH -> ACR |= FLASH_ACR_PRFTBE;
25
26      /* SYSCLK 周期与闪存访问时间的比例设置,这里统一设置成 2
27         设置成 2 时,SYSCLK 低于 48MHz 也可以工作,设置成 0 或 1 时,
28         如果配置的 SYSCLK 超出了范围,则会进入硬件错误,程序就死了
29         0:0 < SYSCLK <= 24M
30         1:24 < SYSCLK <= 48M
31         2:48 < SYSCLK <= 72M */
32      FLASH -> ACR &= (uint32_t)((uint32_t)~FLASH_ACR_LATENCY);
33      FLASH -> ACR |= (uint32_t)FLASH_ACR_LATENCY_2;
34    /* 设置 AHB、APB2、APB1 预分频因子 */
35    /* HCLK = SYSCLK */
36    RCC -> CFGR |= (uint32_t)RCC_CFGR_HPRE_DIV1;
37
38      /* PCLK2 = HCLK */
```

```
39        RCC -> CFGR |= (uint32_t)RCC_CFGR_PPRE2_DIV1;
40
41        /* PCLK1 = HCLK */
42        RCC -> CFGR |= (uint32_t)RCC_CFGR_PPRE1_DIV2;
43
44        /* 设置 PLL 时钟来源,设置 PLL 倍频因子,PLLCLK = HSE * 9 = 72 MHz */
45        RCC -> CFGR &= (uint32_t)((uint32_t)~(RCC_CFGR_PLLSRC | RCC_CFGR_PLLXTPRE |
46                                              RCC_CFGR_PLLMULL));
47        RCC -> CFGR |= (uint32_t)(RCC_CFGR_PLLSRC_HSE | RCC_CFGR_PLLMULL9);
48
49        /* 使能 PLL */
50        RCC -> CR |= RCC_CR_PLLON;
51
52        /* 等待 PLL 稳定 */
53        while((RCC -> CR & RCC_CR_PLLRDY) == 0)
54        {
55        }
56        /* 选择 PLL 作为系统时钟来源 */
57        RCC -> CFGR &= (uint32_t)((uint32_t)~(RCC_CFGR_SW));
58        RCC -> CFGR |= (uint32_t)RCC_CFGR_SW_PLL;
59
60        /* 读取时钟切换状态位,确保 PLLCLK 被选为系统时钟 */
61        while ((RCC -> CFGR & (uint32_t)RCC_CFGR_SWS) != (uint32_t)0x08)
62        {
63        }
64    }
65    else
66    { /* 如果 HSE 启动失败,用户可以在这里添加错误代码出来 */
67    }
68 }
```

静态函数 SetSysClockTo72 用于设置系统时钟为 72MHz。函数中定义了两个变量:StartUpCounter,用于计数 HSE 时钟的启动时间;HSEStatus,用于存储 HSE 的状态。通过设置 RCC 寄存器的 CR(Clock Register)的 HSEON 位来启动 HSE 时钟,使用 do-while 循环等待 HSE 就绪,若 HSE 在 HSE_STARTUP_TIMEOUT 时间内没有就绪,则退出循环。通过检查 RCC 的 CR 寄存器的 HSERDY 位来确定 HSE 是否就绪。配置 Flash 预取并设置 Flash 的延迟,以匹配更高的时钟频率。设置 HCLK(AHB 时钟)、PCLK2(APB2 时钟)和 PCLK1(APB1 时钟)的分频比。清除 PLL 的配置位并设置 PLL 的源为 HSE 且乘法因子为 9,从而得到 72MHz 的 PLL 时钟。启用 PLL 并等待其就绪。将 PLL 设置为系统时钟源并等待其生效。如果 HSE 未能成功启动,代码会到达一个空的 else 块,此处可以添加错误处理代码。

8.3 配置系统时钟实验

8.3.1 工程文件逻辑结构

建立工程,同时建立外设驱动文件夹及文件,如图 8.3 所示。三个驱动文件夹中分别包含了"bsp_clkconfig. c"、"bsp_clkconfig. h"、"bsp_led. c"、"bsp_led. h"、"bsp_mcooutput. c"和"bsp_mcooutput. h"文件。文件"bsp_clkconfig. c"和"bsp_clkconfig. h"

是时钟配置文件，"bsp_mcooutput.c"和"bsp_mcooutput.h"是时钟输出文件。

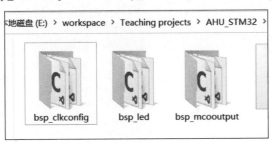

图 8.3　驱动文件夹

程序来到 main 函数之前，启动文件 statup_stm32f10x_hd.s 已经调用。SystemInit()函数把系统时钟初始化成 72MHz。SystemInit()函数在 system_ stm32f10x.c 中定义。用户可自行编写程序修改系统时钟。若重新设置系统时钟，可以选择使用 HSE 或 HSI：使用 HSE 时，SYSCLK＝8M * RCC_ PLLMul_x，x：[2,3,…,16]，最高速率是 128MHz，HSE_SetSysClock(RCC_PLLMul_9)；使用 HSI 时，SYSCLK＝4M * RCC_ PLLMul_x，x：[2,3,…,16]，最高速率是 64MHz，HSI_ SetSysClock (RCC_PLLMul_16)。

设置 MCO 引脚输出时钟，用示波器即可在 PA8 测量到输出的时钟信号，可以把 PLLCLK/2 作为 MCO 引脚的时钟来检测系统时钟是否配置准确。MCO 引脚输出可以是 HSE、HIS、PLLCLK/2、SYSCLK，通过函数"RCC_MCO Config(RCC_MCO_HSE)"、"RCC_MCOConfig(RCC_MCO_HSI)"和"RCC_ MCOConfig(RCC_MCO_PLLCLK_Div2)"实现。

函数"HSE_SetSysClock(RCC_PLLMul_9)"、"HSI_SetSysClock(RCC_ PLLMul_16)"、"RCC_MCOConfig(RCC_MCO_HSE)"、"RCC_MCOConfig (RCC_MCO_HSI)"和"RCC_MCOConfig(RCC_MCO_PLLCLK_Div2)"等都在文件"bsp_clkconfig.c"和"bsp_mcooutput.c"中。工程文件之间的逻辑关系如图 8.4 所示。

配置系统时钟可以通过 HSE 或者 HSI。

1. 使用 HSE 配置系统时钟

可以通过有源或无源晶振提供高频时钟信号，其频率通常为 4～16MHz。如果选择使用有源晶振，时钟信号就会通过 OSC_IN 引脚输入，OSC_OUT 引脚悬空。如果选择使用无源晶振，时钟信号就会同时通过 OSC_IN 和 OSC_OUT 引脚输入，并需要配合谐振电容。

具体配置过程：在系统启动或重新配置时，首先需要复位系统时钟，这通常通过调用固件库中的 RCC_DeInit()函数来完成；接着使用固件库中的 RCC_HSEConfig()函数来使能 HSE，如 RCC_HSEConfig(RCC_HSE_ON)将 HSE 开启。HSE 起振需要时间达到稳定状态，因此需要调用 RCC_WaitForHSEStartUp()函数来等待 HSE 稳定。该函数会返回一个变量（如 ErrorStatus）来表示 HSE 的状态。在 HSE 稳定后，需要设置相关的总线时钟，包括 HCLK(AHB 总线时钟)、PCLK1(APB1 总线时钟)和 PCLK2(APB2 总线时钟)。这些设置通常通过调用函数 RCC_HCLKConfig()、RCC_PCLK1Config()和

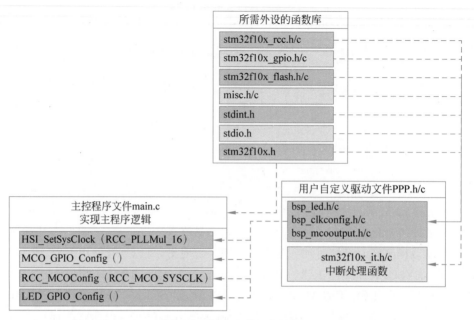

图 8.4　工程文件逻辑结构

RCC_PCLK2Config()等来完成。PLL 倍频输出,其时钟输入源可以选择 HSE。在 HSE 稳定后,需要配置 PLL 的时钟来源和倍频因子,这通过 RCC_PLLConfig()函数完成,指定 HSE 作为 PLL 的时钟源,并设置适当的倍频因子。配置完 PLL 后,需要使能 PLL 并等待其稳定,一旦 PLL 稳定,就可以选择 PLL 作为系统时钟源。

2. 使用 HIS 配置系统时钟

STM32 系列微控制器中的 HSI 通常有一个固定的频率(如 STM32F103 系列的 HSI 固定频率为 8MHz)。HSI 不受外部晶振的影响,因此具有较高的稳定性和可靠性。

配置过程:在系统启动或重新配置时,首先需要复位系统时钟,通过调用固件库中的 RCC_DeInit()函数来完成。使用固件库中的 RCC_HSIConfig()函数来使能 HSI。例如,RCC_HSIConfig(RCC_HSI_ON)将 HSI 开启。由于 HSI 是内部时钟,通常不需要等待其稳定,但如果需要确保 HSI 已经准备好,可以查询相应的状态位。设置 AHB 总线时钟(HCLK)、APB1 和 APB2 总线时钟(PCLK1 和 PCLK2),通过调用相应的函数如 RCC_HCLKConfig()、RCC_PCLK1Config()和 RCC_PCLK2Config()来完成。如果目标系统时钟频率高于 HSI 的频率,就需要使用 PLL 进行倍频。此时,将 HSI 作为 PLL 的输入时钟源,并配置 PLL 的倍频因子,这通过 RCC_PLLConfig()函数完成,指定 HSI 作为 PLL 的时钟源,并设置适当的倍频因子。如果配置了 PLL,就需要使能 PLL 并等待其稳定。一旦 PLL 稳定,就可以选择 PLL 作为系统时钟源。通过调用 RCC_SYSCLKConfig()函数来选择 HSI 或 PLL 作为系统时钟源。

8.3.2　硬件电路设计

复位与时钟电路是单片机内部资源,可以通过 LED 灯的闪烁频率来观察不同的系统时钟频率对软件延时的效果。

8.3.3 程序编写

在已有的 bsp_led. c 与 bsp_led. h 的基础上再创建 4 个文件 bsp_clkconfig. c、bsp_clkconfig. h、bsp_mcooutput. c 和 bsp_mcooutput. h,用来存放时钟配置与时钟输出程序及相关宏定义。文件 bsp_led. c 与 bsp_led. h 不再赘述。

编程要点如下:

(1) 开启 HSE/HSI,并等待 HSE/HSI 稳定;

(2) 设置 AHB、APB2、APB1 的预分频因子;

(3) 设置 PLL 的时钟来源和 PLL 的倍频因子,各种频率主要在这里设置;

(4) 开启 PLL,并等待 PLL 稳定;

(5) 把 PLLCK 切换为 SYSCLK;

(6) 读取时钟切换状态位,确保 PLLCLK 被选为系统时钟。

1. 主函数

主函数首先选择 HSE 或者 HIS 对系统时钟进行配置,然后对时钟输出引脚进行初始化,接着对时钟输出进行配置实现时钟输出,最后通过 LED 灯的闪烁观察不同的时钟源配置的系统时钟对软件延时函数的影响。其具体见代码清单 8.2。

代码清单 8.2　主函数

```
 1   /*
 2    * 配置 MCO 引脚:PA8 对外提供时钟,最高频率不能超过 IO 口的翻转频率 50MHz
 3    * MCO 时钟来源可以是:PLLCLK/2 ,HSI,HSE,SYSCLK
 4    */
 5   # include "stm32f10x. h"
 6   # include "bsp_led. h"
 7   # include "bsp_clkconfig. h"
 8   # include "bsp_mcooutput. h"
 9   // 软件延时函数,使用不同的系统时钟,延时不一样
10   void Delay(__IO u32 nCount);
11   /**
12    * 主函数
13    */
14   int main(void)
15   {
16       // 重新设置系统时钟,可以选择使用 HSE 还是 HSI
17       //使用 HSE 时,SYSCLK = 8M * RCC_PLLMul_x, x:[2,3,...,16],最高是 128MHz
18       //HSE_SetSysClock(RCC_PLLMul_9);    注释了 HSE
19       //使用 HSI 时,SYSCLK = 4M * RCC_PLLMul_x, x:[2,3,...,16],最高是 64MHz
20       HSI_SetSysClock(RCC_PLLMul_16);     //选择了 HSI
21       // MCO 引脚初始化
22       MCO_GPIO_Config();
23
24       // 设置 MCO 引脚输出时钟,用示波器即可在 PA8 测量到输出的时钟信号,
25       // 可以将 PLLCLK/2 作为 MCO 引脚的时钟以检测系统时钟是否配置准确
26       // MCO 引脚输出可以是 HSE,HSI,PLLCLK/2,SYSCLK
27       //RCC_MCOConfig(RCC_MCO_HSE);
28       //RCC_MCOConfig(RCC_MCO_HSI);
```

```
29        //RCC_MCOConfig(RCC_MCO_PLLCLK_Div2);
30        RCC_MCOConfig(RCC_MCO_SYSCLK);
31
32        // LED 端口初始化
33        LED_GPIO_Config();
34        while (1)
35        {
36          LED1( ON );                        // 亮
37          Delay(0x0FFFFF);
38          LED1( OFF );                       // 灭
39          Delay(0x0FFFFF);
40        }
41    }
42    // 软件延时函数,使用不同的系统时钟,延时不一样
43    void Delay(__IO uint32_t nCount)
44    {
45        for(; nCount != 0; nCount -- );
46    }
```

在代码清单 8.2 中的系统时钟配置时,代码中注释了使用 HSE 作为系统时钟的配置(第 18 行),选择了 HSI 作为系统时钟,并配置了 PLL 的倍频因子为 16(第 20 行),使 SYSCLK 达到 64MHz(因为 HSI 是 4MHz,乘以 16 等于 64MHz)。MCO 引脚被配置为输出 SYSCLK(第 30 行)。这意味着,如果用示波器连接到 MCO 引脚(通常是 PA8),就可以看到 64MHz 的时钟信号。在对 LED 端口被初始化(第 33 行)后,通过一个无限循环实现 LED1 灯亮(第 36 行)灭(第 38 行),LED 的每次状态改变之间都有一个延时(第 37 行和第 39 行)。最后是一个延时子函数。

函数"HSI_SetSysClock(RCC_PLLMul_16)"在文件"bsp_clkconfig. c"中,函数 "MCO_GPIO_Config()"与"RCC_MCOConfig(RCC_MCO_SYSCLK)"在文件"bsp_mcooutput. c"中。

2. 文件 bsp_clkconfig. c 与 bsp_clkconfig. h

文件 bsp_clkconfig. c 中只有函数"HSE_SetSysClock(uint32_t pllmul)"和"HSI_SetSysClock(uint32_t pllmul)",文件 bsp_clkconfig. h 只是对这两个函数的声明。

1) 函数 HSE_SetSysClock(uint32_t pllmul)

使用 HSE 设置系统时钟见代码清单 8.3。其具体步骤如下:

(1) 开启 HSE,并等待 HSE 稳定;

(2) 设置 AHB、APB2、APB1 的预分频因子;

(3) 设置 PLL 的时钟来源和 PLL 的倍频因子,各种频率主要就是在这里设置;

(4) 开启 PLL,并等待 PLL 稳定;

(5) 把 PLLCK 切换为 SYSCLK;

(6) 读取时钟切换状态位,确保 PLLCLK 被选为系统时钟。

代码清单 8.3   函数 HSE_SetSysClock(uint32_t pllmul)

```
1    # include "bsp_clkconfig.h"
2    # include "stm32f10x_rcc.h"
3    /* 设置系统时钟:SYSCLK, AHB 总线时钟:HCLK, APB2 总线时钟:PCLK2, APB1 总线时钟:PCLK1
```

```
4      *  PCLK2 = HCLK = SYSCLK
5      *  PCLK1 = HCLK/2,最高只能是 36MHz
6      *  参数说明:pllmul 是 PLL 的倍频因子,在调用时可以是:RCC_PLLMul_x , x:[2,3,...,16]
7      *  HSE 作为时钟来源,经过 PLL 倍频作为系统时钟
8      */
9    void HSE_SetSysClock(uint32_t pllmul)
10   {
11       __IO uint32_t StartUpCounter = 0, HSEStartUpStatus = 0;
12
13       // 把 RCC 外设初始化成复位状态,这句是必需的
14       RCC_DeInit();
15
16       //使能 HSE,开启外部晶振,野火开发板用的是 8MHz
17       RCC_HSEConfig(RCC_HSE_ON);
18
19       // 等待 HSE 启动稳定
20       HSEStartUpStatus = RCC_WaitForHSEStartUp();
21
22       // 只有 HSE 稳定之后才继续往下执行
23       if (HSEStartUpStatus == SUCCESS)
24       {
25   //------------------------------------------------------------//
26       // 使能 Flash 预存取缓冲区
27       FLASH_PrefetchBufferCmd(FLASH_PrefetchBuffer_Enable);
28
29       // SYSCLK 周期与闪存访问时间的比例设置,这里统一设置成2
30          // 设置成 2 时,SYSCLK 低于 48MHz 也可以工作;设置成 0 或者 1 时,
31          // 如果配置的 SYSCLK 超出了范围,则会进入硬件错误,程序就死了
32          // 0:0 < SYSCLK <= 24M
33          // 1:24 < SYSCLK <= 48M
34          // 2:48 < SYSCLK <= 72M
35       FLASH_SetLatency(FLASH_Latency_2);
36   //------------------------------------------------------------//
37
38       // AHB 预分频因子设置为 1 分频,HCLK = SYSCLK
39       RCC_HCLKConfig(RCC_SYSCLK_Div1);
40
41       // APB2 预分频因子设置为 1 分频,PCLK2 = HCLK
42       RCC_PCLK2Config(RCC_HCLK_Div1);
43
44       // APB1 预分频因子设置为 1 分频,PCLK1 = HCLK/2
45       RCC_PCLK1Config(RCC_HCLK_Div2);
46
47   //----------------- 各种频率主要就是在这里设置 --------------------//
48       // 设置 PLL 时钟来源为 HSE,设置 PLL 倍频因子
49          // PLLCLK = 8MHz * pllmul
50          RCC_PLLConfig(RCC_PLLSource_HSE_Div1, pllmul);
51   //------------------------------------------------------------//
52
53       // 开启 PLL
54       RCC_PLLCmd(ENABLE);
55
56       // 等待 PLL 稳定
57       while (RCC_GetFlagStatus(RCC_FLAG_PLLRDY) == RESET)
58       {
59       }
60
```

```
61        // 当 PLL 稳定之后,把 PLL 时钟切换为系统时钟 SYSCLK
62        RCC_SYSCLKConfig(RCC_SYSCLKSource_PLLCLK);
63
64        // 读取时钟切换状态位,确保 PLLCLK 被选为系统时钟
65        while (RCC_GetSYSCLKSource() != 0x08)
66        {
67        }
68    }
69    else
70    {// 如果 HSE 开启失败,程序就会来到这里,用户可在这里添加出错的代码处理
71        // 当 HSE 开启失败或者故障时,单片机会自动把 HSI 设置为系统时钟,
72        // HSI 是内部的高速时钟,8MHz
73        while (1)
74        {
75        }
76    }
77 }
```

代码清单 8.3 使用了 HSE 作为 PLL 的输入源,并设置了 PLL 的倍频因子,以最终得到所需的 SYSCLK。函数"RCC_DeInit()"将 RCC 外设复位到默认状态,通过调用函数"RCC_HSEConfig(RCC_HSE_ON)"开启 HSE,再等待 HSE 启动稳定,并检查其状态;启用 Flash 预存取缓冲区以加快 Flash 的读取速度;设置 Flash 的延迟周期,以适应更高的 CPU 频率。AHB、APB2 和 APB1 的分频因子设置为不同的值,以得到所需的 HCLK、PCLK2 和 PCLK1 时钟频率。设置 PLL 的输入源为 HSE,并设置 PLL 的倍频因子。启用 PLL 并等待其稳定。当 PLL 稳定后,将 PLL 时钟切换为 SYSCLK。读取时钟切换状态位,确保 PLLCLK 被选为系统时钟。如果 HSE 启动失败,则进入一个无限循环。

2) 函数 HSI_SetSysClock(uint32_t pllmul)

使用 HSI 设置系统时钟见代码清单 8.4。其具体步骤如下:

(1) 开启 HSI,并等待 HSI 稳定;

(2) 设置 AHB、APB2、APB1 的预分频因子;

(3) 设置 PLL 的时钟来源和 PLL 的倍频因子,各种频率主要在这里设置;

(4) 开启 PLL,并等待 PLL 稳定;

(5) 把 PLLCK 切换为 SYSCLK;

(6) 读取时钟切换状态位,确保 PLLCLK 被选为系统时钟。

代码清单 8.4   函数 HSI_SetSysClock(uint32_t pllmul)

```
78    void HSI_SetSysClock(uint32_t pllmul)
79    {
80        __IO uint32_t HSIStartUpStatus = 0;
81
82        // 把 RCC 外设初始化成复位状态,这句是必需的
83        RCC_DeInit();
84
85        //使能 HSI
86        RCC_HSICmd(ENABLE);
87
```

```
88      // 等待 HSI 就绪
89      HSIStartUpStatus = RCC -> CR & RCC_CR_HSIRDY;
90
91      // 只有 HSI 就绪之后才继续往下执行
92      if (HSIStartUpStatus == RCC_CR_HSIRDY)
93      {
94  // -------------------------------------------------------------- //
95      // 使能 Flash 预存取缓冲区
96      FLASH_PrefetchBufferCmd(FLASH_PrefetchBuffer_Enable);
97
98      // SYSCLK 周期与闪存访问时间的比例设置,这里统一设置成 2
99      // 设置成 2 时,SYSCLK 低于 48MHz 也可以工作; 设置成 0 或者 1 时,
100     // 如果配置的 SYSCLK 超出了范围,则会进入硬件错误,程序就死了
101     // 0:0 < SYSCLK <= 24M
102     // 1:24 < SYSCLK <= 48M
103     // 2:48 < SYSCLK <= 72M
104     FLASH_SetLatency(FLASH_Latency_2);
105 // -------------------------------------------------------------- //
106
107     // AHB 预分频因子设置为 1 分频,HCLK = SYSCLK
108     RCC_HCLKConfig(RCC_SYSCLK_Div1);
109
110     // APB2 预分频因子设置为 1 分频,PCLK2 = HCLK
111     RCC_PCLK2Config(RCC_HCLK_Div1);
112
113     // APB1 预分频因子设置为 1 分频,PCLK1 = HCLK/2
114     RCC_PCLK1Config(RCC_HCLK_Div2);
115
116 // ---------------- 设置各种频率主要就是在这里设置 ------------------ //
117     // 设置 PLL 时钟来源为 HSE,设置 PLL 倍频因子
118     // PLLCLK = 4MHz * pllmul
119     RCC_PLLConfig(RCC_PLLSource_HSI_Div2, pllmul);
120 // -------------------------------------------------------------- //
121
122     // 开启 PLL
123     RCC_PLLCmd(ENABLE);
124
125     // 等待 PLL 稳定
126     while (RCC_GetFlagStatus(RCC_FLAG_PLLRDY) == RESET)
127     { }
128
129     // 当 PLL 稳定之后,把 PLL 时钟切换为系统时钟 SYSCLK
130     RCC_SYSCLKConfig(RCC_SYSCLKSource_PLLCLK);
131
132     // 读取时钟切换状态位,确保 PLLCLK 被选为系统时钟
133     while (RCC_GetSYSCLKSource() != 0x08)
134     { }
135     }
136     else
137     { // 如果 HSI 开启失败,程序就会来到这里,用户可在这里添加出错的代码处理
138         // 当 HSE 开启失败或者故障时,单片机会自动把 HSI 设置为系统时钟,
139         // HSI 是内部的高速时钟,8MHz
140     while (1)
141     { }
142     }
143 }
```

代码清单 8.4 使用 HSI 时钟作为 PLL 的输入源。使用函数 RCC_DeInit()将 RCC 外设复位到其默认状态。这是配置系统时钟前必要的步骤。使用 RCC_HSICmd (ENABLE)函数启用 HSI 时钟源。通过检查 RCC 寄存器的 HSIRDY 位来判断 HSI 是否就绪。HSIStartUpStatus 变量将存储 RCC→CR 寄存器的值与 RCC_CR_HSIRDY 掩码的按位与结果。如果 HSI 已经就绪，HSIStartUpStatus 就与 RCC_CR_HSIRDY 相等。如果 HSI 就绪，首先启用 Flash 预存取缓冲区以提高读取速度（FLASH_PrefetchBufferCmd(FLASH_PrefetchBuffer_Enable)）和设置 Flash 的延时周期以匹配 CPU 频率(FLASH_SetLatency(FLASH_Latency_2))；其次设置 AHB、APB2 和 APB1 的预分频因子；再次使用 RCC_PLLConfig(RCC_PLLSource_HSI_Div2,pllmul)函数配置 PLL 的输入源为 HSI 的一半（因为 HSI 是 16MHz，除以 2 后为 8MHz）和指定的倍频因子 pllmul，开启 PLL 并等待其稳定；接着切换系统时钟源为 PLL；最后进行错误处理，即若 HSI 没有就绪，则进入一个无限循环。

3. 文件 bsp_mcooutput.c 与 bsp_mcooutput.h

文件 bsp_mcooutput.c 就一个子函数"MCO_GPIO_Config(void)"，文件"bsp_mcooutput.h"只对这个函数进行了声明。

函数"MCO_GPIO_Config(void)"是初始化 MCO 引脚 PA8，见代码清单 8.5。

代码清单 8.5　函数 MCO_GPIO_Config(void)

```
1   # include "bsp_mcooutput.h"
2   # include "stm32f10x_rcc.h"
3   /*
4    * 初始化 MCO 引脚 PA8 在 F1 系列中 MCO 引脚只有一个,即 PA8
5    */
6   void MCO_GPIO_Config(void)
7   {
8       GPIO_InitTypeDef GPIO_InitStructure;
9       // 开启 GPIOA 的时钟
10      RCC_APB2PeriphClockCmd(RCC_APB2Periph_GPIOA, ENABLE);
11
12      // 选择 GPIO8 引脚
13      GPIO_InitStructure.GPIO_Pin = GPIO_Pin_8;
14
15      //设置为复用功能推挽输出
16      GPIO_InitStructure.GPIO_Mode = GPIO_Mode_AF_PP;
17
18      //设置 IO 的翻转速率为 50MHz
19      GPIO_InitStructure.GPIO_Speed = GPIO_Speed_50MHz;
20
21      // 初始化 GPIOA8
22      GPIO_Init(GPIOA, &GPIO_InitStructure);
23  }
```

代码清单 8.5 用于 STM32F1 系列微控制器中配置 MCO 引脚（在 STM32F1 系列中，MCO 通常连接到 PA8 引脚）的，具体配置过程：使用 RCC_APB2PeriphClockCmd 函数开启 GPIOA 端口的时钟；使用 GPIO_InitTypeDef 类型的 GPIO_InitStructure 结构体配置 GPIO 的参数；配置 GPIOA 端口的第 8 个引脚；配置该引脚将作为复用功能的推挽输出,其输出速度设置为 50MHz;使用 GPIO_Init 函数和之前配置的 GPIO_ InitStructure 结构体来初始化 GPIOA 的第 8 个引脚。

8.3.4 下载验证

把编译好的程序下载到开发板,可以看到 LED 灯按照一定的频率进行闪烁,如图 8.5 所示。此外,用示波器观察 PA8 引脚的 MCO 信号,如图 8.6 所示。

图 8.5 LED 灯闪烁

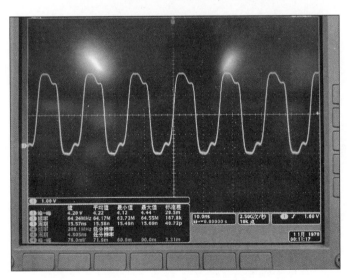

图 8.6 MCO 输出波形

第 9 章

串口通信应用

通用同步/异步串行接收/发送器(USART),也就是通常所说的"串口",是用来在设备之间近距离传输数据的一种异步接口。在嵌入式系统中,USART 结合专门的 PC 端串口工具来充当"人机交互"的桥梁,向用户显示系统的信息,并且将用户输入的命令传送给系统执行,以控制设备运行。

9.1 通信基本概念

数据通信是通信技术和计算机技术相结合而产生的一种新的通信方式,它主要利用电磁波、电子技术、光电子等手段,借助电信号或光信号实现从一地向另一地或多地进行消息的有效传递或交换。简单来说,数据通信就是把数字化的信息通过信号的形式,利用信道进行传输的过程。通信的"信"是指一种信息,是由数字 1 和 0 构成的具有一定规则并反映确定信息的一个数据或一批数据。

1. 数据通信的传输方式

根据传输方式,数据通信可以分为串行通信与并行通信。并行通信是指一组数据的各数据位在多条线上同时被传输,一般采用 8 条、16 条、32 条及 64 条或更多条的数据线进行传输,如图 9.1 所示。并行通信控制简单,传输速度快;但由于传输线较多,长距离传送时成本高且接收方的各位同时接收存在困难。

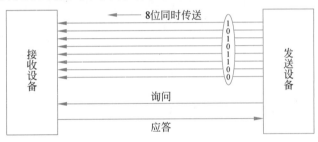

图 9.1 并行通信

串行通信与并行通信不同,串行通信使用一条数据线,将数据一位一位地依次传输,如图 9.2 所示。串行通信传输线少,长距离传送时成本低;但数据的传送控制比并行通信复杂。

图 9.2 串行通信

根据数据在线路上的传输方向,数据通信方式还可以分为全双工、半双工及单工,如图 9.3 所示。

单工方式数据仅按一个固定方向传送,如收音机接收广播站的信息。

半双工方式数据可实现双向传送,但不能同时进行,如对讲机之间的数据通信。

全双工方式允许双方同时进行数据双向传送,如电话之间通话。

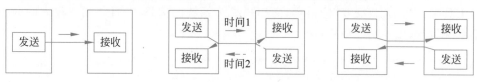

图 9.3　单工、半双工与全双工

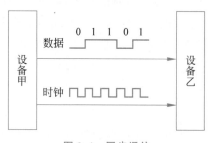

图 9.4　同步通信

2. 同步通信与异步通信

同步通信是一种数据传输方式,在这种方式中数据的发送和接收双方共享一个时钟信号,以保证数据的发送和接收在时间上严格同步,如图 9.4 所示。这种同步机制确保了数据块或字符组的起始和结束能够被准确地识别,从而实现了数据的有序、可靠传输。

同步通信具有以下主要特点:

(1) 发送方和接收方共享一个时钟信号,或者接收方能够产生与发送方时钟信号同步的时钟信号,这使得双方能够按照统一的时序进行数据的发送和接收。

(2) 数据是按照块或字符组进行传输的,而不是逐个字符进行传输,因此传输效率更高。

(3) 为了实现时钟同步和数据的有序传输,同步通信需要更复杂的硬件结构来支持,包括用于生成和同步时钟信号的电路以及用于数据缓冲和管理的设备等。

(4) 同步通信具有高效率的特点,它通常用于需要传输大量数据或要求高速传输的场景,如计算机网络、卫星通信等。

然而,同步通信也有一些潜在的问题,例如:时钟信号出现偏差或丢失可能会导致数据的接收出现错误。此外,由于同步通信对硬件的要求较高,实现成本也可能相对较高。

异步通信是以字符(构成的帧)为单位进行传输,字符与字符之间的间隙(时间间隔)是任意的,但每个字符中的各位是以固定的时间传送的,即字符之间是异步的(字符之间不一定有"位间隔"的整数倍的关系),但同一字符内的各位是同步的(各位之间的距离均为"位间隔"的整数倍),如图 9.5 所示。

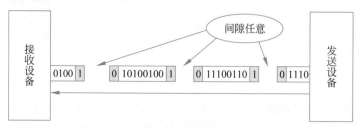

图 9.5　异步通信

异步通信具有以下主要特点:

（1）发送方和接收方各自拥有独立的时钟信号，它们不需要相互同步，这种独立性使得异步通信在硬件实现上相对简单。

（2）异步通信中，每个字符都按照特定的帧格式进行传输。这种格式通常包括起始位、数据位、校验位（可选）和停止位。起始位用于标识字符的开始，数据位包含实际的信息，校验位用于检测传输过程中的错误，停止位标识字符的结束。

（3）在异步通信中，当没有数据需要传输时，线路处于空闲状态，通常保持在高电平；当有字符需要发送时，发送方会在起始位将线路从高电平切换到低电平，以通知接收方开始接收数据。

（4）由于异步通信不需要严格的时钟同步，它在硬件成本上相对较低。然而，由于每个字符都需要独立的起始和停止位，这在一定程度上降低了数据传输的效率。

需要注意的是，虽然异步通信在硬件实现上相对简单，但由于缺乏严格的时钟同步，它可能在高速或长距离传输时面临一些问题，如数据丢失或错误。因此，在选择使用异步通信时，需要根据具体的应用需求和条件进行权衡。

3. 数据传输速率

数据传输速率经常用比特率来表示，是衡量通信性能的一个非常重要的参数，即每秒传输的二进制位数，单位为 b/s。如每秒传送 240 个字符，而每个字符格式包含 10 位（1 个起始位、1 个停止位、8 个数据位），这时的比特率为 10×240 个 $= 2400(b/s)$。容易与比特率混淆的概念是"波特率"，它表示每秒调制信号变化的次数。

9.2 串行通信协议

串口通信协议是指在串口通信中使用的数据格式和传输方式，它定义了通信双方遵循的协议数据帧格式和传输方式，使双方能够相互沟通信息。常见的串口通信协议包括 RS-232、RS-422、RS-485 等。通信协议可以分为物理层和协议层。物理层主要负责为传输数据所需要的物理链路创建、维持和拆除，提供具有机械的、电子的、功能的和规范的特性。物理层确保原始数据可以在各种物理媒体上传输。协议层定义了在网络中进行数据传输时所需遵循的规则和流程，以确保数据能够在发送端和接收端之间可靠地传输，并满足不同应用场景下的需求。

9.2.1 物理层

串口通信的物理层主要规定通信系统的机械、电子特性，确保原始数据在物理媒体上的传输。串口通信的物理层有很多标准及变种，以 RS-232 标准为例，它详细规定了信号的用途、通信接口以及电平标准。

RS-232 是一个串行数据接口标准，由美国电子工业协会（EIA）联合贝尔系统、调制解调器厂家及计算机终端生产厂家共同制定。RS-232C 标准（协议）是 RS-232 的最新一次修改，全称是 EIA-RS-232C 标准，定义是"数据终端设备（Data Terminal Equipment，DTE）和数据通信设备（Data Communication Equipment，DCE）之间串行二进制数据交换接口技术标准"。其中，EIA 代表美国电子工业协会，RS 代表推荐标准，232 是标识号，

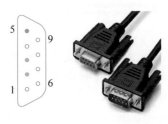

图 9.6　DB9 公口、母口与引脚编号

C 代表 RS232 的最新一次修改。

在电气特性上 RS-232C 的电压范围为 $-15 \sim 15V$，且采用负逻辑：$-15 \sim -3V$ 规定为逻辑"1"，$+3 \sim 15V$ 规定为逻辑"0"。标准定义了 DCD、CTS、RTS、TXD、RXD、DSR、DTR 七条信号线，无硬件握手时，只用 TXD 和 RXD 信号。图 9.6 为 RS-232C 标准中一种接口形状，即 DB9 接口，表 9.1 给出了 DB9 信号说明。

表 9.1　DB9 信号线说明

引 脚 号	名　称	符　号	说　明
1	载波检测	DCD(Data Carrier Detect)	用于 DTE 告知对方,本机是否收到对方的载波信号
2	接收数据	RXD(Receive Data)	即输入
3	发送数据	TXD(Transmit Data)	即输出。两个设备之间的 TXD 与 RXD 应交叉相连
4	数据终端就绪	DTE（Data Terminal Ready)	用于 DTE 向对方告知本机是否已准备好
5	信号地	GND	两个通信设备之间的地电位可能不一样,这会影响收发双方的电平信号,所以两个串口设备之间必须要使用地线连接,即共地
6	数据设备就绪	DSR(Data Set Ready)	用于 DCE 告知对本机是否处于待命状态
7	请求发送	RTS(Request To Send)	DTE 请求 DCE 本设备向 DCE 端发送数据
8	允许发送	CTS(Clear To Send)	DCE 回应对方的 RTS 发送请求,告知对方是否可以发送数据
9	响铃指示	RI(Ring Indicator)	表示 DCE 端与线路已接通

具有 RS-232 接口的两台设备间是通过 RS-232 线完成外在连接的,而设备内部信息处理是由 USART 芯片来完成的。由于它们的工作电平不同,需要在 RS-232C 和 USART 之间增设电平匹配器件(如 MAX232)。短距离的连接也可以采用 USB 接口,在没有 RS-232 接口的笔记本计算机上进行开发调试十分方便。当然,USB 和 USART 之间也需要一个电压匹配和协议转换芯片,如 CP2102,如图 9.7 所示。

9.2.2　协议层

串行异步通信协议的数据格式主要包括起始位、数据位、校验位和停止位,字符帧格式如图 9.8 所示。

此协议无需时钟,依靠起始位和停止位来实现字符同步,故称为起止式。

起始位必须是持续一个比特时间的逻辑"0"电平,标志着字符传送的开始。发送器在发送有效字符之前,会先发送起始位。接收设备在检测到这个逻辑低电平后,会开始

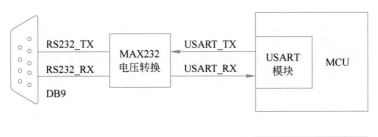

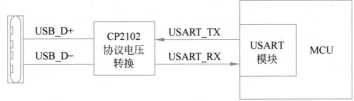

图 9.7　USART 与 RS-232、USB 接口之间电压匹配

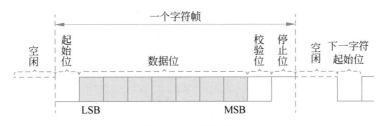

图 9.8　字符帧格式

准备接收接下来的数据位信号。

数据位紧跟在起始位之后,包含被传送字符的有效数据。数据位可以是 5~8 位,根据具体的应用需求设定。在传输过程中,先发送字符的低位,再发送字符的高位。

校验位通常只占一位,进行奇校验或偶校验,用于检测数据传输过程中是否出现错误。但并非所有的串行异步通信都包含校验位,有些情况下可能会选择不设置校验位。

停止位位于数据帧的最后,用于表示字符传送的结束。停止位的长度通常为 1 位、1.5 位或 2 位,具体长度由软件设定。

这种数据格式的设计使得串行异步通信能够在不需要发送端和接收端之间同步时钟信号的情况下实现数据的准确传输。每个字符都以自己的速率独立传输,字符之间通过空闲位(即停止位与下一个字符的起始位之间的时间间隔)进行分隔,保证了通信的可靠性和稳定性。

9.3　STM32 USART 结构

STM32F103VET6 芯片提供了 5 个 USART 模块(3 个 USART,2 个 UART),每个 USART 模块都有异步模式、多缓存通信、智能卡等多种工作模式。本章介绍异步单字节模式的工作原理、配置和应用。

9.3.1 精简的 USART 结构

由于 USART 工作模式多,构成也较为复杂,本章只介绍异步单字节工作模式,因此对 STM32 用户手册上过于复杂的 USART 原始框图做了精简,如图 9.9 所示。

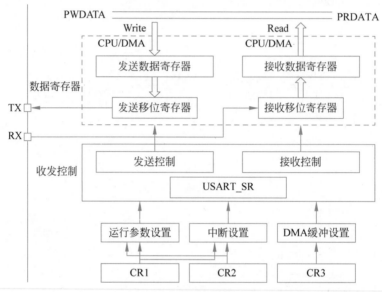

图 9.9 精简的 USART 结构

USART 的数据寄存器(DR,图 9.9 中虚线阴影部分)分为发送数据寄存器(TDR)和接收数据寄存器(RDR),分别用于暂存发送或接收的数据。因此 USAR TDR 兼具读写功能。TDR/RDR 分别提供了内部总线和输出/输入移位寄存器之间的并行接口。当需要发送数据时,可以将数据写入发送数据寄存器。USART 模块会在适当的时刻从发送数据寄存器中读取数据,并通过串行接口发送出去。同样地,当 USART 接收到数据时,它会将数据存储在接收数据寄存器中,供软件读取。

收发控制模块按照设定的运行参数,并基于 USART_SR(状态寄存器)中状态变化或中断信号来控制收发送数据的操作。运行参数设置包括数据位、校验位、停止位和波特率的设置,其中 USART_CR1 负责数据位长度、奇偶校验和各种中断使能设置,USART_CR2 负责停止位设置,USART_BRR 负责波特率设置。

单字节/DMA 多缓冲传输、硬件流控设置由 USART_CR3 寄存器完成。

9.3.2 USART 寄存器位功能定义

本节给出异步(单字节传送)模式相关的寄存器位功能定义,并介绍它们在 STM32 库中是如何进行封装的,这对理解 USART 的底层工作细节十分有利。需要说明的是:USART 所有寄存器都是 32 位,但大部分只用到低 16 位,所以在画位定义图时只体现了低 16 位。

1. 状态寄存器(USART_SR)

USART_SR 在 STM32 的 USART 模块中起到了至关重要的作用。它是一个 32 位的寄存器,但其中只有部分位用于标志状态,其余位均为保留位,如图 9.10 所示。

15	14	13	12	11	10	9	8	7	6	5	4	3	2	1	0
保留						CTS	LBD	TXE	TC	RXNE	IDLE	ORE	NE	FE	PE
						rc w0	rc w0	r	rc w0	rc w0	r	r	r	r	r

图 9.10 USART_SR 位功能定义

USART_SR 主要用于检测串口当前所处的状态,它能检测到的状态包括发送寄存器空位、发送完成位、读数据寄存器非空位、检测到主线空闲位、过载错误等。其中,常用的状态位有:

bit[7]:TXE,发送数据寄存器为空。

bit[6]:RXNE,接收数据寄存器非空。

bit[3]:ORE(Overrun Error),溢出错误。

bit[2]:NE(Noise Error),噪声错误。

bit[1]:FE(Framing Error),帧错误。

通过读取 USART_SR 的状态位,可以了解 USART 模块的工作状态。例如,是否可以进行数据的发送或接收,或者是否出现了错误等。STM32 库文件 stm32f10x_usart.h 中对上面几个状态标志位进行了宏定义,见代码清单 9.1。

代码清单 9.1 USART_SR 状态寄存器位宏定义

```
 1  #define USART_FLAG_CTS   ((uint16_t)0x0200)   //0x0200 = 0010 0000 0000b
 2  #define USART_FLAG_LBD   ((uint16_t)0x0100)   //0x0100 = 0001 0000 0000b
 3  #define USART_FLAG_TXE   ((uint16_t)0x0080)   //0x0080 = 1000 0000b
 4  #define USART_FLAG_TC    ((uint16_t)0x0040)   //0x0040 = 0100 0000b
 5  #define USART_FLAG_RXNE  ((uint16_t)0x0020)   //0x0020 = 0010 0000b
 6  #define USART_FLAG_IDLE  ((uint16_t)0x0010)   //0x0010 = 0001 0000b
 7  #define USART_FLAG_ORE   ((uint16_t)0x0008)   //0x0008 = 0000 1000b
 8  #define USART_FLAG_NE    ((uint16_t)0x0004)   //0x0004 = 0000 0100b
 9  #define USART_FLAG_FE    ((uint16_t)0x0002)   //0x0002 = 0000 0010b
10  #define USART_FLAG_PE    ((uint16_t)0x0001)   //0x0001 = 0000 0001b
```

2. 数据寄存器(USART_DR)

USART_DR 只使用 32 位中的低 8 位,其内部由 TDR 和 RDR 两个寄存器组成,分别用来暂存要发送和刚接收的数据,但它们作为一个整体使用相同的偏移地址供外部使用。

3. 控制寄存器 1(USART_CR1)

USART_CR1 主要作用是设置字长(8 位或 9 位)、奇偶校验和中断使能控制等,其寄存器位定义如图 9.11 所示。本书只重点关心图中阴影方框对应的位,其他位定义读者可参见《STM32F10xxx 参考手册》。

bit[2]:RE,接收使能。该位由软件设置或清除。当 RE=0 时,接收被禁止;当 RE=1 时,可接收数据。

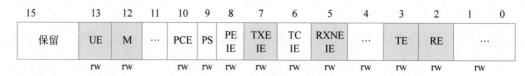

图 9.11　USART_CR1 位功能定义

bit[3]：TE,发送使能。该位由软件设置或清除。当 TE＝0 时,发送被禁止；当 TE＝1 时,可发送数据。

bit[5]：RXNEIE,接收缓冲区非空中断使能,即接收缓冲区非空时,允许 RXNE 中断产生。该位由软件设置或清除。当 RXNEIE＝0 时,中断被禁止；当 RXNEIE＝1 且 RXNE＝1 时,产生 USART 接收中断。

bit[7]：TXEIE,发送缓冲区空中断使能,该位由软件设置或清除。当 TXEIE＝0 时,中断被禁止；当 TXEIE＝1 且 TXE＝1 时,产生 USART 发送中断。

bit[12]：M,该位定义了数据字的长度,由软件对其设置和清零。当 M＝0 时,8 个数据位,n 个停止位；当 M＝1 时,9 个数据位,n 个停止位。注意:在数据传输过程中(发送或者接收时)不能修改这个位。

bit[13]：UE,USART 使能。当该位被清零,USART 的分频器在当前字节传输完成后停止工作,以减少功耗,该位由用户通过软件设置。当 UE＝1 时,USART 模块开启。

库文件 stm32f10x_usart.h 中根据 CR1 寄存器位功能定义,对 RE、TE、M 等控制位进行了宏定义,同时也对 TXEIE、TCIE、RXNEID 三个中断使能位进行了宏定义,见代码清单 9.2。

代码清单 9.2　CR1 寄存器部分位功能宏定义

```
1  # define USART_Parity_No      ((uint16_t)0x0000)    //无校验
2  # define USART_Mode_Rx        ((uint16_t)0x0004)    //0x0004 = 0100b
3  # define USART_Mode_Tx        ((uint16_t)0x0008)    //0x0008 = 1000b
4  # define USART_WordLength_8b  ((uint16_t)0x0000)
5  # define USART_WordLength_9b  ((uint16_t)0x1000)    //0x1000 = 1000000000000b
6
7  # define USART_IT_TXE         ((uint16_t)0x0727)
8  # define USART_IT_TC          ((uint16_t)0x0626)
9  # define USART_IT_RXNE        ((uint16_t)0x0525)
```

库文件 stm32f10x_usart.c 中对 UE 控制位进行了宏定义,见代码清单 9.3。

代码清单 9.3　UE 控制位宏定义

```
1  # define CR1_UE_Set    ((uint16_t)0x2000)    //0x2000 = 0010000000000000b
2  # define CR1_UE_Reset  ((uint16_t)0xDFFF)
```

4. 控制寄存器 2(USART_CR2)

USART 以异步模式操作使用时,只需关注 CR2 的停止位(bit[13:12]),如图 9.12 所示。

bit[13:12]：STOP,设置停止位的位数。其可取值：00,表示 1 个停止位；01,表示

15	14	13	12	11	…	7	6	5	4	3	2	1	0
保留	…	STOP[1:0]				同步模式控制位及多处理机地址位							
		rw											

图 9.12 USART_CR2 位功能定义

0.5 个停止位；10，表示 2 个停止位；11，表示 1.5 个停止位。

库文件 stm32f10x_usart.h 中对这 4 个停止位进行了宏定义，见代码清单 9.4。

代码清单 9.4 4 个停止位宏定义

```
1  #define USART_StopBits_1    ((uint16_t)0x0000)
2  #define USART_StopBits_0_5  ((uint16_t)0x1000)
3  #define USART_StopBits_2    ((uint16_t)0x2000)
4  #define USART_StopBits_1_5  ((uint16_t)0x3000)
```

5. 控制寄存器 3(USART_CR3)

USART_CR3 是控制寄存器的一部分，在串口通信中起着重要的配置作用。具体来说，USART_CR3 用于设置串口的工作模式和方式。例如，通过设置 USART_CR3 寄存器的 HDSEL 位选择单线半双工通信方式，在这种模式下，RX 引脚不再被使用，TX 和 RX 引脚在芯片内部互连，通过单线半双工协议与对侧交互数据。另外，USART_CR3 寄存器还包含其他位，用于选择其他模式，如 IrDA 模式(通过设置 IREN 位)和智能卡模式(通过设置 SCEN 位)。USART 以异步模式操作使用时，只关注 CR3 的流控和 DMA 模式位，用来设置 USART 硬件流控和多缓冲连续通信模式。USART_CR3 位定义如图 9.13 所示。

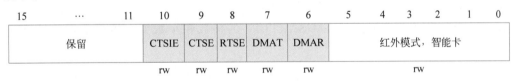

15	…	11	10	9	8	7	6	5	4	3	2	1	0
保留			CTSIE	CTSE	RTSE	DMAT	DMAR	红外模式，智能卡					
			rw	rw	rw	rw	rw	rw					

图 9.13 USART_CR3 位功能定义

bit[6]：DMAR，DMA 接收使能。该位由软件设置或清除。当 DMAR=0 时，禁止 DMA 接收模式；当 DMAR=1 时，开启 DMA 接收模式。

bit[7]：DMAT，DMA 发送使能。该位由软件设置或清除。当 DMAT=0 时，禁止 DMA 发送模式；当 DMAT=1 时，开启 DMA 发送模式。注意 UART4 和 UART5 上不存在这一位。

bit[8]：RTSE，请求发送使能。当 RTSE=0 时，禁止 RTS 硬件流控；当 RTSE=1 时，RTS 中断使能，只有接收缓冲区内有空余的空间时才请求下一个数据。当前数据发送完成后，发送操作需要暂停。如果可以接收数据，将 nRTS 输出置为有效(拉至低电平)。注意 UART4 和 UART5 上不存在这一位。

bit[9]：CTSE，允许发送使能。当 CTSE=0 时，禁止 CTS 硬件流控制；当 CTSE=1 时，CTS 模式使能，只有 nCTS 输入信号有效(拉成低电平)时才能发送数据。如果在数据传输的过程中,nCTS 信号变成无效,那么发送完这个数据后,传输停止。只有当nCTS 为有效时,才能往数据寄存器里写数据。注意 UART4 和 UART5 上不存在这一位。

bit[10]:CTSIE,CTS 中断使能。CTSIE=0 时,禁用 CTS 中断;CTSIE=1 且 SR 中的 CTS 为"1"时,产生 USART 中断。注意 UART4 和 UART5 上不存在这一位。

库文件 stm32f10x_usart.h 中对两个 DMA 控制位与硬件流控制进行了宏定义,见代码清单 9.5。

代码清单 9.5　DMA 控制位与硬件流控制宏定义

```
1  # define USART_DMAReq_Tx                  ((uint16_t)0x0080)   //0x80 = 10000000b
2  # define USART_DMAReq_Rx                  ((uint16_t)0x0040)   //0x40 = 01000000b
3  # define USART_HardwareFlowControl_None   ((uint16_t)0x0000)   //无硬件流控
4  # define USART_HardwareFlowControl_RTS    ((uint16_t)0x0100)   //RTS 流控
5  # define USART_HardwareFlowControl_CTS    ((uint16_t)0x0200)   //CTS 流控
6  # define USART_HardwareFlowControl_RTS_CTS ((uint16_t)0x0300)  //RTS&CTS 流控
```

6. 分数波特率寄存器 USART_BRR

STM32 的波特率寄存器支持分数设置,以提高精确度。USART_BRR 的前 4 位用于表示小数,后 12 位用于表示整数,如图 9.14 所示。但是,USART_BRR 中的值并不是直接设置的波特率,而是需要通过计算来得到所需的波特率。

图 9.14　USART_BRR 位功能定义

接收器和发送器的波特率在 USARTDIV 的整数和小数寄存器中的值应设置成相同。

$$波特率 = f_{ck}/(16 \times USARTDIV)$$

其中:f_{ck} 是给外设的时钟,USARTDIV 是一个无符号的定点数。这 12 位的值设置在 USART_BRR 寄存器。

可以从 USART_BRR 寄存器值得到 USARTDIV,例如:

如果 DIV_Mantissa = 27,DIV_Fraction = 12(USART_BRR = 0x1BC),于是 Mantissa(USARTDIV) = 27,Fraction(USARTDIV) = 12/16 = 0.75,所以 USARTDIV = 27.75。

如果要求 USARTDIV = 25.62,就有 DIV_Fraction = 16 × 0.62 = 9.92,最接近的整数是 10 = 0x0A,DIV_Mantissa = mantissa(25.620) = 25 = 0x19,于是 USART_BRR = 0x19A。

如果要求 USARTDIV = 50.99,就有 DIV_Fraction = 16 × 0.99 = 15.84,最接近的整数是 16 = 0x10 => DIV_frac[3:0]溢出 => 进位必须加到小数部分,DIV_Mantissa = mantissa(50.990 + 进位) = 51 = 0x33,于是 USART_BRR = 0x330,USARTDIV = 51。

表 9.2 给出了设置波特率时的误差计算。

表 9.2　设置波特率时的误差计算

波特率 （Kb/s）	$f_{PCLK} = 36MHz$			$f_{PCLK} = 72MHz$		
	实际波特率（Kb/s）	置于波特率寄存器中的值	误差/%	实际波特率（Kb/s）	置于波特率寄存器中的值	误差/%
2.4	2.4	937.5	0	2.4	1875	0
9.6	9.6	234.375	0	9.6	469.75	0
19.2	19.2	117.1875	0	19.2	234.375	0
57.6	57.6	39.0625	0	57.6	79.125	0
115.2	115.384	19.5	0.15	115.2	39.0625	0
230.4	230.769	9.75	0.16	230.769	19.5	0.16
460.8	461.538	4.875	0.16	461.538	9.75	0.16
921.6	923.076	2.4375	0.16	923.076	4.875	0.16
2250	2250	1	0	2250	2	0
4500	不可能	不可能	不可能	4500	1	0

9.3.3　USART 模块寄存器组

外设模块功能是通过它的各个寄存器来共同实现的，所以可以在代码逻辑上将它们封装为一体。将 USART 所有寄存器按其偏移地址的顺序，用 C 结构体将它们封装在一起，定义出 USART_TypeDef 结构体类型。

STM32F103 中的 5 个 USART，USART1 挂接在 APB2 总线，其余的挂接在 APB1 总线，它们的基址在 stm32f10x.h 文件中进行了定义；并将各 UASRAT 的基地址强制转换为 GPIO_TypeDef 类型指针，分别为它们定义宏名，见代码清单 9.6。

代码清单 9.6　USART 的基地址宏定义、类型强制转换

```
1   #define USART1_BASE (APB2PERIPH_BASE + 0x3800 )      //基地址
2   #define USART2_BASE (APB1PERIPH_BASE + 0x4400 )
3   ……
4   #define USART1 ((USART_TypeDef * ) USART1_BASE       //类型强制转换
5   #define USART2 ((USART_TypeDef * ) USART2_BASE
```

经过上面的定义之后，就可以直接使用 USART 宏名来操作其内部的各个寄存器，见代码清单 9.7。

代码清单 9.7　用 USART 宏名操作内部寄存器

```
1   USART1 -> CR1 &= CR1_UE_Set;       //开启 USART1
2   USART1 -> DR = 0x55;               //将 0x55 写入 USART 数据寄存器
```

9.3.4　USART 单字节收发过程

USART 单字节收发过程如下。

（1）初始化：USART 的初始过程中，开启 TXE、TC、RXNE 的中断功能。

（2）发送过程：发送移位寄存器中的数据在 TX 引脚上输出，发送过程如图 9.15 所示（最先发出最低有效位（LSB））。

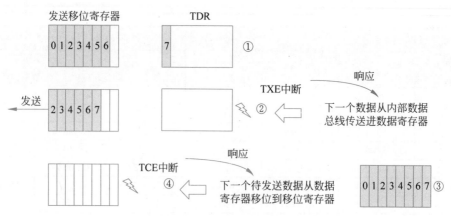

图 9.15　USART 单字节发送过程

① 数据已经从 TDR(发送数据寄存器)移位到移位寄存器,数据发送开始。

② 此时,TDR 寄存器空,如果 CR1 的 TXEIE 位被设置,就会产生 TXE 中断。

③ 在 USART 中断服务中将下一个数据写入 TDR 寄存器,等待发送。

④ 如果一帧数据从移位寄存器中发送完毕,那么 TC 位置 1。此时,若 CR1. TCIE=1,则产生 TC 中断。

(3) 接收过程:在 USART 接收期间,数据的最低有效位首先从 RX 引脚移进,如图 9.16 所示。

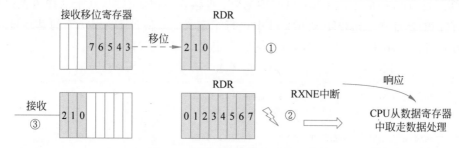

图 9.16　USART 单字节接收过程

① 收到一个字符时,RXNE=1,表明移位寄存器中的内容被转移到 RDR。

② 若 RXNEIE=1,则产生 RXNE 中断,在 USART 中断服务程序中对接收到的字符进行处理。

③ 当软件读出 RDR 中的字符后,RXNE 位被清零,接收下一个字符。

9.4　USART 初始化结构体

在 STM32 微控制器中,USART 的初始化通常不直接使用硬件寄存器级别的 USART_TypeDef 结构体,而是通过更高级别的库函数和结构体来进行配置。这些库函数和结构体为开发者提供了更好、更易于使用的接口,以配置 USART 模块的各种参数。标准库函数对每个外设都建立了一个初始化结构体,如 USART_InitTypeDef,结构体成员用于设置外设工作参数,并由外设初始化配置函数,如 USART_Init()调用,这些设定参数将会设置外设相应的寄存器,达到配置外设工作环境的目的。

USART 的初始化参数与在设置串口时的选项完全一致,由它们构成 USART 的初始化结构体类型见代码清单9.8,其中的成员参数涉及 3 个控制寄存器和 1 个分数波特率寄存器。初始化结构体定义在 stm32f10x_usart.h 文件中,初始化库函数定义在 stm32f10x_usart.c 文件中。

代码清单9.8　USART_InitTypeDef 初始化结构体

```
1  typedef struct {
2  uint32_t USART_BaudRate;             //波特率 -> USART_BRR
3  uint32_t USART_WordLength;           //数据位 -> USART_CR1.12 位
4  uint32_t USART_StopBits;             //停止位 -> USART_CR2.[12-13]位
5  uint32_t USART_Parity;               //奇偶校验位 -> USART_CR1.8 位
6  uint32_t USART_Mode;                 //工作模式:Tx 或 Rx
7  uint32_t USART_HardwareFlowControl;  //硬件流控 -> USART_CR3
8  } USART_InitTypeDef;
```

USART_BaudRate:波特率设置,一般设置为 2400b/s、9600b/s、19200b/s、115200b/s。

USART_WordLength:数据帧字长,可选 8 位或 9 位。

USART_StopBits:停止位设置,可选 0.5 个、1 个、1.5 个和 2 个停止位,一般选择 1 个停止位。

USART_Parity:奇偶校验控制选择,可选 USART_Parity_No(无校验)、USART_Parity_Even(偶校验)以及 USART_Parity_Odd(奇校验)。

USART_Mode:模式选择,有 USART_Mode_Rx 和 USART_Mode_Tx,允许使用逻辑或运算选择两个。

USART_HardwareFlowControl:硬件流控制选择,只有在硬件流控制模式才有效,可选使能 RTS、使能 CTS、同时使能 RTS 和 CTS、不使能硬件流。

在代码中对 USART 接口进行初始化时,首先声明 USART 初始化变量,见代码"USART_InitTypeDef USART_InitStructure;";然后填充该初始化结构体,见代码清单9.9;最后将填充好的结构体变量传入初始化函数 USART_Init(),完成 USART 的初始化任务"USART_Init(USART1,&USART_InitStructure);"。

代码清单9.9　填充初始化结构体代码

```
1  USART_InitStructure.USART_BaudRate = 9600;
2  USART_InitStructure.USART_WordLength = USART_WordLength_8;
3  ……
4  USART_InitStucture.USART_HardwareFlowControl = USART_HardwareFlowControl_No;
```

9.5　USART1 收发实验

完成双向通信,USART 只需两条信号线,所以对硬件要求低。也因此使得 GSM 模块,Wi-Fi 模块、蓝牙模块等很多模块预留 USART 接口来实现与其他模块或者控制器进行数据传输。注意:在硬件电路设计时还需要一条"共地线"。

在做工程项目调试时,常需要通过计算机观察控制器运行程序时某些变量的值、函数的返回值、寄存器标志位等参数。此时就需要通过 USART 来实现控制器与计算机之间的数据传输。常将这些参数通过串口调试助手在计算机显示出来。当然,还可以在串口调试助手发送数据给控制器,控制器程序根据接收到的数据进行下一步工作。

编写一个程序实现开发板与计算机通信。在开发板上电时通过 USART 发送一串字符串给计算机,然后开发板进入中断接收等待状态;如果计算机有发送数据过来,开发板就会产生中断,然后在中断服务函数接收数据,并马上把数据返回发送给计算机。

9.5.1 硬件电路设计

为利用 USART 实现开发板与计算机通信,需要用到一个 USB 转 USART 的 IC,开发板选择 CH340G 芯片来实现这个功能,CH340G 是一个 USB 总线的转接芯片,实现 USB 转 USART、USB 转 IrDA 红外或者 USB 转打印机接口。开发板将 CH340G 的 TXD 引脚和 RXD 引脚通过接口 H1、H2 与 USART1 的 RX 引脚与 TX 引脚连接,此处用跳线帽相连。CH340G 芯片集成在开发板上,其地线(GND)已与控制器的 GND 连通。这里使用其 USB 转 USART 功能,具体电路设计如图 9.17 所示。

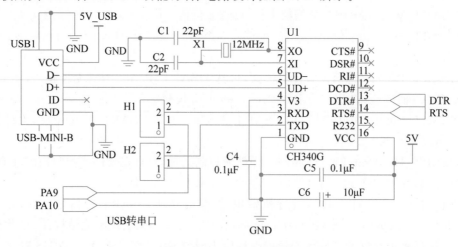

图 9.17　USB 转串口电路

9.5.2 程序编写

这里只讲解核心的部分代码,没有涉及的某些变量的设置、头文件的包等可参见其他章节里的内容。在本实验项目中,需要新建文件 bsp_usart.c 和 bsp _usart.h,这两个文件用来存放 USART 驱动程序及相关宏定义。

编程要点如下:

(1) 使能 Rx 和 Tx 引脚 GPIO 时钟和 USART 时钟。

(2) 初始化 GPIO,并将 GPIO 复用到 USART 上。

(3) 配置 USART 参数。

(4) 配置中断控制器并使能 USART 接收中断。

(5) 使能 USART。

（6）在 USART 接收中断服务函数实现数据接收和发送。

1．工程文件逻辑结构

本实验代码所涉及的文件分三个层次，从底层向上层分别如下：

（1）STM32 库文件层（底层）：包含了实验所涉及外设的函数库文件。

stm32f10x_rcc.h/c：提供各外设时钟管理，其中的 RCC_APB2PeriphClockCmd() 用于开启外设时钟。

stm32f10x_misc.h/c：提供中断控制器管理，如使用 NVIC_Init() 完成中断控制器的初始化等。

stm32f10x_gpio.h/c：提供 USART1 接口所需要的 Tx、Rx 信号引脚，以及初始化等。

stm32f10x_usart.h/c：提供 USART 协议本身的操作，如初始化、发送数据、协议中断操作等。

（2）用户驱动层（中间层）：包含用户自定义驱动文件和中断处理文件。

用户自定义驱动文件（usart.h/c）：包括 GPIO、USART、NVIC 初始化函数，以及 USART 功能函数。

中断处理文件（stm32f10x_it.h/c）：实现 USART 中断处理，当产生 RXNE 中断时，处理新接收的字符。

（3）应用层：在底层和中间层提供的功能函数支撑下，实现用户程序功能（即主程序控制逻辑）。

图 9.18 是基于 STM32 库开发时遵循的源文件层次结构，在这三层文件中，中间层和应用层需要根据工程实际由用户予以实现。

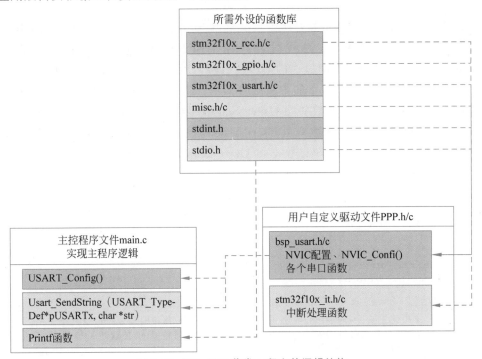

图 9.18 USART1 收发工程文件逻辑结构

2. 主函数

主函数首先调用 USART_Config() 函数完成 USART 初始化配置,包括 GPIO 配置、USART 配置、接收中断使能等信息;然后调用字符发送函数把数据"这是一个串口中断接收回显实验"发送给串口调试助手,同时打印"欢迎使用 AHUSTM32F103 开发板";最后主函数等待 USART 接收中断的产生,并在中断服务函数把数据回传,见代码清单9.10。

代码清单 9.10　主函数代码

```
1   # include "stm32f10x.h"
2   # include "bsp_usart.h"
3
4   int main(void)
5   {
6     /* 初始化 USART 配置模式为 115200 8-N-1,中断接收 */
7     USART_Config();
8     /* 发送一个字符串 */
9     Usart_SendString( DEBUG_USARTx,"这是一个串口中断接收回显实验\n");
10    printf("欢迎使用 AHUSTM32F103 开发板\n\n\n\n");
11
12    while(1)
13    {
14    }
15  }
```

3. bsp_usart.h/c 程序文件

1) bsp_usart.h

使用宏定义方便程序移植和升级。头文件"bsp_usart.h"首先定义了使用的串口为串口1(USART1),USART1 总线时钟挂在 ABP2 总线上,串口1的速率设置为 115200b/s;然后声明定义了串口1的 GPIO 引脚,分别是 PA9 与 PA10,重新声明了串口1中断入口地址名称与串口1的中断服务函数;最后声明了串口配置函数 USART_Config(void)、串口发送 1B 函数 void Usart_SendByte(USART_TypeDef * pUSARTx, uint8_t ch)、串口发送字符串函数 void Usart_SendString(USART_TypeDef * pUSARTx, char * str)与串口发送一个 16bit 数 void Usart_SendHalfWord(USART_TypeDef * pUSARTx,uint16_t ch),见代码清单 9.11。

代码清单 9.11　bsp_usart.h 代码

```
1   # ifndef __USART_H
2   # define  __USART_H
3
4   # include "stm32f10x.h"
5   # include < stdio.h >
6
7    /**
8     串口宏定义,不同的串口挂载的总线和 IO 不一样,移植时需要修改这几个宏
9     1-修改总线时钟的宏,uart1 挂载到 apb2 总线,其他 uart 挂载到 apb1 总线
10    2-修改 GPIO 的宏
11   */
```

```
12
13    // 串口 1 – USART1
14    # define DEBUG_USARTx                      USART1
15    # define DEBUG_USART_CLK                   RCC_APB2Periph_USART1
16    # define DEBUG_USART_APBxClkCmd            RCC_APB2PeriphClockCmd
17    # define DEBUG_USART_BAUDRATE              115200
18
19    // USART GPIO 引脚宏定义
20    # define DEBUG_USART_GPIO_CLK              (RCC_APB2Periph_GPIOA)
21    # define DEBUG_USART_GPIO_APBxClkCmd       RCC_APB2PeriphClockCmd
22
23    # define DEBUG_USART_TX_GPIO_PORT          GPIOA
24    # define DEBUG_USART_TX_GPIO_PIN           GPIO_Pin_9
25    # define DEBUG_USART_RX_GPIO_PORT          GPIOA
26    # define DEBUG_USART_RX_GPIO_PIN           GPIO_Pin_10
27
28    # define DEBUG_USART_IRQ                   USART1_IRQn
29    # define DEBUG_USART_IRQHandler           USART1_IRQHandler
30
31    void USART_Config(void);
32    void Usart_SendByte( USART_TypeDef * pUSARTx, uint8_t ch);
33    void Usart_SendString( USART_TypeDef * pUSARTx, char * str);
34    void Usart_SendHalfWord( USART_TypeDef * pUSARTx, uint16_t ch);
35
36    # endif /* __USART_H */
```

2）bsp_usart.c 的 NVIC 配置

在文件“bsp_usart.c”中，首先配置中断控制器 NVIC，见代码清单 9.12。

代码清单 9.12　中断控制器 NVIC 配置

```
1    # include "bsp_usart.h"
2
3    static void NVIC_Configuration(void)
4    {
5      NVIC_InitTypeDef NVIC_InitStructure;
6
7      /* 嵌套向量中断控制器组选择 */
8      NVIC_PriorityGroupConfig(NVIC_PriorityGroup_2);
9      /* 配置 USART 为中断源 */
10     NVIC_InitStructure.NVIC_IRQChannel = DEBUG_USART_IRQ;
11     /* 抢断优先级 */
12     NVIC_InitStructure.NVIC_IRQChannelPreemptionPriority = 1;
13     /* 子优先级 */
14     NVIC_InitStructure.NVIC_IRQChannelSubPriority = 1;
15     /* 使能中断 */
16     NVIC_InitStructure.NVIC_IRQChannelCmd = ENABLE;
17     /* 初始化配置 NVIC */
18     NVIC_Init(&NVIC_InitStructure);
19   }
```

代码清单 9.12 配置了嵌套向量中断控制器组、USART 为中断源、抢断优先级、子优先级，然后使能了中断，最后初始化了嵌套向量中断控制器。

3）bsp_usart.c 的 USART 的初始化配置

USART 的初始化配置见代码清单 9.13。

代码清单 9.13　　USART 初始化配置

```
21  void USART_Config(void)
22  {
23  GPIO_InitTypeDef GPIO_InitStructure;
24  USART_InitTypeDef USART_InitStructure;
25
26  // 打开串口 GPIO 的时钟
27  DEBUG_USART_GPIO_APBxClkCmd(DEBUG_USART_GPIO_CLK, ENABLE);
28
29  DEBUG_USART_APBxClkCmd(DEBUG_USART_CLK, ENABLE);              //打开串口外设的时钟
30
31  // 将 USART Tx 的 GPIO 配置为推挽复用模式
32  GPIO_InitStructure.GPIO_Pin = DEBUG_USART_TX_GPIO_PIN;
33  GPIO_InitStructure.GPIO_Mode = GPIO_Mode_AF_PP;
34  GPIO_InitStructure.GPIO_Speed = GPIO_Speed_50MHz;
35  GPIO_Init(DEBUG_USART_TX_GPIO_PORT, &GPIO_InitStructure);
36
37  // 将 USART Rx 的 GPIO 配置为浮空输入模式
38  GPIO_InitStructure.GPIO_Pin = DEBUG_USART_RX_GPIO_PIN;
39  GPIO_InitStructure.GPIO_Mode = GPIO_Mode_IN_FLOATING;
40  GPIO_Init(DEBUG_USART_RX_GPIO_PORT, &GPIO_InitStructure);
41
42  // 配置串口的工作参数
43  USART_InitStructure.USART_BaudRate = DEBUG_USART_BAUDRATE;    //配置波特率
44  USART_InitStructure.USART_WordLength = USART_WordLength_8b;   //配置针数据字长
45  USART_InitStructure.USART_StopBits = USART_StopBits_1;        //配置停止位
46  USART_InitStructure.USART_Parity = USART_Parity_No ;          //配置校验位
47  USART_InitStructure.USART_HardwareFlowControl =
48  USART_HardwareFlowControl_None;                              // 配置硬件流控制
49  // 配置工作模式,收发一起
50  USART_InitStructure.USART_Mode = USART_Mode_Rx | USART_Mode_Tx;
51  USART_Init(DEBUG_USARTx, &USART_InitStructure);    //完成串口的初始化配置
52
53  NVIC_Configuration();                              //串口中断优先级配置
54
55  USART_ITConfig(DEBUG_USARTx, USART_IT_RXNE, ENABLE);    //使能串口接收中断
56
57  USART_Cmd(DEBUG_USARTx, ENABLE);                   // 使能串口
58  }
```

使用 GPIO_InitTypeDef 和 USART_InitTypeDef 结构体定义一个 GPIO 初始化变量以及一个 USART 初始化变量,这两个结构体内容之前已经有详细讲解。

使用 DEBUG_USART_GPIO_APBxclkCmd 函数开启 GPIO 端口时钟,使用 GPIO 之前必须开启对应端口的时钟。使用 DEBUG_USART_APBxclkCmd 函数开启 USART 时钟。

使用 GPIO 之前需要初始化配置它,并且还要添加特殊设置,因为使用它作为外设的引脚,一般都有特殊功能。在初始化时需要把它的模式设置为复用功能。这里把串口的 Tx 引脚配置为复用推挽输出,Rx 引脚为浮空输入,数据完全由外部输入决定。

配置 USART1 通信参数:波特率为 115200b/s,字长为 8 位,1 个停止位,没有校验位,不使用硬件流控制,收发一体工作模式,然后调用 USART 初始化函数完成配置。

程序用到 USART 接收中断,需要配置 NVIC,这里调用 NVIC_Configuration 函数完成配置。配置完 NVIC 之后,调用 USART_ITConfig 函数使能 USART 接收中断。

最后调用 USART_Cmd 函数使能 USART,这个函数最终配置的是 USART_CR1 的 UE 位,具体的作用是开启 USART 的工作时钟,没有时钟,USART 外设就不工作。

4) bsp_usart.c 的发送函数

代码清单 9.14 给出了 Usart_SendByte 函数、Usart_SendArray 函数、Usart_SendString 函数与 Usart_SendHalfWord 函数。

代码清单 9.14 发送函数

```
60  /******************* 发送 1 字节数据 ********************/
61  void Usart_SendByte( USART_TypeDef * pUSARTx, uint8_t ch)
62  {
63  /* 发送 1 字节数据到 USART */
64    USART_SendData(pUSARTx,ch);
65  /* 等待发送数据寄存器为空 */
66    while (USART_GetFlagStatus(pUSARTx, USART_FLAG_TXE) == RESET);
67  }
68
69  /******************* 发送 8 位的数组 ********************/
70  void Usart_SendArray( USART_TypeDef * pUSARTx, uint8_t * array, uint16_t num)
71  {
72    uint8_t i;
73    for(i = 0; i < num; i++)
74    {
75  /* 发送 1 字节数据到 USART */
76      Usart_SendByte(pUSARTx,array[i]);
77    }
78  /* 等待发送完成 */
79    while(USART_GetFlagStatus(pUSARTx,USART_FLAG_TC) == RESET);
80  }
81
82  /***************** 发送字符串 ********************/
83  void Usart_SendString( USART_TypeDef * pUSARTx, char * str)
84  {
85    unsigned int k = 0;
86    do
87    {
88      Usart_SendByte( pUSARTx, * (str + k) );
89      k++;
90    } while( * (str + k)!= '\0');
91  /* 等待发送完成 */
92    while(USART_GetFlagStatus(pUSARTx,USART_FLAG_TC) == RESET)
93    {}
94  }
95
96  /***************** 发送一个 16 位数 ********************/
97  void Usart_SendHalfWord( USART_TypeDef * pUSARTx, uint16_t ch)
98  {
99    uint8_t temp_h, temp_l;
100   temp_h = (ch&0XFF00)>> 8;      /* 取出高 8 位 */
101   temp_l = ch&0XFF;              /* 取出低 8 位 */
102   USART_SendData(pUSARTx,temp_h); /* 发送高 8 位 */
```

```
103        while (USART_GetFlagStatus(pUSARTx, USART_FLAG_TXE) == RESET);
104        USART_SendData(pUSARTx,temp_l); /* 发送低 8 位 */
105        while (USART_GetFlagStatus(pUSARTx, USART_FLAG_TXE) == RESET);
106    }
```

Usart_SendByte 函数有两个参数,一个指向 USART 接口的指针和另一个待发送的字节(通常是无符号字符类型)。它是通过调用库函数 USART_SendData 来实现的,并且增加了等待发送完成功能。通过使用 USART_GetFlagStatus 函数获取 USART 事件标志实现发送完成功能等待,它接收两个参数,一个是 USART,另一个是事件标志。此处循环检测发送数据寄存器为空这个标志,当跳出 while 环时,说明发送数据寄存器为空。

Usart_SendArray 函数通过循环调用 Usart_SendByte 函数实现整个数组的遍历。

Usart_SendString 函数用来发送一个字符串,它实际是调用 Usart_SendByte 函数发送每个字符,直到遇到空字符才停止发送。最后使用循环检测发送完成的事件标志 TC 来实现数据发送完成后才退出函数。

Usart_SendHalfWord 函数以一个指向 USART 接口的指针 pUSARTx 和一个 16 位的无符号整数 ch 作为参数。函数内部将 16 位数据拆分为两个 8 位的字节,并依次发送它们。该函数首先定义两个 8 位无符号整数变量 temp_h 和 temp_l,用于存储 ch 的高 8 位和低 8 位。然后通过位与操作"&"和右移操作">>"提取 ch 的高 8 位,通过位与操作"&"提取 ch 的低 8 位。接着调用 USART_SendData 函数发送高 8 位字节 temp_h。等待直到 USART 接口的发送数据寄存器为空(TXE 标志被设置)。这是一个忙等待循环,它会阻塞程序的执行,直到 USART 准备好发送下一个字节。接着再调用 USART_SendData 函数发送低 8 位字节 temp_l。再次等待直到 USART 接口的发送数据寄存器为空。这是为了确保低 8 位字节也被成功发送。

5) bsp_usart.c 的函数 printf()重定向

术语"终端"在 PC 和嵌入式设备中有不同的含义,对于计算机来说,输入设备(键盘)与输出设备(显示器)统称为终端,它们都有各自的驱动程序供系统使用。例如,C 库中的 I/O 函数 fgetc( )、fputc( )等都是基于这些驱动程序而实现的。在嵌入式领域,由于硬件资源受限,为了实现人机交互,都是通过设备的 Console 口与 PC 的 COM 口相连,结合运行于 PC 上的终端软件,如串口调试助手等,实现"用户—PC—嵌入式设备"之间的通信的。显然,这个仿真终端的源和目的都是指向 USART 而非 PC,数据从仿真终端接收的字符流向 USART,从 USART 向外发送的字符流向仿真终端。

在 C 语言标准库中,fputc 函数功能是将字符 ch 写入文件指针 f 所指向文件的当前写指针位置,简单理解就是把字符写入特定文件中。使用 USART 函数重新修改 fputc 函数内容,达到类似"写入"的功能。fgetc 函数与 fputc 函数非常相似,实现字符读取功能。在使用 scanf 函数时需要注意字符输入格式。bsp_usart.c 的函数 printf()重定向程序见代码清单 9.15。

代码清单 9.15 函数 printf()重定向程序

```
1  //重定向 C 库函数 printf 到串口,重定向后可使用 printf 函数
2  int fputc(int ch, FILE * f)
```

```
 3  {
 4  /* 发送 1 字节数据到串口 */
 5    USART_SendData(DEBUG_USARTx, (uint8_t) ch);
 6  /* 等待发送完毕 */
 7    while (USART_GetFlagStatus(DEBUG_USARTx, USART_FLAG_TXE) == RESET);
 8
 9    return (ch);
10  }
11
12  //重定向 C 库函数 scanf 到串口,重写向后可使用 scanf、getchar 等函数
13  int fgetc(FILE * f)
14  {
15  /* 等待串口输入数据 */
16    while (USART_GetFlagStatus(DEBUG_USARTx, USART_FLAG_RXNE) == RESET);
17    return (int)USART_ReceiveData(DEBUG_USARTx);
18  }
```

还有一点需要注意的,使用 fput 和 fgetc 函数达到重定向 C 语言标准库输入输出函数必须在 MDK 的工程选项把"Use MicroLIB"勾选上,MicroLIB 是默认 C 库的备选库,它对标准 C 库进行了高度优化使代码更少,占用更少资源。

为使用 printf、scanf 函数需要在文件中包含 stdio.h 头文件。

4. USART 中断服务函数

USART 中断服务函数存放在文件"stm32f10x_it.c"中,见代码清单 9.16。

代码清单 9.16　USART 中断服务函数

```
 1  / 串口中断服务函数
 2  void DEBUG_USART_IRQHandler(void)
 3  {
 4    uint8_t ucTemp;
 5    if(USART_GetITStatus(DEBUG_USARTx,USART_IT_RXNE)!= RESET)
 6    {
 7      ucTemp = USART_ReceiveData(DEBUG_USARTx);
 8      USART_SendData(DEBUG_USARTx,ucTemp);
 9    }
10  }
```

当 USART 接口接收到数据时,USART 中断服务函数会读取这些数据,并立即将它们发送回去。这通常用于调试目的,允许开发者通过 USART 接口发送数据,并立即看到这些数据被回显回来,从而验证 USART 接口的通信是否正常。

首先定义了一个 8 位无符号整数类型的局部变量 ucTemp,用于存储从 USART 接收到的数据。然后检查是否接收到了数据。USART_GetITStatus 是一个用于获取 USART 中断状态的函数。若 USART 中断状态为非 RESET,则表示接收缓冲区中有数据可读。若接收到数据,则使用 USART_ReceiveData 函数从 DEBUG_USARTx 接口读取接收到的数据,将其存储在 ucTemp 变量中。使用 USART_SendData 函数将 ucTemp 中的数据发送回 USART 接口,这通常用于实现回显功能,即接收到的任何数据都会立即被发送回去。

9.5.3　下载验证

程序下载后,将 USB 线连接计算机与开发板的 USB1 串口。在计算机端打开串口调

试助手并配置好相关参数:波特率为 115200b/s,停止位为 1 位,数据位为 8 位,无奇偶检
验位,打开串口。此时串口调试助手即可收到开发板发送的数据。在串口调试助手发送
区域输入任意字符,单击"发送",在串口调试助手接收区即可看到相同的字符。串口助
手显示界面如图 9.19 所示。

图 9.19　串口调试助手显示界面

第
10
章
液晶显示

液晶显示(LCD)是一种平板显示技术,它通过液晶材料在电场作用下控制光线的透射或反射来显示图像或文字。LCD屏广泛应用于手机、计算机显示器、电视、手表、工业控制设备等电子设备中。本章将学习通过STM32的灵活的静态存储器控制器(FSMC)接口来驱动具有并行接口的LCD。

10.1 显示器

显示器是计算机的输出设备,它是一种将电子文件通过特定的传输设备显示到屏幕上的显示工具。显示器接收计算机的信号并形成图像,其工作原理主要涉及光学成像、电子信号处理和显示控制。显示器可以分为液晶显示器、有机发光二极管显示器、阴极射线管显示器、LED显示器、曲面显示器、3D显示器、4K显示器等多种类型,每种显示器都有其特点和适用场景。

10.1.1 显示器简介

液晶显示器各层图示如图10.1所示。

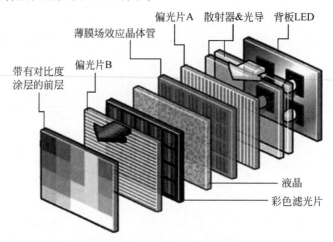

图 10.1 LCD显示器各层图示

液晶显示的工作原理主要基于液晶分子的特性。液晶是一种介于固态和液态之间的物质,具有液体的流动性和类似晶体的某种排列特性。在电场的作用下,液晶分子的排列会产生变化,从而影响到它的光学性质,这种现象称为电光效应。利用液晶的电光效应,可以通过控制电场来改变液晶分子的排列,进而控制光线的透射或反射,从而实现图像的显示。

阴极射线管(CRT)显示器是通过显像管进行图像显示的一种显示器,体积较大、较重,但显示速度和效果较好。目前,较常见的CRT显示器一般采用纯平技术,也称为纯平显示器。等离子显示器(PDP)是采用等离子技术的一种显示器,具有色彩鲜艳、亮度高、视角广等优点,但价格较高。有机发光二极管(OLED)显示器是采用有机发光二极管技术,每个像素点都是一个独立的发光体,可以实现自发光,如图10.2所示。OLED显示器具有极高的对比度、快速的响应时间和广视角,同时能够实现更薄、更轻的设计。LED点阵显示器是由大量LED像素点均匀排列组成的显示设备,如图10.3所示。每个LED像素点都可以独立地发光,通过控制每个LED的电流来实现像素的发光与否,进而形成各种图像和文字。

图 10.2　OLED 显示屏

图 10.3　LED 点阵显示

10.1.2　显示器的基本参数

显示器的基本参数主要包括以下几方面。

(1)分辨率:指单位面积显示像素的数量。分辨率越高,图像越清晰。常见的分辨率有1K、2K、3K、4K、8K等,其中分辨率4K的显示器已经相当普及,能够提供更为细腻的画面表现。

(2)刷新率:指电子束对屏幕上的图像重复扫描的次数,单位为Hz。刷新率越高,所显示的图像(画面)稳定性就越好,眼睛感觉到的图像就越流畅。一般来说,75Hz的刷新率是视频电子标准协会(VESA)制定无闪烁的最基本标准,但现在的显示器通常都能达到更高的刷新率,如120Hz、144Hz甚至更高。

(3)响应时间:指液晶显示器各像素点对输入信号反应的速度,即像素由暗转亮或由亮转暗所需要的时间,单位通常为ms。响应时间越短,图像显示就越自然流畅,避免产生拖影现象。

(4)屏幕尺寸:指显示器屏幕对角线的长度,单位为in。屏幕尺寸越大,显示区域就越大,视觉效果就越好。不过,屏幕尺寸并不是唯一衡量显示器大小的指标,还需要考虑显示比例、分辨率等因素。

(5)面板类型:显示器的面板类型决定了其显示效果和性能。常见的类型有TN面板、IPS面板、VA面板等。其中,IPS面板的色彩表现最好,视角也最广,但价格相对较高；TN 面板的响应时间最快，但色彩表现和视角相对较差；VA 面板则介于两者之间。

（6）点距：指屏幕上相邻两个同色像素单元之间的距离，即两个红色（或绿色、蓝色）像素单元之间的距离。点距越小，画面越精细。

（7）亮度：指屏幕发出的光的强度，单位为 cd/m^2。亮度越高，显示器在强光下的可视性就越好。

（8）对比度：指屏幕上最亮区域与最暗区域的亮度比值。对比度越高，图像层次就越丰富，色彩表现就越鲜艳。

（9）功耗：功耗是指显示器在正常工作状态下所消耗的电能。功耗越低，就越节能环保。

以上参数都是衡量显示器性能的重要指标，用户可以根据自己的需求来选择适合自己的显示器。

10.2 液晶显示控制原理

完整的显示屏由液晶显示面板、电容触摸面板以及 PCB 底板构成，如图 10.4 所示。图 10.4 中的触摸面板带有触摸控制芯片，该芯片处理触摸信号并通过引出的信号线与外部器件通信，触摸面板中间是透明的，它贴在液晶面板上面，一起构成屏幕的主体，触摸面板与液晶面板引出的排线连接到 PCB 底板上，根据实际需要，PCB 底板上可能会带有"液晶控制器芯片"。

        (a) 触摸显示屏正面   (b) 触摸显示屏背面（带控制器）

图 10.4 显示屏实物图

液晶显示需要额外控制芯片来确保图像的准确显示、色彩管理、刷新率控制和能耗管理等方面的性能，需要控制资源比较多。大部分低级微控制器都不能直接控制液晶面板，需要额外配套一个专用液晶控制器来处理显示过程，外部微控制器只要把它希望显示的数据直接交给液晶控制器。STM32F1 系列的芯片没有集成液晶控制器到芯片内部，它只能驱动自带控制器的屏幕，如图 10.5 所示，可以理解为计算机的外置显卡。

图 10.5 低级微控制器控制液晶屏示意图

10.2.1 液晶面板的控制信号

液晶面板的控制信号线是从液晶面板引出的柔性电路板(FPC)排线。液晶面板通过这些信号线与液晶控制器通信,使用这种通信信号的接口称为 RGB 接口。液晶面板的信号有红色数据、绿色数据、蓝色数据、像素同步时钟信号、水平同步信号、垂直同步信号和数据使能信号等,如表 10.1 所示。

表 10.1 液晶面板的信号

信 号 名 称	说 明	信 号 名 称	说 明
R[7:0]	红色数据	HSYNC	水平同步信号
G[7:0]	绿色数据	VSYNC	水平同步信号
B[7:0]	蓝色数据	DE	数据使能信号
CLK	像素同步时钟信号		

1. RGB 数据信号

RGB 数据信号是液晶面板接收的主要图像数据信号,包括红色、绿色、蓝色三种颜色信息。这里的[7:0]是一个位范围表示法,它指示这个数据由 8 位(bit)组成。在一个 8 位的颜色系统中(如常见的 RGB24 位颜色系统),每个颜色分量(红色、绿色、蓝色)通常由 8 位表示,这样每个颜色分量可以有 256 个不同的值(从 0~255)。这些值决定了颜色的亮度和饱和度。具体来说,如果 R[7:0]的值为 11111111(二进制),那么它对应的十进制值是 255,表示红色的最大亮度或饱和度。如果 R[7:0]的值为 00000000(二进制),那么它对应的十进制值是 0,表示没有红色成分(黑色或与其他颜色混合)。在 RGB24 位(RGB888 格式)颜色系统中,完整的颜色值由三个 8 位的分量组成,分别为 R[7:0](红色数据)、G[7:0](绿色数据)和 B[7:0](蓝色数据)。这三个分量共同决定了一个像素的颜色,可以表示的颜色为 2^{24} 种。例如,颜色值(R=255,G=0,B=0)表示纯红色。此外,RGB16 位(RGB565 格式)表示红色、绿色、蓝色的数据线数分别为 5、6、5 条,共 16 个数据位,可表示 2^{16} 种颜色。

2. 同步 CLK 信号

每个像素点的数据都需要在特定的时间内传输到显示屏上,以实现图像的准确显示。同步时钟 CLK 信号就是用来协调这个过程的。在同步时钟信号的驱动下,RGB 数据线将数据一个接一个地传输到液晶屏,从而确保数据的正确传输和显示。

3. 水平同步(HSYNC)信号

水平同步信号用于控制图像的水平扫描,告诉显示器何时开始新的一行画面的显示。在信号传输过程中,水平同步信号的周期性使得显示器能够按照一定的顺序逐行地显示图像内容,从而形成完整的图像。当水平同步信号有效时(即处于高电平状态),显示器会开始接收和显示新的一行像素数据。在水平同步信号的每个周期内,显示器会完成一行的扫描,并准备接收下一行的数据。如分辨率为 800×480 的显示屏(800 列,480 行),传输一帧图像水平同步信号的电平会跳变 480 次。

4.垂直同步（VSYNC）信号

垂直同步信号用于表示液晶屏一帧像素数据的传输结束，每传输完成一帧像素数据时，垂直同步信号会发生电平跳变。其中"帧"是图像的单位，一幅图像称为一帧，在液晶屏中，一帧是指一个完整屏液晶像素点。人们常常用"帧/秒"来表示液晶屏的刷新特性，即液晶屏每秒可以显示多少帧图像，如液晶屏以60帧/秒的速率运行时，垂直同步信号每秒电平会跳变60次。

5.数据启动（DE）信号

数据启动信号是一个数据使能信号，用于区分无效视频信号和有效视频信号。在视频信号输入液晶显示器中时，有效RGB信号（即有效视频信号）通常只占据信号周期的一部分，而不包括场消隐和行消隐期间。

10.2.2 液晶数据传输时序

液晶数据传输时序是确保图像或文本数据能够正确、高效地传输到液晶显示模块的一系列规定和步骤。液晶数据传输时序的主要内容和作用如下：

（1）数据同步：数据同步是液晶数据传输时序的核心。它确保发送端（如中央处理器或图形处理器）和接收端（液晶显示器）之间的数据在时序上保持一致，从而避免数据丢失或错位。通过同步时钟信号的驱动，每个时钟周期都对应一个特定的数据传输操作，从而确保数据的正确传输。

（2）传输效率优化：液晶数据传输时序的安排可以优化数据传输效率。通过合理安排数据传输的时机和顺序，可以最大限度地减少传输过程中的等待时间和资源浪费。例如，在传输一帧图像数据时，水平同步信号和垂直同步信号用于标识行和帧的起始和结束，从而确保数据在正确的时机进行传输。

（3）信号线和时序图：液晶数据传输时序通过信号线向液晶屏传输像素数据。这些信号线包括RGB数据线（用于传输红色、绿色、蓝色三种颜色的数据）、同步时钟信号线、水平同步信号线和垂直同步信号线等。时序图展示了这些信号线在传输一帧图像数据时的时序关系，包括信号的有效期、脉冲宽度、延迟时间等参数。

（4）显示指针和扫描方向：液晶显示屏有一个显示指针，它指向将要显示的像素。显示指针的扫描方向通常是从左到右、从上到下，一个像素点一个像素点地描绘图形。这些像素点的数据通过RGB数据线传输至液晶屏，在同步时钟信号的驱动下，逐个传输到液晶屏中，交给显示指针进行显示。

（5）时间参数：在液晶数据传输时序中，还存在一些时间参数，如水平同步信号和垂直同步信号的脉冲宽度、行和帧的延迟时间等。这些时间参数对于确保数据的正确传输和显示非常重要，需要根据具体的显示设备和系统要求进行设置和调整。

图10.6是液晶数据传输时序图。液晶屏显示的图像可视为矩形，由数百万甚至数亿个像素点组成。每个像素点可以显示不同的颜色和亮度，从而组合成图像。液晶屏有一个显示指针，用于确定下一个要显示的像素点。显示指针从屏幕的左上角开始，首先从左到右扫描一行像素点，然后向下移动一行，再次从左到右扫描，如此循环，直到整个

屏幕扫描完成。这个过程称为逐行扫描或光栅扫描。在同步时钟信号的驱动下,RGB 数据线将数据一个接一个地传输到液晶屏。每个同步时钟信号周期对应一个像素点的数据传输。当显示指针完成一行的扫描后,水平同步信号的电平会跳变一次,通知系统开始下一行的扫描和数据传输。当显示指针完成整个屏幕的扫描后,垂直同步信号的电平会跳变一次,通知系统开始下一帧的扫描和数据传输。

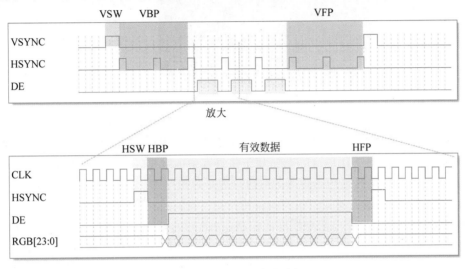

图 10.6　液晶数据传输时序图

显存也称为帧缓存、显卡内存、GPU 内存或图形内存,是计算机处理器中用于存储图像和视频数据的一种随机存取存储器(RAM)。其主要作用是存储计算机生成的各种图像和视频文件,包括游戏图像、3D 模型、视频剪辑、动画等计算机生成的影像。如同计算机的内存一样,显存是用来存储要处理的图形信息的部件。显示屏上的画面由像素点构成,每个像素点都以一定位数的数据来控制其亮度和色彩,这些数据通过显存来保存,再交由显示芯片和 CPU 调配,最后把运算结果转换为图形输出到显示器上。在显卡开始工作(图形渲染建模)前,通常把需要的材质和纹理数据传送到显存里面,工作时,这些数据通过 AGP 总线进行传输,显示芯片将通过 AGP 总线提取存储在显存里面的数据。

显存一般至少要能存储液晶屏的一帧显示数据,例如:分辨率为 800×480 的液晶屏,使用 RGB888 格式显示,它的一帧显示数据大小为 3×800×480=1152000(B);若使用 RGB565 格式显示,一帧显示数据大小为 2×800×480=768000(B)。

10.2.3　电阻触摸屏

液晶触摸面板通常由液晶屏(Liquid Crystal Display,LCD)和触摸屏两部分组成。实验板标配的分辨率为 320×240 的 3.2in 电阻触摸液晶屏,它固定在 PCB 底板上,如图 10.7 所示。

液晶屏集成了 ILI9341 液晶控制器芯片的液晶面板系统。在这个系统中,ILI9341 液晶控制器起到了关键的作用,它负责处理单片机发送的显示数据,并将这些数据刷新

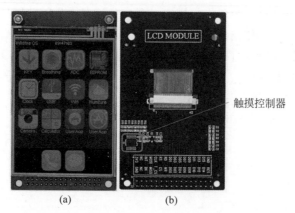

(a)   (b)

图 10.7　实验板标配的 3.2in 电阻触摸屏

触摸控制器

到液晶面板上以显示内容。单片机通过 8080 接口与 ILI9341 液晶控制器进行通信。RGB 接口在内部直接与 ILI9341 相连,用于将显存中的数据转换为液晶面板可以识别的 RGB 信号。FPC 信号线则用于将 8080 接口(即单片机与 ILI9341 之间的数据通道)与外部设备(如单片机)连接起来。

PCB 底板包含了一个电阻触摸屏的控制器 XPT2046,其主要功能是支持和管理电阻触摸屏的操作。XPT2046 是 12 位的 ADC 芯片,主要用于电阻触摸屏,以检测触摸点的位置坐标。它是一个带有 AD 驱动芯片的触控芯片,主要功能是检测在触摸屏上的触摸点位置信息,并将这些模拟量转换为数字量,然后传输给控制器。PCB 底板与液晶触摸面板通过 FPC 排线座连接,然后引出到排针,方便与实验板连接。

1. ILI9341 液晶控制器简介

ILI9341 液晶控制器是一种多功能的 TFT LCD 显示驱动器,具有高性能、低功耗、高可靠性和低成本等优点。它支持多种尺寸的 TFT LCD 显示屏,并可以适应多种显示模式,包括 RGB666、RGB888 和 MCU8 位、16 位等,其内部框图如图 10.8 所示。ILI9341 液晶控制器是一款功能强大、性能优越的 TFT LCD 显示驱动器,广泛应用于各种需要液晶显示和触摸功能的电子设备中。

ILI9341 自带显存,其显存总大小为 172800B(240×320×18/8),即 18 位模式(26 万色)下的显存量。在 16 位模式下,ILI9341 采用 RGB565 格式存储颜色数据,其中数据线 D17~D13 和 D11~D1 用于传输数据,而 D0 和 D12 则没有用到。在 16 位模式下,MCU 的 16 位数据中,最低 5 位为蓝色,中间 6 位为绿色,最高 5 位为红色。数值越大,表示该颜色越深。

此外,ILI9341 还支持多种视频接口,包括 RGB、MCU、SPI、I2C 等,以满足不同应用场景的需求。同时,它还支持多种触摸模式,包括 4 线、5 线、8 线和 I2C 等多种触摸接口,以满足不同触摸需求。

ILI9341 的内部结构包括一个 720 通道的源极驱动器和一个 320 通道的栅极驱动器,以及一套电源支持电路。它还提供了 8 位、9 位、16 位、18 位的并行 MCU 数据总线,6 位、16 位、18 位 RGB 接口数据总线以及 3 线或 4 线 SPI。

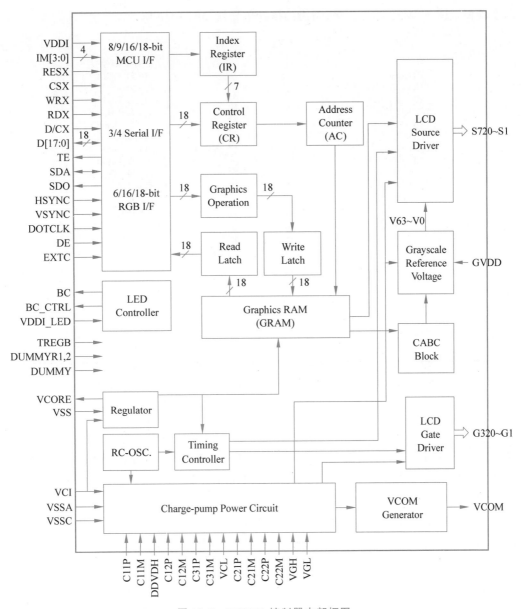

图 10.8　ILI9341 控制器内部框图

2. 8080 时序

ILI9341 控制器是一个功能强大的液晶控制器,它可以根据自身的 IM[3:0] 信号线电平来决定与微控制器(MCU)的通信方式。它本身支持 SPI 及 8080 通信方式,这使得它在与不同类型的 MCU 进行通信时具有高度的灵活性。液晶屏的 ILI9341 控制器在出厂前就已经被配置为通过 8080 接口进行通信,并使用 16 条数据线进行 RGB565 格式的传输,可以确保每个像素的颜色信息都能被准确地传输到显示屏上。内部硬件电路连接完,剩下的其他信号线被引出到 FPC 排线,最后该排线由 PCB 底板引出到排针,排针再与实验板上的 STM32 芯片连接,引出的排针信号线如图 10.9 所示。

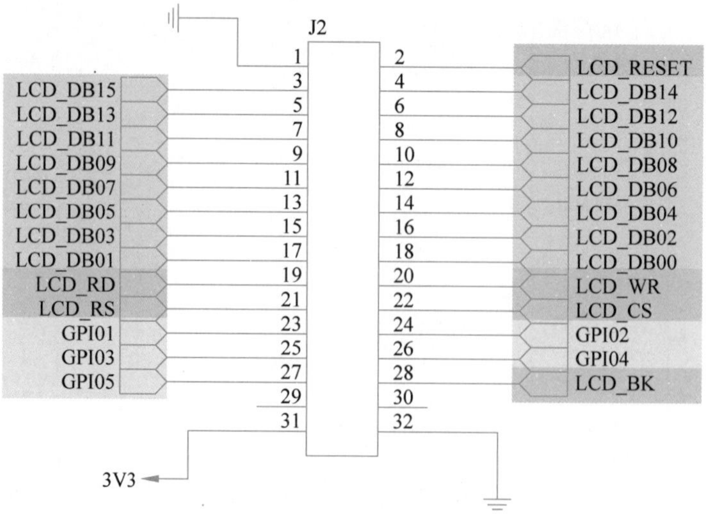

图 10.9　液晶屏引出的排针信号线

液晶屏引出的信号说明如表 10.2 所示。

表 10.2　液晶屏引出的信号说明

信　号　线	ILI9341 对应信号	说　　明
LCD_DB[15:0]	D[15:0]	数据信号
LCD_RD	RDX	读数据信号,低电平有效
LCD_RS	D/CX	数据/命令信号,高电平时,D[15:0]表示数据(RGB 像素数据或命令数据),低电平时 D[15:0]表示控制命令
LCD_RESET	RESX	复位信号,低电平有效
LCD_WR	WRX	写数据信号,低电平有效
LCD_CS	CSX	片选信号,低电平有效
LCD_BK	—	背光信号,低电平点亮
GPIO[5:1]	—	触摸屏的控制信号线

　　ILI9341 对应信号带 X 的表示低电平有效。STM32 的 GPIO 引脚需要连接到 ILI9341 的 8080 接口上,通常包括数据线(LCD_DB0-DB15)、命令/数据选择线(LCD_RS)、读写控制线(LCD_RD /LCD_WR)、复位线(LCD_RESET)、片选线(LCD_CS)等信号,与 ILI9341 相关信号相对应。STM32 通过 8080 接口进行的,用于发送命令和像素数据。通过此接口,STM32 微控制器会按照 ILI9341 的数据手册中的规定,发送特定的命令和数据序列来配置和控制液晶屏。

　　8080 接口写命令时序如图 10.10 所示。在发送任何显示命令或数据之前,需要先复位 ILI9341,通常是通过将复位线拉低一段时间(如 100ms)再拉高来实现的。复位之后,STM32 需要发送一系列初始化命令来配置 ILI9341 的工作模式、显示方向、颜色深度等参数。发送命令时,STM32 需要将 D/CX 线设置为命令模式(通常为低电平),以写信号

WRX 为低,读信号 RDX 为高表示数据传输方向为写入,然后通过数据线发送命令编码。一些命令需要跟随参数,这些参数也需要通过数据线发送。

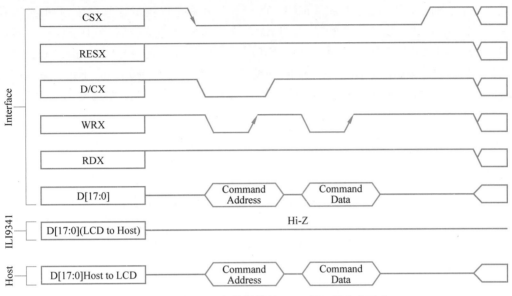

图 10.10　使用 18 条数据线的 8080 接口写命令时序

当需要更新液晶屏上的内容时,STM32 需要将 D/CX 线设置为数据模式(通常为高电平),然后通过数据线发送像素数据。对于 RGB565 格式的像素数据,每个像素需要 16bit 来表示。STM32 需要将这些数据按照 ILI9341 的显存格式(通常是列优先或行优先)发送到液晶屏上。

10.3　使用 STM32 的 FSMC 模拟 8080 接口时序

可以使用 STM32 普通 I/O 去模拟 ILI9341 的 8080 通信接口,但这样效率太低。为此,STM32 提供了使用 FSMC 接口实现 8080 时序的方法。

10.3.1　FSMC 简介

STM32F1 系列芯片的 FSMC 是一个用于连接外部存储器的接口,它可以让 STM32 以高效的方式访问这些外部设备。FSMC 可以与 SRAM、ROM、PSRAM、NOR Flash 和 NAND Flash 等多种类型的外部存储器相连。STM32F1 的 CPU 和其他 AHB 总线主设备可以通过 AHB 从设备接口访问外部静态存储器。这允许 FSMC 将 AHB 数据通信事务转换为适当的外部设备协议,满足外部设备的访问时序要求。FSMC 允许用户配置各种访问参数,如数据宽度(可以是 8bit 或 16bit)、存储器类型以及访问模式(直接模式、间接模式)。这种灵活性使得 FSMC 可以根据外设的特性和用户需求进行定制,以达到最优的访问速度和性能。FSMC 将外部设备分为 NOR/PSRAM 设备和 NAND/PC 卡设备。它们共享地址数据总线等信号,但具有不同的片选信号(CS)以区分不同的设备。

　　液晶屏的显存通常用于存储待显示的图像数据,MCU 需要将这些数据写入显存,以便液晶屏能够正确地显示图像。这个过程与控制外部存储器非常相似,都是将数据写入某个地址空间中。STM32F1 系列 MCU 的 FSMC 外设可以模拟这些信号,并通过编程配置来产生与 8080 接口兼容的时序。FSMC 支持多种存储器类型,包括 SRAM、NOR Flash 等,通过配置不同的时序参数和引脚映射,可以将其配置为与 8080 接口兼容的模式。使用 STM32F1 系列 MCU 的 FSMC 外设来控制液晶屏的 8080 接口,不仅可以提高系统的性能和可靠性,而且可以简化编程过程,降低开发难度。FSMC 结构框图如图 10.11 所示。

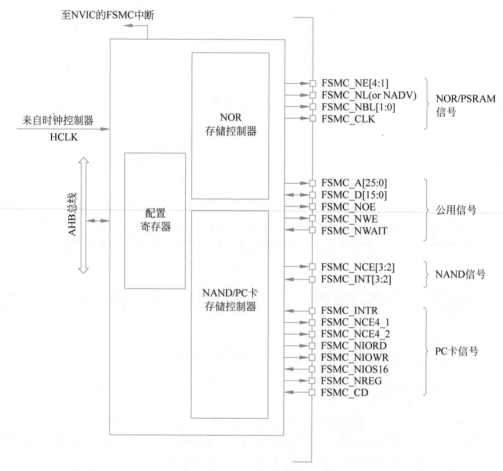

图 10.11　FSMC 结构框图

　　STM32 微控制器控制 LCD 时,使用的是类似异步、地址与数据线独立的 NOR Flash 控制方式。FSMC NOR/PSRAM 中的模式 B 与 ILI9341 液晶控制器芯片使用的 8080 时序十分相似。在实际应用中,通过配置 FSMC 的相关参数和引脚映射,可以将其设置为与 LCD 的 8080 接口兼容的模式。然后,通过向 FSMC 对应的地址空间写入数据,就可以将数据发送到 LCD 的显存中,从而控制 LCD 的显示内容。FSMC 控制 NOR Flash 的信号如表 10.3 所示。

表 10.3　FSMC 控制 NOR Flash 的信号

FSMC 信号	信 号 方 向	功 能 说 明
CLK	输出	时钟(同步突发模式使用)
A[25:0]	输出	地址总线
D[15:0]	输入/输出	双向数据总线
NE[x]	输出	片选,x=1...4
NOE	输出	输出使能
NWE	输出	写使能
NWAIT	输入	NOR 闪存要求 FSMC 等待的信号
NADV	输出	地址、数据线复用时作锁存信号

CLK、NWAIT 和 NADV 引脚没有用到。FSMC_NE 是用于控制 SRAM 芯片的片选控制信号线。STM32 具有 FSMC_NE1/2/3/4 号引脚,这些引脚对应 STM32 内部不同的地址区域。当使用不同的 NE 引脚连接外部存储器时,STM32 访问的 SRAM 的地址会不一样,从而达到控制多块 SRAM 的目的。

例如,当 STM32 访问 0x6C000000~0x6FFFFFFF 地址空间时,FSMC_NE3 引脚会自动设置为低电平,由于它连接到 SRAM 的 CE♯ 引脚,SRAM 的片选被使能。而访问 0x60000000~0x63FFFFFF 地址时,FSMC_NE1 会输出低电平。

10.3.2　FSMC 的地址映射

从 FSMC 的角度看,可以把外部存储器划分为固定大小为 256MB 的四个存储块,如图 10.12 所示。存储块 1 用于访问最多 4 个 NOR 闪存或 PSRAM 存储设备,配有 4 个专用的片选。存储块 2 和存储块 3 用于访问 NAND 闪存设备,每个存储块连接一个 NAND 闪存。存储块 4 用于访问 PC 卡设备。每一个存储块上的存储器类型是由用户在配置寄存器中定义的。

当 STM32 通过 FSMC 接口连接外部的 SRAM 或其他类型的存储器时,这些存储器的地址空间会被映射到 STM32 的内部寻址空间中。STM32 就可以像访问内部存储器一样直接访问这些外部存储器,无须像 I2C EEPROM 或 SPI Flash 那样通过特定的总线协议来发送读写命令。具体来说,通过 FSMC 接口连接外部存储器后,可以使用指针来访问这些存储器的地址空间。FSMC 外设会自动完成数据访问过程,读写命令之类的操作不需要程序控制,访问示例代码见代码清单 10.1。

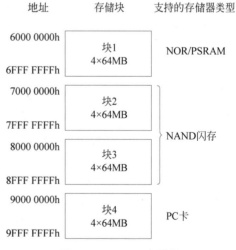

图 10.12　FSMC 存储块

代码清单 **10.1**　使用 **FSMC** 访问外部存储器示例代码

```
1    #define Bank1_SRAM3_ADDR ((uint32_t)(0x68000000))
```

```
2
3   /*写/读16位数据*/
4   * ( uint16_t * ) (Bank1_SRAM3_ADDR + 10 ) = (uint16_t)0xBBBB;
5   printf("指针访问 SRAM,写入数据 0xBBBB \r\n");
6
7   temp = * ( uint16_t * ) (Bank1_SRAM3_ADDR + 10 );
8   printf("读取数据:0x%X \r\n",temp);
```

以上代码中,定义了一个宏 Bank1_SRAM3_ADDR 来表示 SRAM 的起始地址,并使用了指针和类型转换来访问这个地址空间中的特定位置。对于16bit访问,地址应该是2的倍数。(uint16_t *)是一个类型转换(或称为强制类型转换),它将后面的地址或指针值转换为 uint16_t 类型的指针。Bank1_SRAM3_ADDR + 10 计算了一个新的地址。Bank1_SRAM3_ADDR 是一个定义好的基地址,而 +10 表示从这个基地址开始偏移10B。但是,由于将其视为一个指向 uint16_t 的指针(即每个元素占用2B),实际上是在访问从基地址开始的第5个 uint16_t 元素(因为 10/2=5)。将值 0xBBBB 写入从 Bank1_SRAM3_ADDR 开始偏移10B(即第5个 uint16_t 元素)的 SRAM 地址中。

10.3.3 FSMC 控制异步 NOR Flash 的时序

FSMC 支持多种时序模式以便于控制不同的存储器,如 SRAM、NAND Flash、NOR Flash 等。下面针对控制异步 NOR Flash 使用的模式 B 进行讲解。针对异步 NOR Flash,FSMC 的时序配置主要涉及地址建立时间(ADDSET)、数据建立时间(DATAST)以及可能的其他相关时序参数。

1. 地址建立时间

地址建立时间是从 FSMC 开始发送地址信号到地址信号稳定,并准备好进行读写操作所需的时间。在这个时间段内,FSMC 将地址信息发送到 NOR Flash,并确保地址线上的信号稳定。

2. 数据建立时间

对于读操作,数据建立时间是从 FSMC 发出读命令开始到数据总线上的数据稳定可供读取所需的时间。对于写操作,数据建立时间是从 FSMC 发送数据开始到数据总线上的数据稳定可供 NOR Flash 写入所需的时间。在这个时间段内,FSMC 会确保数据总线上的数据信号稳定,以便 NOR Flash 能够正确读取或写入数据。

3. 其他可能的时序参数

除了 ADDSET 和 DATAST,根据具体的异步 NOR Flash 型号和特性可能还需要配置其他时序参数,如地址保持时间(ADDHOLD)等。这些参数的具体配置值应根据所使用的 NOR Flash 的数据手册和规格要求来确定。

模式 B 的读操作时序如图 10.13 所示。在开始读操作之前,FSMC 首先通过片选信号(如 FSMC_NE,具体取决于硬件连接)选择特定的 NOR Flash 设备。当片选信号为低电平时,选中的 NOR Flash 设备将被激活。接着,FSMC 发送要读取的地址到 NOR Flash。这包括通过 FSMC 的地址线发送地址信号,并且在此期间地址信号必须保持稳定(这是地址建立时间)。在地址稳定后,FSMC 会发送读使能信号(在某些情况下,读操作不需要专门的读使能信号,因为地址的发送隐含了读操作)。NOR Flash 在接收到地址并开始读取数据后,会将数据发送到 FSMC 的数据总线上。但是,在数据真正稳定可供读取之前,需要等待一定的时间(这是数据建立时间)。当数据在数据总线上稳定后,FSMC 开始接收数据。这个过程包括从数据总线上读取数据到 STM32 的内部寄存器或内存中。一旦数据接收完成,FSMC 会发送一个结束信号或等待一定的时间,以确保NOR Flash 完成了读操作。然后 FSMC 可以开始下一个操作或释放片选信号。

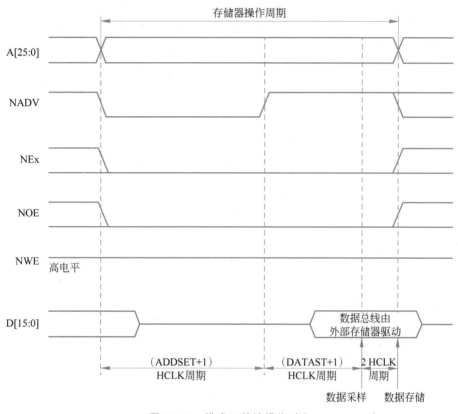

图 10.13　模式 B 的读操作时序

　　模式 B 的写操作时序如图 10.14 所示。在开始写操作之前,FSMC 首先通过片选信号(如 FSMC_NE1,具体取决于硬件连接)选择特定的 NOR Flash 设备。当片选信号为低电平时,选中的 NOR Flash 设备将被激活。接下来,FSMC 发送要写入的地址到 NOR Flash。这包括通过 FSMC 的地址线发送地址信号,并且在此期间地址信号必须保持稳定(这是地址建立时间)。在地址稳定后,FSMC 会发送写使能信号(如 WE 信号)。当写使能信号为低电平时,NOR Flash 设备知道接下来将进行写操作。在写使能信号之后,FSMC 开始通过数据总线发送要写入的数据。在此期间,数据信号必须保持稳定(这是数据建立时间),以确保 NOR Flash 能够正确接收数据。当数据信号稳定后,NOR Flash 开始将数据写入指定的地址。这个过程需要一些时间,具体取决于 NOR Flash 的写入速度。一旦数据写入完成,FSMC 会发送一个结束信号或等待一定的时间,以确保 NOR Flash 完成了写操作。然后 FSMC 可以开始下一个操作或释放片选信号。

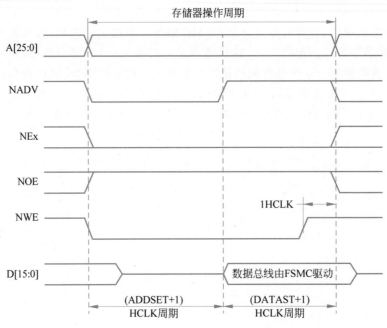

图 10.14　模式 B 的写操作时序

10.3.4　用 FSMC 模拟 8080 时序

FSMC NOR/PSRAM 中的模式 B 时序与 ILI9341 液晶控制器芯片使用的 8080 时序对比如图 10.15 所示。从图中可以看出,除了 FSMC 的地址线 A 和 8080 的 D/CX 线,是完全一样的。它们的信号对比如表 10.4 所示。

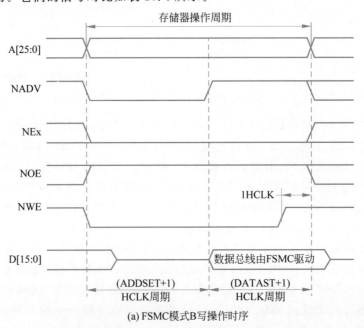

(a) FSMC模式B写操作时序

图 10.15　FSMC 模式 B 时序与 8080 时序对比(写过程)

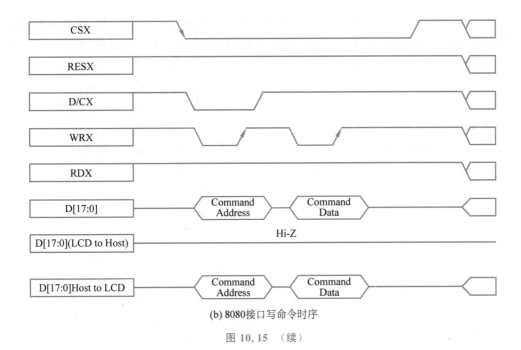

(b) 8080接口写命令时序

图 10.15 （续）

表 10.4 FSMC 的 NOR Flash 与 8080 信号对比

FSMC-NOR 信号	功　能	8080 信号	功　能
NEx	片选信号	CSX	片选信号
NWR	写使能	WRX	写使能
NOE	读使能	RDX	读使能
D[15:0]	数据信号	D[15:0]	数据信号
A[25:0]	地址信号	D/CX	数据/命令选择

　　从表 10.4 可以看出,前四种信号是完全一样的,只有 FSMC 的地址信号线 A[25:0]与 8080 的数据/命令选择线 D/CX 有区别。D/CX 信号为高电平的时候表示数据,为低电平时表示为命令,如果能使用 FSMC 的地址线根据不同的情况产生对应的电平,就完全可以使用 FSMC 来产生 8080 接口需要的时序。

　　为了模拟出 8080 时序,可以把 FSMC 的 A0 地址线(也可以使用其他 A1、A2 等地址线)与 ILI9341 芯片 8080 接口的 D/CX 信号线连接,那么当 A0 为高电平时(即 D/CX 为高电平),数据线 D[15:0]的信号会被 ILI9341 理解为数值,若 A0 为低电平时(即 D/CX 为低电平),传输的信号则会被理解为命令。

　　由于 FSMC 会自动产生地址信号,当使用 FSMC 向 0x6xxx xxx1、0x6xxx xxx3、0x6xxx xxx5 这些奇数地址写入数据时,地址最低位的值均为 1,所以它会控制地址线 A0(D/CX)输出高电平,那么这时通过数据线传输的信号会被理解为数值;当使用 FSMC 向 0x6xxx xxx0、0x6xxx xxx2、0x6xxx xxx4 这些偶数地址写入数据时,地址最低位的值均为 0,所以它会控制地址线 A0(D/CX)输出低电平,因此这时通过数据线传输的信号会被理解为命令。

有了这个基础,只要配置好 FSMC 外设,然后在代码中利用指针变量,向不同的地址单元写入数据,就能够由 FSMC 模拟出的 8080 接口向 ILI9341 写入控制命令或 GRAM 的数据。

10.3.5　NOR Flash 时序结构体

在编写显示程序前,先了解与 FSMC NOR Flash 控制相关的结构体。

FSMC_NORSRAMTimingInitTypeDef 结构体用于配置 FSMC 与 NOR Flash 或 SRAM 之间的时序参数,在文件"stm32f10x_fsmc.h"中,见代码清单 10.2。

代码清单 10.2　NOR Flash 时序结构体 FSMC_NORSRAMTimingInitTypeDef

```
 1  typedef struct
 2  {
 3  uint32_t FSMC_AddressSetupTime;      /*地址建立时间,0-0xF 个 HCLK 周期*/
 4  uint32_t FSMC_AddressHoldTime;       /*地址保持时间,0-0xF 个 HCLK 周期*/
 5  uint32_t FSMC_DataSetupTime;         /*地址建立时间,0-0xF 个 HCLK 周期*/
 6  uint32_t FSMC_BusTurnAroundDuration; /*总线转换周期,0-0xF 个 HCLK 周期,在*/
 7  uint32_t FSMC_CLKDivision; /*时钟分频因子,1-0xF,若控制异步存储器,本参数无效*/
 8  uint32_t FSMC_DataLatency;           /*数据延迟时间,若控制异步存储器,本参数无效*/
 9  uint32_t FSMC_AccessMode;            /*设置访问模式*/
10  }FSMC_NORSRAMTimingInitTypeDef;
```

FSMC_NORSRAMTimingInitTypeDef 结构体的成员如下:

FSMC_AddressSetupTime:设置地址建立时间,它可以被设置为 0-0xF 个 HCLK 周期数。

FSMC_AddressHoldTime:设置地址保持时间,同样也可以被设置为 0-0xF 个 HCLK 周期数。

FSMC_DataSetupTime:设置数据建立时间,同样也可以被设置为 0-0xF 个 HCLK 周期数。

FSMC_BusTurnAroundDuration:设置总线转换周期,在 NOR Flash 存储器中,地址线与数据线可以分时复用,总线转换周期就是指总线在这两种状态间切换需要的延时,以防止冲突。

FSMC_CLKDivision:它以 HCLK 时钟作为输入,经过 FSMC_CLKDivision 分频后,输出到 FSMC_CLK 引脚作为通信使用的同步时钟。然而,当控制其他异步通信的存储器时,这个参数是无效的,通常配置为 0。

FSMC_DataLatency:用于设置数据保持时间的参数。它表示在读取第一个数据之前要等待的周期数,这个周期是指同步时钟的周期。然而,这个参数仅用于同步 NOR Flash 类型的存储器,当控制其他类型的存储器(如 SRAM,它属于异步通信的存储器)时,这个参数是无效的,通常配置为 0。

FSMC_AccessMode:访问模式参数。它定义了 FSMC 如何访问外部存储器。STM32 的 FSMC 模块支持多种访问模式,包括同步和异步模式,以及针对不同类型的存储器的特定模式。

FSMC_ NORSRAMTimingInitTypeDef:时序结构体配置的延时参数,将作为

FSMC NOR Flash 初始化结构体的一个成员。

10.3.6　FSMC 初始化结构体

FSMC 初始化结构体用于描述需要配置的一些关键参数,见代码清单 10.3。

代码清单 10.3　NOR Flash 初始化结构体 FSMC_NORSRAMInitTypeDef

```
1  /**
2   * FSMC NOR/SRAM Init structure definition
3   */
4  typedef struct
5  {
6  uint32_t FSMC_Bank;              /* 设置要控制的 Bank 区域 */
7  uint32_t FSMC_DataAddressMux;    /* 设置地址总线与数据总线是否复用 */
8  uint32_t FSMC_MemoryType;        /* 设置存储器的类型 */
9  uint32_t FSMC_MemoryDataWidth;   /* 设置存储器的数据宽度 */
10 uint32_t FSMC_BurstAccessMode;   /* 设置是否支持突发访问模式,只支持同步类型的存储器 */
11 uint32_t FSMC_AsynchronousWait;  /* 设置是否使能在同步传输时的等待信号 */
12 uint32_t FSMC_WaitSignalPolarity; /* 设置等待信号的极性 */
13 uint32_t FSMC_WrapMode;          /* 设置是否支持对齐的突发模式 */
14 uint32_t FSMC_WaitSignalActive;  /* 配置等待信号在等待前有效还是等待期间有效 */
15 uint32_t FSMC_WriteOperation;    /* 设置是否写使能 */
16 uint32_t FSMC_WaitSignal;        /* 设置是否使能等待状态插入 */
17 uint32_t FSMC_ExtendedMode;      /* 设置是否使能扩展模式 */
18 uint32_t FSMC_WriteBurst;        /* 设置是否使能写突发操作 */
19 /* 当不使用扩展模式时,本参数用于配置读写时序,否则用于配置读时序 */
20 FSMC_NORSRAMTimingInitTypeDef * FSMC_ReadWriteTimingStruct;
21 /* 当使用扩展模式时,本参数用于配置写时序 */
22 FSMC_NORSRAMTimingInitTypeDef * FSMC_WriteTimingStruct;
23 }FSMC_NORSRAMInitTypeDef;
```

这个结构体,除最后两个成员是时序配置,其他结构体成员的配置都对应到 FSMC_BCR 中的寄存器位。各个成员意义介绍如下(括号中的是标准库定义的宏):

FSMC_Bank:用于指定将要使用的 NOR SRAM 存储器设备所在的 Bank。

FSMC_DataAddressMux:用于设置地址总线与数据总线是否复用。具体来说,这个参数有两个值:一是 FSMC_DataAddressMux_Enable,启用地址总线与数据总线的复用。在某些情况下,如控制 NOR Flash 时,通过分时复用地址总线与数据总线,可以减少 STM32 信号线的数量。二是 FSMC_DataAddressMux_Disable,禁用地址总线与数据总线的复用。这意味着地址总线和数据总线是独立的,不共享相同的信号线。

FSMC_MemoryType:用于指定连接的外部存储器的类型。FSMC 支持多种不同类型的存储器,如 NOR Flash、NAND Flash、PSRAM 等。

FSMC_MemoryDataWidth:用于指定与外部存储器(如 SRAM、PSRAM、NOR Flash 等)通信时的数据总线宽度。FSMC 支持多种数据总线宽度,如 8bit、16bit 等。FSMC_MemoryDataWidth 参数的值通常来自一个枚举类型,该枚举类型定义了所有支持的数据总线宽度。

FSMC_BurstAccessMode:用于设置是否使用突发访问模式。具体来说,突发访问模式是指发送一个地址后连续访问多个数据,而非突发模式下每访问一个数据都需要输入一个地址。这种模式仅在控制同步类型的存储器时才能使用。当使用突发访问模式时,数据访问的速度可以得到显著提高,因为系统无须为每个数据访问都重新发送地址。但是否使用突发访问模式还需要根据具体的硬件连接和存储器类型来确定。

FSMC_AsynchronousWait:用于设置是否使能在同步传输时使用等待信号。

FSMC_WaitSignalPolarity:用于设置等待信号(Wait Signal)的极性。在连接外部同步存储器(如 NOR Flash 或 PSRAM)时,这些存储器需要一些时间来完成内部操作(如页模式访问或内部刷新),此时它们会通过 NWAIT 引脚向 FSMC 发送一个等待信号。

FSMC_WrapMode:用于设置是否支持把非对齐的 AHB 突发操作分成两次线性操作。

FSMC_WaitSignalActive:用于指定当闪存存储器处于成组传输模式时,NWAIT 信号是在等待状态之前的一个时钟周期产生,还是在等待状态期间产生。

FSMC_WriteOperation:用于指示 FSMC 是否允许或禁止对存储器的写操作。

FSMC_WaitSignal:不是直接的一个配置参数,但在 FSMC 中,等待信号是一个重要的概念,一般通过 NWAIT 引脚实现。这个信号用于通知 FSMC 外部存储器需要一些时间来完成操作,如读取或写入。

FSMC_ExtendedMode:用于设置是否使用扩展模式(FSMC_ExtendedMode_Enable/Disable),在非扩展模式下,对存储器读写的时序都只使用 FSMC_BCR 寄存器中的配置,即 FSMC_ReadWriteTimingStruct 结构体成员;在扩展模式下,对存储器的读写时序可以分开配置,读时序使用 FSMC_BCR 寄存器,写时序使用 FSMC_BWTR 寄存器的配置,即 FSMC_WriteTimingStruct 结构体成员。

FSMC_ReadWriteTimingStruct:一个结构体,用于定义 FSMC 与外部存储器(如SRAM、PSRAM、NOR Flash 等)之间的读写时序。

FSMC_WriteTimingStruct:一个结构体,用于定义 FSMC 与外部存储器(如SRAM、PSRAM、NOR Flash 等)之间的写操作时序。这个结构体包含了一系列参数,这些参数指定了 FSMC 在进行写操作时与外部存储器之间的时序关系。

对本结构体赋值完成后,调用 FSMC_NORSRAMInit 库函数即可把配置参数写入FSMC_BCR 及 FSMC_BTR/BWTR 寄存器中。

10.4 FSMC——液晶显示实验

本节介绍如何使用 FSMC 外设控制实验板配套的 3.2in(1in=25.4mm)ILI9341 液晶屏。该液晶屏的分辨率为 320×240,支持 RGB565 格式。

10.4.1 硬件电路设计

在开发板上用一个双排母口与液晶排针接口相连,图 10.16 是开发板上的接口电路图。

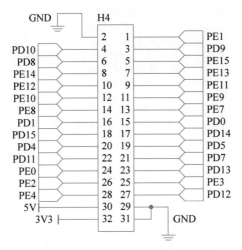

图 10.16　液晶接口电路图

10.4.2　程序编写

为了使工程更加有条理,把 LCD 液晶控制相关的代码独立分开存储,方便以后移植。在"串口通信应用"工程的基础上新建"bsp_ili9341_lcd.c"及"bsp_ili9341_lcd.h"文件。编程要点如下:

(1) 初始化通信使用的目标引脚及端口时钟;

(2) 使能 FSMC 外设的时钟;

(3) 配置 FSMC 为异步 NOR Flash 模式以仿真 8080 时序;

(4) 建立机制使用 FSMC 向液晶屏发送命令及数据;

(5) 发送控制命令初始化液晶屏;

(6) 编写液晶屏的绘制像素点函数;

(7) 利用描点函数制作各种不同的液晶显示应用。

1.　主函数

在文件 main.c 中主要有两个函数,即,主函数 main()、LCD_Test()。文件 main.c 程序见代码清单 10.4。

代码清单 10.4　文件 main.c 代码

```
1   # include "stm32f10x.h"
2   # include "./lcd/bsp_ili9341_lcd.h"
3   # include "./usart/bsp_usart.h"
4   # include < stdio.h >
5
6   static void LCD_Test(void);
7   static void Delay ( __IO uint32_t nCount );
8
9   int main ( void )
10  {
11    ILI9341_Init ();                              //LCD 初始化
12    USART_Config();
```

```
13    printf("\r\n ********* 液晶屏英文显示程序 *********** \r\n");
14    printf("\r\n 本程序不支持中文,显示中文的程序请继续努力 \r\n");
15    //其中 0、3、5、6 模式适合从左至右显示文字,
16    //不推荐使用其他模式显示文字   其他模式显示文字会有镜像效果
17    //其中 6 模式为大部分液晶例程的默认显示方向
18    ILI9341_GramScan ( 6 );
19    while ( 1 )
20    {
21      LCD_Test( );
22    }
23  }
24
25  / * 用于测试各种液晶的函数 * /
26  void LCD_Test(void)
27  {
28    / * 演示显示变量 * /
29    static uint8_t testCNT = 0;
30    char dispBuff[100];
31
32    testCNT++;
33
34    LCD_SetFont(&Font8x16);
35    LCD_SetColors(RED,BLACK);
36
37    ILI9341_Clear(0,0,LCD_X_LENGTH,LCD_Y_LENGTH); / * 清屏,显示全黑 * /
38    / ******** 显示字符串示例 ****** /
39    ILI9341_DispStringLine_EN(LINE(0),"BH 3.2 inch LCD para:");
40    ILI9341_DispStringLine_EN(LINE(1),"Image resolution:240x320 px");
41    ILI9341_DispStringLine_EN(LINE(2),"ILI9341 LCD driver");
42    ILI9341_DispStringLine_EN(LINE(3),"XPT2046 Touch Pad driver");
43
44    / ******** 显示变量示例 ****** /
45    LCD_SetFont(&Font16x24);
46    LCD_SetTextColor(GREEN);
47
48    / * 使用 c 标准库把变量转化成字符串 * /
49    sprintf(dispBuff,"Count : % d ",testCNT);
50    LCD_ClearLine(LINE(4));                          / * 清除单行文字 * /
51
52    / * 然后显示该字符串即可,其他变量也是这样处理 * /
53    ILI9341_DispStringLine_EN(LINE(4),dispBuff);
54
55    / ******* 显示图形示例 ****** /
56    LCD_SetFont(&Font24x32);
57    / * 画直线 * /
58
59    LCD_ClearLine(LINE(4));                          / * 清除单行文字 * /
60    LCD_SetTextColor(BLUE);
61    ILI9341_DispStringLine_EN(LINE(4),"Draw line:");
62    LCD_SetTextColor(RED);
63    ILI9341_DrawLine(50,170,210,230);
64    ILI9341_DrawLine(50,200,210,240);
65    LCD_SetTextColor(GREEN);
66    ILI9341_DrawLine(100,170,200,230);
67    ILI9341_DrawLine(200,200,220,240);
68    LCD_SetTextColor(BLUE);
69    ILI9341_DrawLine(110,170,110,230);
```

```
70      ILI9341_DrawLine(130,200,220,240);
71      Delay(0xFFFFFF);
72
73      ILI9341_Clear(0,16*8,LCD_X_LENGTH,LCD_Y_LENGTH-16*8);/* 清屏,显示全黑 */
74
75      /* 画矩形 */
76      LCD_ClearLine(LINE(4));                           /* 清除单行文字 */
77      LCD_SetTextColor(BLUE);
78      ILI9341_DispStringLine_EN(LINE(4),"Draw Rect:");
79      LCD_SetTextColor(RED);
80      ILI9341_DrawRectangle(50,200,100,30,1);
81      LCD_SetTextColor(GREEN);
82      ILI9341_DrawRectangle(160,200,20,40,0);
83      LCD_SetTextColor(BLUE);
84      ILI9341_DrawRectangle(170,200,50,20,1);
85      Delay(0xFFFFFF);
86      ILI9341_Clear(0,16*8,LCD_X_LENGTH,LCD_Y_LENGTH-16*8);/* 清屏,显示全黑 */
87
88      /* 画圆 */
89      LCD_ClearLine(LINE(4));                           /* 清除单行文字 */
90      LCD_SetTextColor(BLUE);
91      ILI9341_DispStringLine_EN(LINE(4),"Draw Cir:");
92      LCD_SetTextColor(RED);
93      ILI9341_DrawCircle(100,200,20,0);
94      LCD_SetTextColor(GREEN);
95      ILI9341_DrawCircle(100,200,10,1);
96      LCD_SetTextColor(BLUE);
97      ILI9341_DrawCircle(140,200,20,0);
98      Delay(0xFFFFFF);
99      ILI9341_Clear(0,16*8,LCD_X_LENGTH,LCD_Y_LENGTH-16*8);/* 清屏,显示全黑 */
100     }
101
102     static void Delay ( __IO uint32_t nCount )
103     {
104     for ( ; nCount != 0; nCount -- );
105     }
```

主函数代码: 首先声明了函数 LCD_Test(void)与 Delay (__IO uint32_t nCount)。 "static void LCD_Test(void);"声明了一个静态函数 LCD_Test,它不接受任何参数并且没有返回值。由于它是静态的,它只能在定义它的源文件中被调用。"static void Delay (__IO uint32_t nCount);"声明了一个静态的 Delay 函数,它接受一个__IO uint32_t 类型的参数(这通常表示一个可以被输入/输出的 32 位无符号整数,但具体取决于编译器和库定义)。这个函数用于生成延时。

main 函数: 首先通过调用 ILI9341_Init()函数来初始化 LCD 显示屏,然后通过调用 USART_Config()函数来配置 USART。使用 printf 函数通过 USART 发送两条消息到连接的设备(如 PC 上的串行终端)。调用 ILI9341_GramScan(6)来设置 LCD 的显示方向为模式 6(这通常是正常的从左到右、从上到下的方向)。在一个无限循环中,不断调用 LCD_Test()函数。这是为了显示一些测试图案或动画。

函数 LCD_Test(void): 首先是变量定义。定义了变量 testCNT,一个静态的 uint8_t 类型变量,用于跟踪函数调用次数。由于它是静态的,它的值将在函数调用之间保持。定

义了一个字符数组 dispBuff,用于存储待显示的文本(尽管在提供的代码片段中,它没有
被使用)。接着增加 testCNT 的值,设置 LCD 的字体为 Font8x16(8x16 像素的字体),设
置 LCD 的前景色为红色(RED)和背景色为黑色(BLACK)。清除 LCD 屏幕的内容,将
其设置为全黑。后面的解释参见代码清单10.4注释。

2. bps_ili9341_lcd.h 文件

文件 bps_ili9341_lcd.h 代码见代码清单10.5。

代码清单 10.5　bps_ili9341_lcd.h 代码

```
1   # ifndef        __BSP_ILI9341_LCD_H
2   # define        __BSP_ILI9341_LCD_H
3   # include "stm32f10x.h"
4   # include "./font/fonts.h"
5   / ***************** ILI9341 显示屏的 FSMC 参数定义 ******************* /
6   //FSMC_Bank1_NORSRAM 用于 LCD 命令操作的地址
7   # define     FSMC_Addr_ILI9341_CMD    ( ( uint32_t ) 0x60000000 )
8   //FSMC_Bank1_NORSRAM 用于 LCD 数据操作的地址
9   # define     FSMC_Addr_ILI9341_DATA   ( ( uint32_t ) 0x60020000 )
10  //由片选引脚决定的 NOR/SRAM 块
11  # define     FSMC_Bank1_NORSRAMx      FSMC_Bank1_NORSRAM1
12  / ***************** ILI9341 显示屏 8080 通信引脚定义 ***************** /
13  / ****** 控制信号线 ****** /
14  //片选,选择 NOR/SRAM 块
15  # define     ILI9341_CS_CLK       RCC_APB2Periph_GPIOD
16  # define     ILI9341_CS_PORT      GPIOD
17  # define     ILI9341_CS_PIN       GPIO_Pin_7
18  //DC 引脚,使用 FSMC 的地址信号控制,本引脚决定了访问 LCD 时使用的地址
19  //PD11 为 FSMC_A16
20  # define     ILI9341_DC_CLK       RCC_APB2Periph_GPIOD
21  # define     ILI9341_DC_PORT      GPIOD
22  # define     ILI9341_DC_PIN       GPIO_Pin_11
23  //写使能
24  # define     ILI9341_WR_CLK       RCC_APB2Periph_GPIOD
25  # define     ILI9341_WR_PORT      GPIOD
26  # define     ILI9341_WR_PIN       GPIO_Pin_5
27  //读使能
28  # define     ILI9341_RD_CLK       RCC_APB2Periph_GPIOD
29  # define     ILI9341_RD_PORT      GPIOD
30  # define     ILI9341_RD_PIN       GPIO_Pin_4
31  //复位引脚
32  # define     ILI9341_RST_CLK      RCC_APB2Periph_GPIOE
33  # define     ILI9341_RST_PORT     GPIOE
34  # define     ILI9341_RST_PIN      GPIO_Pin_1
35  //背光引脚
36  # define     ILI9341_BK_CLK       RCC_APB2Periph_GPIOD
37  # define     ILI9341_BK_PORT      GPIOD
38  # define     ILI9341_BK_PIN       GPIO_Pin_12
39
40  / ******** 数据信号线 *************** /
```

```
41   #define      ILI9341_D0_CLK       RCC_APB2Periph_GPIOD
42   #define      ILI9341_D0_PORT      GPIOD
43   #define      ILI9341_D0_PIN       GPIO_Pin_14

44   … … // 省略了部分 gpio
45   #define      ILI9341_D15_CLK      RCC_APB2Periph_GPIOD
46   #define      ILI9341_D15_PORT     GPIOD
47   #define      ILI9341_D15_PIN      GPIO_Pin_10

48   /********************* 调试预用 ************************/
49   #define      DEBUG_DELAY( )

50   /*************** ILI934 显示区域的起始坐标和总行列数 *****************/
51   #define      ILI9341_DispWindow_X_Star  0    //起始点的 X 坐标
52   #define      ILI9341_DispWindow_Y_Star  0    //起始点的 Y 坐标

53   #define      ILI9341_LESS_PIXEL        240 //液晶屏较短方向的像素宽度
54   #define      ILI9341_MORE_PIXEL        320 //液晶屏较长方向的像素宽度

55   //根据液晶扫描方向而变化的 XY 像素宽度
56   //调用 ILI9341_GramScan 函数设置方向时会自动更改
57   extern uint16_t LCD_X_LENGTH,LCD_Y_LENGTH;

58   //液晶屏扫描模式
59   //参数可选值为 0 - 7
60   extern uint8_t LCD_SCAN_MODE;

61   /******************* 定义 ILI934 显示屏常用颜色 ********************/
62   #define      BACKGROUND         BLACK          //默认背景颜色

63   #define      WHITE              0xFFFF         //白色
64   #define      BLACK              0x0000         //黑色
65   #define      GREY               0xF7DE         //灰色
66   #define      BLUE               0x001F         //蓝色
67   #define      BLUE2              0x051F         //浅蓝色
68   #define      RED                0xF800         //红色
69   #define      MAGENTA            0xF81F         //红紫色,洋红色
70   #define      GREEN              0x07E0         //绿色
71   #define      CYAN               0x7FFF         //蓝绿色,青色
72   #define      YELLOW             0xFFE0         //黄色
73   #define      BRED               0xF81F
74   #define      GRED               0xFFE0
75   #define      GBLUE              0x07FF

76   /******************** 定义 ILI934 常用命令 *******************/
77   #define      CMD_SetCoordinateX  0x2A          //设置 X 坐标
78   #define      CMD_SetCoordinateY  0x2B          //设置 Y 坐标
79   #define      CMD_SetPixel        0x2C          //填充像素

80   /******************* 声明 ILI934 函数 ********************/
81   void         ILI9341_Init ( void );
82   void         ILI9341_Rs ( void );
83   void         ILI9341_BackLed_Control ( FunctionalState enumState );
84   void         ILI9341_GramScan ( uint8_t ucOtion );
85   void         ILI9341_OpenWindow ( uint16_t usX, uint16_t usY, uint16_t usWidth,
     uint16_t usHeight );
86   void         ILI9341_Clear ( uint16_t usX, uint16_t usY, uint16_t usWidth, uint16_t
```

```
          usHeight );
87   void          ILI9341_SetPointPixel ( uint16_t usX, uint16_t usY );
88   uint16_t      ILI9341_GetPointPixel ( uint16_t usX , uint16_t usY );
89   void          ILI9341_DrawLine ( uint16_t usX1, uint16_t usY1, uint16_t usX2, uint16_t
     usY2 );
90   void          ILI9341_DrawRectangle(uint16_t usX_Start, uint16_t usY_Start, uint16_t
     usWidth, uint16_t usHeight,uint8_t ucFilled );
91   void          ILI9341_DrawCircle ( uint16_t usX_Center, uint16_t usY_Center, uint16_t
     usRadius, uint8_t ucFilled );
92   void          ILI9341_DispChar_EN ( uint16_t usX, uint16_t usY, const char cChar );
93   void          ILI9341_DispStringLine_EN ( uint16_t line, char * pStr );
94   void          ILI9341_DispString_EN ( uint16_t usX, uint16_t usY, char * pStr );
95   void          ILI9341_DispString_EN_YDir ( uint16_t usX,uint16_t usY , char * pStr );
96   void          LCD_SetFont (sFONT * fonts);
97   sFONT         * LCD_GetFont (void);
98   void          LCD_ClearLine   (uint16_t Line);
99   void          LCD_SetBackColor (uint16_t Color);
100  void          LCD_SetTextColor (uint16_t Color);
101  void          LCD_SetColors   (uint16_t TextColor, uint16_t BackColor);
102  void          LCD_GetColors (uint16_t * TextColor, uint16_t * BackColor);

103  #endif /* __BSP_ILI9341_ILI9341_H */
```

bps_ili9341_lcd.h 代码首先定义了 ILI9341 显示屏的 FSMC 参数。

FSMC_Addr_ILI9341_CMD：用于向 ILI9341 发送命令的内存地址。0x60000000 是 FSMC Bank1 NOR/SRAM 区域的起始地址,具体哪个地址用于命令或数据取决于 ILI9341 的接线和初始化配置。通常,ILI9341 使用一组 SPI 或类似的总线接口来接收命令和数据,在这里它是通过 FSMC 接口来模拟的。

FSMC_Addr_ILI9341_DATA：用于向 ILI9341 发送数据的内存地址。0x60020000 是 FSMC Bank1 NOR/SRAM 区域的一个地址,用于数据操作。这通常意味着命令和数据通过不同的地址范围或不同的时序来区分。

FSMC_Bank1_NORSRAMx：定义了使用哪个 FSMC Bank 来与 ILI9341 通信。FSMC_Bank1_NORSRAM1 表示使用 Bank1 的第一个 NOR/SRAM 接口。STM32 的 FSMC 通常有多个 Bank,每个 Bank 都可以配置为与不同类型的外部设备通信。

定义 ILI9341 显示屏 8080 通信引脚,包括控制信号引脚与数据信号引脚。代码清单 10.5 中省略了部分数据信号引脚的定义。

定义关于 ILI9341LCD 显示屏的显示区域、分辨率和扫描模式的参数。ILI9341_DispWindow_X_Star 和 ILI9341_DispWindow_Y_Star 定义了 LCD 显示区域的起始坐标。这里设置为(0,0),意味着显示区域从屏幕的左上角开始。ILI9341_LESS_PIXEL 和 ILI9341_MORE_PIXEL 分别定义了 LCD 较短方向和较长方向的像素宽度。对于 ILI9341,这通常指的是垂直(Y 轴)和水平(X 轴)方向的像素数。从定义来看,ILI9341_LESS_PIXEL 是 240,而 ILI9341_MORE_PIXEL 是 320,所以这是一个 240×320 分辨率的 LCD 屏幕。LCD_X_LENGTH 和 LCD_Y_LENGTH 是两个外部定义的 uint16_t 变量,它们用于存储 LCD 在 X 轴和 Y 轴方向的像素长度。这些变量的值会根据 LCD 的扫描方向动态更改,有时为了优化显示性能或适应特定的硬件设计,会将 LCD 的扫描方向从默认的横屏(宽大于高)更改为竖屏(高大于宽)。LCD_SCAN_MODE 是一个外部定义的 uint8_t 变量,用于存储 LCD 的扫描模式。它可以有 0～7 的值,代表不同的扫描方式。具体的扫描方式(如从左到右、从上到下,或者它们的组合)取决于 ILI9341 的硬件规格和库函数的实现。

定义 ILI9341LCD 显示屏上常用的颜色的宏定义。ILI9341 通常是一个基于 RGB 色彩模型的彩色 LCD,其像素点由红色、绿色、蓝色三种颜色的子像素组成,通过调整这些子像素的亮度来显示各种颜色。每个颜色定义都是一个 16 位的值,其中高 5 位表示红色分量,中间 6 位表示绿色分量,低 5 位表示蓝色分量。这是 RGB565 颜色格式,它用 16 位表示一个颜色,其中红色占 5 位,绿色占 6 位,蓝色占 5 位,总共可以表示 2^{16}(即 65536)种不同的颜色。

定义 ILI9341LCD 显示屏驱动中常用的命令。CMD_SetCoordinateX(0x2A)命令用于设置 LCD 屏幕上像素的 X 坐标。在发送此命令后,通常需要发送一个或多个字节来指定 X 坐标的起始和结束值(具体取决于 LCD 的显示模式)。CMD_SetCoordinateY(0x2B)命令用于设置 LCD 屏幕上像素的 Y 坐标。同样,发送此命令后,需要指定 Y 坐标的起始和结束值。CMD_SetPixel(0x2C)命令用于向 LCD 屏幕上的指定位置写入一个像素的数据。在发送此命令后,需要指定像素的 RGB 颜色值(对于 RGB565 格式,这通常是一个 16 位的值)。注意,需要在发送 CMD_SetCoordinateX 和 CMD_SetCoordinateY 之后发送 CMD_SetPixel,以便告诉 LCD 在哪个位置写入像素。

最后是 ILI9341_Init(void)、ILI9341_Rst(void)等函数声明。

3. bps_ili9341_lcd.c 文件

文件 bps_ili9341_lcd.c 涉及大量代码,在此只对部分核心代码做解释。

1) FSMC 的 GPIO 引脚初始化

初始化 FSMC 的 GPIO 引脚的函数,见代码清单 10.6。

代码清单 10.6　FSMC 的 GPIO 初始化函数(省略了部分数据线)

```
1   static void ILI9341_GPIO_Config ( void )
2   {
3   GPIO_InitTypeDef GPIO_InitStructure;
4   /* 使能 FSMC 对应相应引脚时钟 */
5   RCC_APB2PeriphClockCmd (
6   /* 控制信号 */
    ILI9341_CS_CLK|ILI9341_DC_CLK|ILI9341_WR_CLK|
    ILI9341_RD_CLK  |ILI9341_BK_CLK|ILI9341_RST_CLK|
7   /* 数据信号 */
    ILI9341_D0_CLK|ILI9341_D1_CLK|  ILI9341_D2_CLK |
    ILI9341_D3_CLK | ILI9341_D4_CLK|ILI9341_D5_CLK|
    ILI9341_D6_CLK | ILI9341_D7_CLK|ILI9341_D8_CLK|
    ILI9341_D9_CLK | ILI9341_D10_CLK|ILI9341_D11_CLK|
    ILI9341_D12_CLK | ILI9341_D13_CLK|ILI9341_D14_CLK|
    ILI9341_D15_CLK  ,ENABLE );
8   /* 配置 FSMC 相对应的数据线,FSMC-D0～D15 */
9   GPIO_InitStructure.GPIO_Speed = GPIO_Speed_50MHz;
10  GPIO_InitStructure.GPIO_Mode = GPIO_Mode_AF_PP;
11  ……
```

```
12    GPIO_InitStructure.GPIO_Pin = ILI9341_D15_PIN;
13    GPIO_Init ( ILI9341_D15_PORT, & GPIO_InitStructure );
14
15    /* 配置 FSMC 相对应的控制线
16     * FSMC_NOE :LCD - RD    * FSMC_NWE :LCD - WR
17     * FSMC_NE1 :LCD - CS    * FSMC_A16    :LCD - DC
18     */
19    GPIO_InitStructure.GPIO_Speed = GPIO_Speed_50MHz;
20    GPIO_InitStructure.GPIO_Mode = GPIO_Mode_AF_PP;
21
22    GPIO_InitStructure.GPIO_Pin = ILI9341_RD_PIN;
23    GPIO_Init (ILI9341_RD_PORT, & GPIO_InitStructure );
24
25    GPIO_InitStructure.GPIO_Pin = ILI9341_WR_PIN;
26    GPIO_Init (ILI9341_WR_PORT, & GPIO_InitStructure );
27
28    GPIO_InitStructure.GPIO_Pin = ILI9341_CS_PIN;
29    GPIO_Init ( ILI9341_CS_PORT, & GPIO_InitStructure );
30
31    GPIO_InitStructure.GPIO_Pin = ILI9341_DC_PIN;
32    GPIO_Init ( ILI9341_DC_PORT, & GPIO_InitStructure );
33
34    /* 配置 LCD 复位 RST 控制引脚 */
35    GPIO_InitStructure.GPIO_Mode = GPIO_Mode_Out_PP;
36    GPIO_InitStructure.GPIO_Speed = GPIO_Speed_50MHz;
37
38    GPIO_InitStructure.GPIO_Pin = ILI9341_RST_PIN;
39    GPIO_Init ( ILI9341_RST_PORT, & GPIO_InitStructure );
40
41    /* 配置 LCD 背光控制引脚 BK */
42    GPIO_InitStructure.GPIO_Mode = GPIO_Mode_Out_PP;
43    GPIO_InitStructure.GPIO_Speed = GPIO_Speed_50MHz;
44
45    GPIO_InitStructure.GPIO_Pin = ILI9341_BK_PIN;
46    GPIO_Init ( ILI9341_BK_PORT, & GPIO_InitStructure );
47 }
```

static void ILI9341_GPIO_Config (void)声明一个静态函数,用于配置 ILI9341 LCD 的 GPIO 端口。启用与 ILI9341 LCD 连接的所有 GPIO 端口的时钟。这些端口包括数据端口(D0~D15)和控制端口(如 CS、DC、WR、RD、RST、BK 等)。配置数据端口的 GPIO 参数。这里设置了 GPIO 的速率为 50MHz,并设置为复用推挽输出(GPIO_Mode_AF_PP),但代码在 12 行只配置了 D15 的引脚,这通常是一个示例,并应该有一个循环或重复的代码块来配置所有 D0~D15 的引脚。配置控制端口的 GPIO 参数。这些端口包括 RD (读)、WR(写)、CS(片选)和 DC(数据/命令)等。同样,这里只配置了 RD 的引脚,应该有类似的代码来配置其他控制引脚。配置 LCD 复位(RST)引脚为推挽输出模式(GPIO_Mode_Out_PP),并设置速率为 50MHz。复位引脚用于初始化 LCD 屏幕。配置 LCD 背光(BK)控制引脚。这通常用于控制 LCD 屏幕的背光亮度,但具体实现因硬件而异。这里也将其配置为推挽输出模式,并设置速率为 50MHz。

2) 配置 FSMC 的模式

配置 FSMC 的工作模式见代码清单 10.7。

代码清单 10.7　配置 FSMC 的工作模式

```
1   static void ILI9341_FSMC_Config ( void )
2   {
3     FSMC_NORSRAMInitTypeDef FSMC_NORSRAMInitStructure;
4     FSMC_NORSRAMTimingInitTypeDef readWriteTiming;
5
6     /* 使能 FSMC 时钟 */
7     RCC_AHBPeriphClockCmd ( RCC_AHBPeriph_FSMC, ENABLE );
8
9     //地址建立时间(ADDSET)为 1 个 HCLK 2/72MHz = 28ns
10    readWriteTiming.FSMC_AddressSetupTime = 0x01;   //地址建立时间
11    //数据保持时间(DATAST) + 1 个 HCLK = 5/72MHz = 70ns
12    readWriteTiming.FSMC_DataSetupTime = 0x04;   //数据建立时间
13    //选择控制的模式,模式 B,异步 NOR Flash 模式,与 ILI9341 的 8080 时序匹配
14    readWriteTiming.FSMC_AccessMode = FSMC_AccessMode_B;
15
16    /* 以下配置与模式 B 无关 */
17    //地址保持时间(ADDHLD)模式 A 未用到
18    readWriteTiming.FSMC_AddressHoldTime = 0x00;   //地址保持时间
19    //设置总线转换周期,仅用于复用模式的 NOR 操作
20    readWriteTiming.FSMC_BusTurnAroundDuration = 0x00;
21    //设置时钟分频,仅用于同步类型的存储器
22    readWriteTiming.FSMC_CLKDivision = 0x00;
23    //数据保持时间,仅用于同步类型的 NOR
24    readWriteTiming.FSMC_DataLatency = 0x00;
25
26    FSMC_NORSRAMInitStructure.FSMC_Bank = FSMC_Bank1_NORSRAMx;
27    FSMC_NORSRAMInitStructure.FSMC_DataAddressMux = FSMC_DataAddressMux_Disable;
28    FSMC_NORSRAMInitStructure.FSMC_MemoryType = FSMC_MemoryType_NOR;
29    FSMC_NORSRAMInitStructure.FSMC_MemoryDataWidth = FSMC_MemoryDataWidth_16b;
30    FSMC_NORSRAMInitStructure.FSMC_BurstAccessMode = FSMC_BurstAccessMode_Disable;
31    FSMC_NORSRAMInitStructure.FSMC_WaitSignalPolarity = FSMC_WaitSignalPolarity_Low;
32    FSMC_NORSRAMInitStructure.FSMC_WrapMode = FSMC_WrapMode_Disable;
33    FSMC_NORSRAMInitStructure.FSMC_WaitSignalActive = FSMC_WaitSignalActive_BeforeWaitState;
34    FSMC_NORSRAMInitStructure.FSMC_WriteOperation = FSMC_WriteOperation_Enable;
35    FSMC_NORSRAMInitStructure.FSMC_WaitSignal = FSMC_WaitSignal_Disable;
36    FSMC_NORSRAMInitStructure.FSMC_ExtendedMode = FSMC_ExtendedMode_Disable;
37    FSMC_NORSRAMInitStructure.FSMC_WriteBurst = FSMC_WriteBurst_Disable;
38    FSMC_NORSRAMInitStructure.FSMC_ReadWriteTimingStruct = &readWriteTiming;
39    FSMC_NORSRAMInitStructure.FSMC_WriteTimingStruct = &readWriteTiming;
40
41    FSMC_NORSRAMInit ( & FSMC_NORSRAMInitStructure );
42
43    /* 使能 FSMC_Bank1_NORSRAM4 */
44    FSMC_NORSRAMCmd ( FSMC_Bank1_NORSRAMx, ENABLE );
45  }
```

初始化结构体 FSMC_NORSRAMInitTypeDef 用于配置 FSMC NOR/SRAM 的基本参数,FSMC_NORSRAMTimingInitTypeDef 用于配置 FSMC NOR/SRAM 的读写时序。然后使能 FSMC 时钟。配置读写时序,设置地址建立时间、数据建立时间等参数,这些参数需要根据 ILI9341 的具体时序要求来设置。配置 FSMC NOR/SRAM 参数,这里配置 FSMC NOR/SRAM 的基本参数包括 Bank 选择、数据地址复用、存储器类型、数据

宽度等。注意这里的 FSMC_Bank1_NORSRAMx 应该被替换为具体的 Bank 号（如 FSMC_Bank1_NORSRAM4）。使用之前配置好的结构体参数来初始化 FSMC NOR/ SRAM。使能之前配置 FSMC Bank，以便可以开始通信。同样，这里的 FSMC_Bank1_ NORSRAMx 应该被替换为具体的 Bank 号。

3）向 ILI9341 写入命令与数据

向 ILI9341 写入命令与数据见代码清单 10.8。

代码清单 10.8　向 ILI9341 写入命令与数据

```
1   /**
2    * @brief 向 ILI9341 写入命令
3    * @param usCmd :要写入的命令(表寄存器地址)
4    * @retval 无
5    */
6   __inline void ILI9341_Write_Cmd ( uint16_t usCmd )
7   {
8     ( __IO uint16_t * ) ( FSMC_Addr_ILI9341_CMD ) = usCmd;
9   }
10  /**
11   * @brief 向 ILI9341 写入数据
12   * @param usData :要写入的数据
13   * @retval 无
14   */
15  __inline void ILI9341_Write_Data ( uint16_t usData )
16  {
17    ( __IO uint16_t * ) ( FSMC_Addr_ILI9341_DATA ) = usData;
18  }
```

函数 ILI9341_Write_Cmd 和 ILI9341_Write_Data 是用于通过 FSMC 接口向 ILI9341LCD 屏幕写入命令和数据的内联函数。内联函数通常用于非常小的、执行频繁的函数，编译器在调用这些函数时会直接将函数体插入调用点，从而避免函数调用的开销。ILI9341_Write_Cmd(uint16_tusCmd)是将 16 位的命令写入 ILI9341 的命令寄存器。这里假设 SMC_Addr_ILI9341_CMD 是一个指向 ILI9341 命令寄存器的地址的宏定义或常量。通过将 usCmd 的值赋给指向 FSMC_Addr_ILI9341_CMD 地址的 16 位指针来实现。ILI9341_Write_Data(uint16_tusData)与 ILI9341_Write_Cmd 类似。

4）向液晶屏写入初始化配置

通过使用发送命令及数据函数，可以向液晶屏写入一些初始化配置，见代码清单 10.9。

代码清单 10.9　向液晶屏写入初始化配置

```
1   static void ILI9341_REG_Config ( void )
2   {
3     /* Power control B (CFh) */
4     DEBUG_DELAY ();
5     ILI9341_Write_Cmd ( 0xCF );
6     ILI9341_Write_Data ( 0x00 );
7     ILI9341_Write_Data ( 0x81 );
```

```
8     ILI9341_Write_Data ( 0x30 );
9
10    /*  Power on sequence control (EDh)  */
11    DEBUG_DELAY ();
12    ILI9341_Write_Cmd ( 0xED );
13    ILI9341_Write_Data ( 0x64 );
14    ILI9341_Write_Data ( 0x03 );
15    ILI9341_Write_Data ( 0x12 );
16    ILI9341_Write_Data ( 0x81 );
17    ……
18    ……//省略了部分内容
19    /*  Display ON (29h)  */
20    ILI9341_Write_Cmd ( 0x29 );
21    }
```

以上列出的代码本质是使用 ILI9341_Write_Cm 发送代码,然后使用 ILI9341_Write_Data 函数发送命令对应的参数对液晶屏进行配置,详细的解释可参见配套的工程代码。

文件"bps_ili9341_lcd.c"内还有不少函数,可参见配套工程代码。

10.4.3 下载验证

本实验还要用到串口助手,在串口助手上显示两句文字,如图 10.17 所示;然后液晶显示如图 10.18 所示内容。串口助手操作过程参见第 8 章。

图 10.17 串口助手显示

图 10.18　液晶显示

第 **11** 章

I2C总线应用——电可擦除可编程只读存储器的读写

存储器是计算机系统中的记忆设备,用来存放程序和数据。现在的存储器基本上是由半导体材料或磁性材料构成的。电可擦除可编程只读存储器(EEPROM)属于非易失性存储器的一种,它允许用户通过电子信号来擦除和重编程其内容。EEPROM 具有广泛的应用场景,如电子设备校准和校验、网络和通信设备、汽车电子、消费电子产品等。本章将介绍通过 STM32 的 I2C 总线接口实现 EEPROM 进行读写操作。

11.1 半导体存储器

半导体存储器是一种基于半导体技术制造的电子器件,用于读取和存储数字信息。半导体存储器一般由存储体、地址译码电路和读写控制电路等模块组成,如图 11.1 所示。

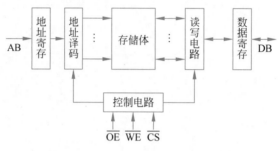

图 11.1 存储器结构示意

半导体存储器从应用角度上可分为两大类:随机存取存储器(RAM)和只读存储器(ROM)。

11.1.1 随机存取存储器

随机存取是指当存储器中的数据被读取或写入时,所需要的时间与这段信息所在的位置或所写入的位置无关。RAM 是一种易失性存储器,断电时,RAM 中的数据会丢失。根据 RAM 的特性和用途可以分为静态随机存取存储器(SRAM)和动态随机存取存储器(DRAM)。

SRAM 的存储单元在静态触发器的基础上附加门控管而构成,如图 11.2 所示,靠触发器的自保功能存储数据。其存取速度快,集成度低,功耗较大,相同的容量体积较大,但价格较高。SRAM 存储器用于构建高速缓存存储器。

DRAM 的存储单元由动态 MOS 存储单元组成,以施加到电容器的电荷的形式存储二进制信息,如图 11.3 所示。为了避免存储信息的丢失,必须定时地给电容补充漏掉的电荷。DRAM 相对 SRAM 价格低,每个单元中使用了一个晶体管和一个电容器。计算机内存条通常指的是 DRAM。同步动态随机存取存储器(SDRAM)是 DRAM 的一种类型,它在一个 CPU 时钟周期内可完成数据的访问和刷新,即可与 CPU 的时钟同步工作,其工作速度与系统总线速度同步。

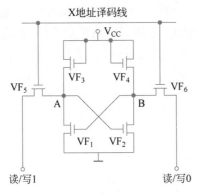

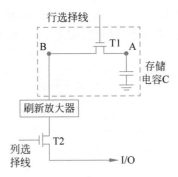

图 11.2　六管 MOS 静态基本存储电路　　图 11.3　单管动态存储单元

DRAM 的结构简单,每一个比特的数据都只需一个电容和一个晶体管来处理;相比之下在 SRAM 上一个比特通常需要 6 个晶体管。DRAM 在现实中电容会有漏电,导致电位差不足而使记忆消失,因此电容须经常周期性地充电,否则无法确保记忆长存。相对来说,SRAM 只要存入数据后,即使不刷新也不会丢失记忆。DRAM 与 SRAM 特性对比如表 11.1 所示。

表 11.1　DRAM 与 SRAM 特性对比

特　　性	DRAM	SRAM
存取速度	较慢	较快
集成度	较高	较低
生产成本	较低	较高
是否需要刷新	是	否

在实际应用场合中,SRAM 常用作 CPU 内部的高速缓存,而外部扩展的数据存储器一般使用 DRAM。

11.1.2　只读存储器

只读存储器的工作特点:在系统的在线运行过程中,只能对其进行读操作,而不能进行写操作;电源关断,信息不会丢失,属于非易失性存储器件,常用来存放不需要改变的信息。常见的 ROM 有以下四种:

(1) 掩模式 ROM(MROM):厂家根据用户事先编写好的机器码程序,把 0、1 信息存储在掩模图形中而制成的芯片。芯片制成后,存储位的状态即 0、1 信息就被固定了。

(2) 可编程 ROM(PROM):靠存储单元中的熔丝是否熔断决定信息 0 和 1,当熔丝未断时,信息为 1;熔丝烧断时,信息为 0。PROM 器件只能固化一次程序,数据写入后不能再改变。

(3) 可擦除可编程 ROM(EPROM):利用紫外线擦除器可将其所存储的信息擦除,再根据需要利用 EPROM 编程器写入信息,因此这种存储器可反复使用。EPROM 的基本存储元电路是用浮栅雪崩注入 MOS 晶体管构成的。该结构与普通 P 沟道增强型

MOS 管相似,在 N 型基片(衬底)上生长两个高浓度的 P 型区,引出源极(S)和漏极(D),在 S 与 D 之间有一个多晶硅的栅极,栅极没有引出,它周围被绝缘层 SiO_2 所包围,因此是浮空的,故称为"浮栅",如图 11.4 所示。

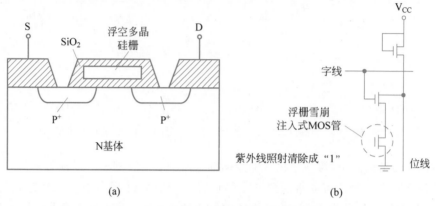

图 11.4　浮栅雪崩注入式 MOS 晶体管与 EPROM 基本存储电路

(4) 电可擦除可编程 ROM(EEPROM):组成 EEPROM 的基本存储电路和 EPROM 的基本存储电路类似,不同的是 EEPROM 的漏极上增加了 1 只隧道二极管,在外电场作用下,能够使浮空栅上的电荷流向漏极,实现擦除;反之,也可以将电荷充进浮空栅。

11.1.3　Flash 存储器

Flash 存储器是一种非易失性内存器件,能够在没有电流供应的条件下长久地保持数据。既具有 ROM 非易失性的优点又有很高的存取速度,既可读又可写,由双层浮栅 MOS 管组成,如图 11.5 所示。但是,其第一层栅介质很薄,作为隧道氧化层。Flash 存储器写入方法与 EEPROM 相同,在第二级浮空栅极 WE 上加正电压,使电子进入第一级浮栅。Flash 存储器读出方法与 EPROM 相同。Flash 存储器擦除方法是在源极加正电压,利用第一级浮空栅极与源极之间的隧道效应,把注入至浮栅的负电荷吸引到源极。

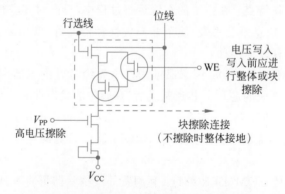

图 11.5　Flash 存储器的存储单元电路

　　Flash 存储器根据存储技术的不同,可以分为 NAND Flash 和 NOR Flash 两种类型。它们的区别如下:

　　(1) 擅长存储代码的 NOR Flash 和擅长存储数据的 NAND Flash。NOR 的特点是芯片内执行(eXecuteInPlace,XIP),应用程序可以直接在 Flash 内运行,不必把代码读到系统 RAM 中。NOR 的传输效率很高,在 1～4MB 时,具有很高的成本效益,但是很低的写入和擦除速度大大影响了其性能。NAND 提供极高的单元密度,可以达到高存储密度,写入和擦除的速度也快。

　　(2) 操作效率差别。NOR 的读速度稍快于 NAND,NAND 的写和擦除速度远快于NOR。大多数写入操作需要先进行擦除操作,NAND 的擦除单元更小,相应的擦除电路更少。

　　(3) 接口差别。NOR 带有 SRAM 接口,有足够的地址引脚寻址,可以很容易地存取器件内部的每个字节。NAND 器件使用复杂的 I/O 口来串行地存取数据,每个产品和厂商的方法各不相同。8 个引脚用来传送控制、地址和数据信息。NAND 读和写操作采用512B 的块,类似硬盘管理操作。因而,基于 NAND 的存储器很容易取代硬盘或其他块设备。

　　(4) 容量和成本差别。NOR 的单元尺寸几乎是 NAND 器件的一半。NOR 占据了容量为 1～16MB 闪存市场的大部分,而 NAND 只是用在 8～128MB 的产品中,这也说明 NOR 主要应用在代码存储介质中,NAND 适合于数据存储。

　　(5) 位交换。所有 Flash 器件都受位交换现象的困扰。一个比特位会发生反转或被报告反转了。一位的变化可能不很明显,但是如果发生在一个关键文件上,这个小小的故障可能导致系统停机。如果只是报告有问题,多读几次就可能解决了。位反转的问题更多见于 NAND 闪存。

　　(6) 易用性。可以非常直接地使用基于 NOR 的闪存,像其他存储器那样连接,并可以在上面直接运行代码。由于需要 I/O 接口,NAND 要复杂得多。各种 NAND 器件的存取方法因厂家而异。在使用 NAND 器件时,必须先写入驱动程序,才能继续执行其他操作。向 NAND 器件写入信息需要相当的技巧,因为设计师绝不能向坏块写入,这就意味着在 NAND 器件上自始至终都必须进行虚拟映射。

　　(7) 软件支持。在 NOR 器件上运行代码不需要任何的软件支持,在 NAND 器件上进行同样操作时通常需要驱动程序,也就是内存技术驱动程序(MTD),NAND 和 NOR器件在进行写入和擦除操作时都需要 MTD。使用 NOR 器件时所需要的 MTD 要相对少一些,许多厂商都提供用于 NOR 器件的更高级软件。

11.2 I2C 协议

　　为了简化集成电路之间的互连,飞利浦公司开发出一种标准外围总线互连接口,称为集成电路间总线或内部集成电路(Inter-IC,I2C)总线。I2C 总线是一个两线双向串行总线接口标准,采用这种接口标准的器件只需要使用两条信号线与单片机进行连接,就可以完成单片机与接口器件之间的信息交互。

由于I2C总线的双向特性,总线上的主器件和从器件都可能成为发送器和接收器。在主器件发送数据或命令时,主器件是发送器(主发送器),从器件是接收器(从接收器);在主器件接收从器件的数据时,主器件为接收器(主接收器),从器件是发送器(从发送器)。

11.2.1 I2C物理层

I2C总线采用二线制传输,分别是串行数据线(SDA)和串行时钟线(SCL)。所有I2C器件都连接在SDA和SCL上。嵌入式系统采用I2C总线可方便地扩展外部存储器、ADC、DAC、实时时钟、键盘、显示等接口电路,如图11.6所示。

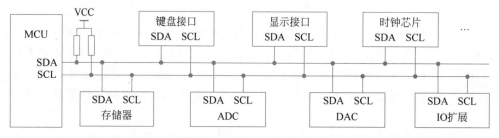

图 11.6 I2C 总线外部扩展

为了避免总线信号混乱和冲突,I2C总线接口电路均为漏极开路或集电极开路,总线上必须有上拉电阻。上拉电阻与电源电压 VDD 和 SDA/SCL 串接电阻 Rs 有关,一般可选 $5\sim10k\Omega$。

由于采用串行数据传输方式,其传输速率不是太高。标准模式下数据传输速率为100Kb/s,快速模式下传输速率为400Kb/s,高速模式传输速率为 3.4Mb/s。

采用I2C总线设计系统具有如下的优点:

(1)实际的器件与功能框图中的功能模块相对应,所有I2C器件共用一条总线,便于将框图转换成原理图。

(2)在两条线上完成寻址和数据传输,节省电路板体积。

(3)器件通过内置地址结合可编程地址的方式寻址,无须设计总线接口;增加和删减系统中的外围器件不会影响总线和其他器件的工作,便于系统功能的改进和升级。

(4)数据传输协议可以使系统完全由软件来定义,应用灵活,适应面广。

(5)通过多主器件模式可以将外部调试设备连接到总线上,为调试、诊断提供便利。

11.2.2 I2C协议层

I2C总线支持多主和主从两种工作方式。一般的设计中I2C总线工作在主从工作方式,I2C总线上只有一个主器件,其他均为从器件。主器件对总线具有控制权。在多主方式中,通过硬件和软件的仲裁,主控制器取得总线控制权。

无论何种情况下时钟信号始终由主器件产生。时钟线 SCL 的一个时钟周期只能传输一位数据,I2C总线的通信速率受主器件控制,在不超过芯片最快速度的情况下,取决于主器件的时钟信号。

1. I2C 总线的器件地址

I2C 总线上连接的器件都是总线上的节点,每个时刻只有一个主控器件操控总线。每个器件都有一个唯一确定的地址,主控器件通过这个地址实现对从器件的点对点数据传输。器件的地址由 7 位组成,其后附加了 1 位方向位,确定数据的传输方向。这 8 位构成了传输起始信号后的第一个字节,如图 11.7 所示。

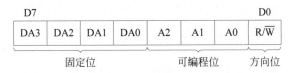

图 11.7　8 位器件地址

器件的地址由 4 位固定位和 3 位可编程位组成。固定位由生产厂家给出,用户不能改变。可编程位与器件的地址引脚的连接相对应,当系统中使用了多个相同芯片时可以进行正确的访问。不同的器件有时会有相同的固定地址编码,例如静态 RAM 器件 PCF8570 和 EEPROM 器件 PCF8582 的固定位均为 1010,此时通过可编程位进行区分,如图 11.8 所示。

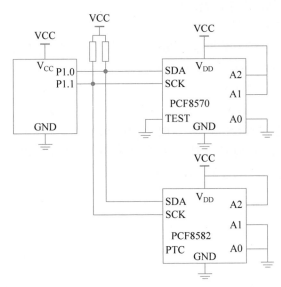

图 11.8　相同固定地址不同编程地址

当主器件发送了数据帧的第一个字节后,总线上连接的从器件会将接收到的地址数据与自己的地址进行比较,被选中的从器件再根据方向位确定是接收数据还是发送数据。

2. I2C 总线的数据传输过程

I2C 总线必须由主控器件控制,主控器件产生起始信号(状态)和停止信号(状态),控制总线的传输方向,并产生时钟信号同步数据传输,如图 11.9 所示。主器件与从器件之间传输数据是交互进行的,除了起始信号(状态)和停止信号(状态)及数据外,还应包含被叫对象地址、操作性质(读/写)、应答等信息,即一次信息传输过程传输的信息包含 6 部分。

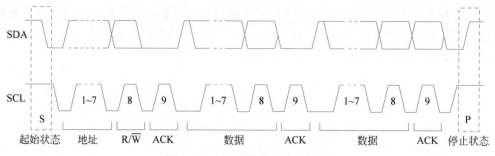

图 11.9　I2C 完整数据传输过程

I2C 总线每传送一位数据都与一个时钟脉冲对应,传送的每一帧数据均为一个字节。但启动 I2C 总线后传送的字节数没有限制,只要求每传送一个字节后,对方回答一个应答位。在时钟线为高电平期间,数据线的状态就是要传送的数据。数据线上数据改变须在时钟线为低电平间完成。在数据传输期间,只要时钟线为高电平,数据线都必须稳定,否则数据线上任何变化都当作起始或终止信号。

1) 起始信号和终止信号

由 I2C 总线协议,总线上数据信号传送由起始信号(S)开始,由终止信号(P)结束。起始信号和终止信号都由主机发出,在起始信号产生后,总线就处于占用状态;在终止信号产生后,总线就处于空闲状态。

(1) 起始信号(S):在时钟信号 SCL 为高电平时,数据线 SDA 从高电平变为低电平产生起始条件,标志着启动 I2C 总线,如图 11.10 所示。

(2) 终止信号(P):在时钟信号 SCL 为高电平时,数据线 SDA 从低电平变为高电平,标志着终止 I2C 总线传输过程,如图 11.10 所示。

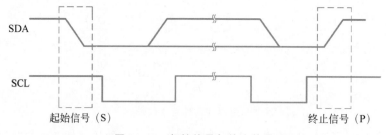

图 11.10　起始信号与终止信号

2) I2C 总线上数据传送的应答

I2C 总线数据传送时,传送字节数没有限制,但每字节须为 8 位。数据传送时,先传送最高有效位(MSB),每一个被传送的字节后面都必须跟随 1 位应答位(即 1 帧共有 9 位),如图 11.11 所示。

I2C 总线在传送每一字节数据后都须有应答信号 A,应答信号在第 9 个时钟位上出现,与应答信号对应的时钟信号由主器件产生。这时发方须在这一时钟位上使 SDA 处

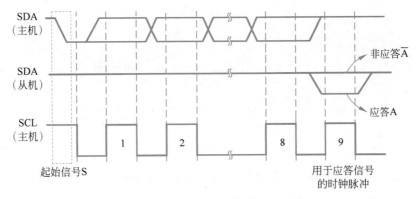

图 11.11 应答信号

于高电平状态,以便收方在这一位上送出低电平应答信号 A。

某种原因收方不对主器件寻址信号应答时,例如收方正在进行其他处理而无法接收总线上数据时,必须释放总线,将数据线置为高电平,而由主器件产生一个终止信号以结束总线的数据传送。

当主器件接收来自从机数据时,接收到最后一个数据字节后,须给从器件发送一个非应答信号(A^*),使从机释放数据总线,以便主机发送一终止信号,从而结束数据传送。

3) I2C 总线上的数据帧格式

I2C 总线上传送数据信号既包括真正的数据信号也包括地址信号。I2C 总线规定,在起始信号后必须传送一从器件地址(7 位),第 8 位是数据传送的方向位(R/W^*),用"0"表示主器件发送数据(W^*),"1"表示主器件接收数据(R)。

每次数据传送总是由主器件产生的终止信号结束。但是,若主器件希望继续占用总线进行新的数据传送,则可不产生终止信号,马上再次发出起始信号对另一从器件进行寻址。因此,在总线一次数据传送过程中,可有以下三种组合方式:

(1) 主器件发送命令或数据到从器件。在寻址字节之后,主控发送器通过 SDA 向从接收器发送信息,信息发送完毕后发送终止信号,以结束传送过程,如图 11.12 所示。这种情况下数据传输的方向不发生变化。例如向 DAC 写入数据,或向 IO 扩展器件写输出值。

图 11.12 主器件发送命令或数据

(2) 主器件读取从器件的数据。寻址字节发送完成的第一个应答信号后,主器件由发送器变为接收器,从器件则转为发送器。主器件通过 SDA 接收从器件发送信息,如图 11.13 所示。这种情况下数据传输方向会发生变化。例如读取 ADC 的转换结果,或者读取 IO 扩展器件的输入信息。

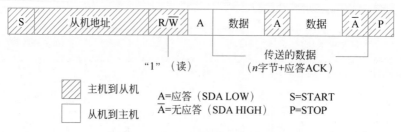

图 11.13　主器件读取从器件数据

（3）复合模式。主器件向从器件发送命令或数据后，再次向从器件进行一次操作性质相反的操作。例如，在对串行 EEPROM 的操作中，先向器件写入要访问的存储器地址，再向器件发送读取命令，读回数据，如图 11.14 所示。主机与从机进行通信时，有时需要切换数据的收发方向。例如，访问某一具有 I2C 总线接口的 EEPROM 存储器时，主机先向存储器输入存储单元的地址信息（发送数据），再读取其中的存储内容（接收数据）。在切换数据的传输方向时，可以不必先产生停止条件再开始下次传输，而是直接再一次产生开始条件。I2C 总线在已经处于忙的状态下，再一次直接产生起始条件的情况被称为重复起始条件（简记为 Sr）。正常的起始条件和重复起始条件在物理波形上并没有什么不同，区别仅仅是在逻辑方面。在进行多字节数据传输过程中，只要数据的收发方向发生了切换，就要用到重复起始条件。

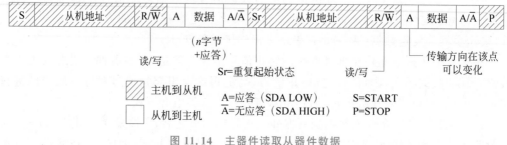

图 11.14　主器件读取从器件数据

3. 数据位的有效性规定

I2C 总线数据传送时，每一数据位传送都与时钟脉冲相对应。数据线在 SCL 的每个时钟周期传输一位数据。传输时，时钟脉冲为高电平期间，数据线上数据须保持稳定，即此时的 SDA 为高电平时表示数据"1"，为低电平时表示数据"0"；时钟脉冲为低电平期间，SDA 的数据无效，常常在此时刻数据发生变化，如图 11.15 所示。

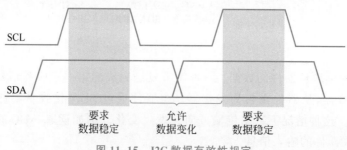

图 11.15　I2C 数据有效性规定

11.3 STM32 的 I2C 接口

如果直接控制 STM32 的两个 GPIO 引脚,分别用作 SCL 及 SDA,按照上述信号的时序要求,直接像控制 LED 灯那样控制引脚的输出(若是接收数据,则读取 SDA 电平),就可以实现 I2C 通信。同样,假如按照 USART 的要求去控制引脚,也能实现 USART 通信。所以只要遵守协议,不管是 ST 生产的控制器还是 ATMEL 生产的存储器,都能按通信标准交互。因为直接控制 GPIO 引脚电平产生通信时序时需要由 CPU 控制每个时刻的引脚状态,所以称为"软件模拟协议"方式。

相对地,还有"硬件协议"方式,STM32 的 I2C 片上外设专门负责实现 I2C 通信协议,只要配置好该外设,它就会自动根据协议要求产生通信信号,收发数据并缓存起来,CPU 只要检测该外设的状态和访问数据寄存器,就能完成数据收发。这种由硬件外设处理 I2C 协议的方式减轻了 CPU 的工作,且使软件设计更加简单。

STM32F103 有两个 I2C 接口,它们可以工作于主发送、主接收、从发送、从接收模式,默认情况下它们处于从模式。通常,挂接于这两个接口上的芯片,如 EEPROM、温度传感器等,没有控制总线的能力,始终工作于从模式。

11.3.1 STM32 的 I2C 结构

STM32 I2C 模块接收和发送数据,并将数据从串行转换为并行(接收时)或并行转换为串行(发送时);可以开启或禁止中断;接口通过 SDA 和 SCL 连接到 I2C 总线;支持标准(100kHz)和快速(400kHz)两种速率。图 11.16 是 STM32 I2C 模块的组成框图,主要由以下五部分组成:

(1) 数据寄存器(I2C_DR):发送时,数据经内部总线暂存于此,并通过移位寄存器进行并/串转换,在 SCL 时钟脉冲作用下从 SDA 引脚逐位送出;接收时,数据从 SDA 引脚进入,经移位寄存器的串/并转换,形成字节数据后暂存于此,最后以中断的方式通知 CPU 取走数据。

(2) 地址寄存器(I2C_OAR):单地址模式时,设备自身地址存储于 OAR1 中。

(3) 控制寄存器(I2C_CR):I2C_CR1,完成 START、STOP、ACK 条件设置,以及其他高级工作特性,如 SMBUS 模式的配置;I2C_CR2,完成模块基本工作特性,如时钟频率、中断控制、DMA 请求等配置。

(4) 状态寄存器(I2C_SR):I2C_SR1,反映起始条件 SB、停止条件 STOPF、地址是否匹配 ADDRF、字节发送结束 BTF、数据寄存器空 TxE、数据寄存器非空 RxNE、应答 AF 等状态;I2C_SR2,反映 I2C 接口的状态(主/从)、总线忙、数据收/发等状态。

(5) 时钟控制寄存器(I2C_CCR):配置接口的工作模式(标准、快速),以及相应模式下时钟控制分频系数,快速模式下的占空比,这对于数据的正确收发十分重要。

I2C 的所有硬件架构都是根据图中左侧 SCL 和 SDA 展开的(其中的 SMBA 用于 SMBUS 的警告信号,I2C 通信没有使用)。STM32 芯片有多个 I2C 外设,它们的 I2C 通信信号引出到不同的 GPIO 引脚上,使用时必须配置到这些指定的引脚,见表 11.2。关

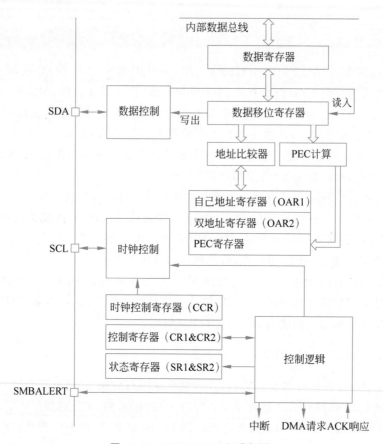

图 11.16　STM32 I2C 组成框图

于 GPIO 引脚的复用功能,以规格书为准。

表 11.2　STM32F10x 的 I2C 引脚

Pin	I2C1	I2C2
SCL	PB2/PB8(重映射)	PB10
SDA	PB6/PB9(重映射)	PB11

　　I2C 的 SDA 信号主要连接到数据移位寄存器上,数据移位寄存器的数据来源及目标是数据寄存器(DR)、地址寄存器(OAR)、PEC 寄存器以及 SDA 数据线。当向外发送数据的时候,数据移位寄存器以"数据寄存器"为数据源,把数据一位一位地通过 SDA 信号线发送出去;当从外部接收数据的时候,数据移位寄存器把 SDA 信号线采样到的数据一位一位地存储到"数据寄存器"中。若使能了数据校验,接收到的数据会经过 PCE 计算器运算,运算结果存储在"PEC 寄存器"中。当 STM32 的 I2C 工作在从机模式,接收到设备地址信号时,数据移位寄存器会把接收到的地址与 STM32 的自身的"I2C 地址寄存器"的值作比较,以便响应主机的寻址。STM32 的自身 I2C 地址可通过修改"自身地址寄存器",支持同时使用两个 I2C 设备地址,两个地址分别存储在 OAR1 和 OAR2 中。整体控制逻辑负责协调整个 I2C 外设,控制逻辑的工作模式根据配置的"控制寄存器(CR1/

CR2)"的参数而改变。在外设工作时,控制逻辑会根据外设的工作状态修改"状态寄存器(SR1 和 SR2)",只要读取这些寄存器相关的寄存器位,就可以了解 I2C 的工作状态。此外,控制逻辑还根据要求负责控制产生 I2C 中断信号、DMA 请求及各种 I2C 的通信信号(起始、停止、响应信号等)。

11.3.2　STM32 的 I2C 主模式工作流程

对于 USART、I2C 和 SPI 等串行协议而言,有两种方式来判断一个字符的传输是否完成:一种是轮询的方式,即通过不停地检查状态寄存器的 TXE 位是否置 1 作为判断的依据;另一种是中断的方式。在前面学习过的 USART 接口,每传输一个字符,采用轮询方式时,常见到的代码形式见代码清单 11.1。

代码清单 11.1　串口轮询检测数据发生完成代码

```
1   USART_SendData(USART1, (uint8_t)ch);                          //发送一个字符
2   while(USART_GetFlagStatus(USART1, USART_FLAG_TXE) == RESET );  //等待传输完成
```

在具有"少量且随机"数据传输特性的场合,主要应用轮询和中断的机制(在批量数据传输时,为提高传输效率,常采用 DMA 技术)。作为基础,本章对 I2C EEPROM 的读写实验采用轮询方式,相较于 USART,对于遵循 I2C 协议的器件来说情况更为复杂。但基本的逻辑未变:每执行一种操作,都会伴随一个检查其执行情况的"EVEN"(事件),如图 11.17 和图 11.18 中的 EV5、EV6、EV7、EV8 等检查事件,就如同上面提到的"USART_SendData()…while();"结构一样。

在完成 I2C 接口的基本配置(如 GPIO 引脚的工作模式等)之后,通过在 CR1 中设置 START 起始位(即在总线上产生起始条件),设备就进入主模式,I2C 接口便开始了自己的工作流程(以 7 位地址模式为例)。

1. 起始信号(S)

当 BUSY 位为 0(即总线空闲)时,设置 START=1 使 I2C 接口产生一个开始条件并切换到主模式(硬件自动对 M/SL 位置位,即 M/SL=1),对应的检查事件为 EV5。

2. 从地址的发送

7 位从地址附上"R/W"位组成一个字节,R/W=0 表示"主→从",R/W=1 表示"从→主"。一旦从地址通过移位寄存器被传输到 SDA 上,则 ADDR=1,对应的检测事件为 EV6,主设备读 SR1 和 SR2 寄存器清除此事件(ADDR=0)。

3. 数据的收发

I2C 主控制器的发送序列及检查事件如图 11.17 所示。

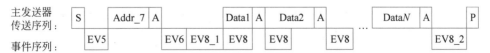

图 11.17　I2C 主控制器的发送序列及检查事件

主发送器发送流程及事件说明如下:

（1）控制产生起始信号（S），当发生起始信号后，它产生事件"EV5"，并会对 SR1 寄存器的"SB"位置 1，表示起始信号已经发送。

（2）发送设备地址并等待应答信号，若有从机应答，则产生事件"EV6"及"EV8"，这时 SR1 寄存器的"ADDR"位及"TXE"位置 1，ADDR 为 1 表示地址已经发送，TXE 为 1 表示数据寄存器为空。

（3）以上步骤正常执行并对 ADDR 位清零后，往 I2C 的 DR 写入要发送的数据，这时 TXE 位会重置 0，表示数据寄存器非空，I2C 外设通过 SDA 信号线一位一位地把数据发送出去后，又会产生"EV8"事件，即 TXE 位置 1，重复这个过程就可以发送多个字节数据了。

（4）当发送数据完成后，控制 I2C 设备产生一个停止信号（P），这时会产生 EV8_2 事件，SR1 的 TXE 位及 BTF 位都置 1，表示通信结束。

I2C 主控制器的接收序列及轮询事件如图 11.18 所示。

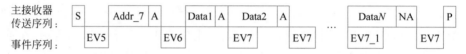

图 11.18　I2C 主控制器的接收序列及轮询事件

主接收器接收流程及事件说明如下：

（1）同主发送流程，起始信号（S）是由主机端产生的，控制发生起始信号后，它产生事件"EV5"，并会对 SR1 寄存器的"SB"位置 1，表示起始信号已经发送。

（2）发送设备地址并等待应答信号，若有从机应答，则产生事件"EV6"，这时 SR1 寄存器的"ADDR"位置 1，表示地址已经发送。

（3）从机端接收到地址后，开始向主机端发送数据。当主机接收到这些数据后，会产生"EV7"事件，SR1 寄存器的 RXNE 置 1，表示接收数据寄存器非空，读取该寄存器后，可对数据寄存器清空，以便接收下一次数据。此时可以控制 I2C 发送应答信号（ACK）或非应答信号（NACK），若应答，则重复以上步骤接收数据，若非应答，则停止传输。

（4）发送非应答信号后，产生停止信号（P），结束传输。

在发送和接收过程中，有的事件不只是标志了上面提到的状态位，也可能同时标志主机状态之类的状态位，而且读了之后还需要清除标志位，比较复杂。可使用 STM32 标准库函数检测这些事件的复合标志，降低编程难度。

4. 关闭通信

主发送器：在向 DR 写入最后一个字节后，通过设置 STOP 位产生停止条件（EV8_2），随后 I2C 接口将自动回到从模式（M/S 位清零）。

主接收器：在主设备收到从设备最后一个字节后，向其发送 NACK；从设备接收到 NACK 后，释放对 SCL 和 SDA 线的控制。

以上为 I2C 主模式下的收发操作流程，其过程也涉及许多出错的情况，比如总线错误（BERR，在传输一个字节期间，当 I2C 接口检测到一个停止或起始条件产生）等。为使传输过程更清楚，简化了出错情况的描述。

11.3.3 STM32 的 I2C 初始化结构体

跟其他外设一样，STM32 标准库提供了 I2C 初始化结构体及初始化函数来配置 I2C 外设。初始化结构体及函数定义在库文件"stm32f10x_i2c.h"及"stm32f10x_i2c.c"中，编程时可以结合这两个文件内的注释使用或参考库帮助文档。了解初始化结构体后就能对 I2C 外设运用自如，见代码清单 11.2。

代码清单 11.2　I2C 初始化结构体

```
1   typedef struct{
2       uint32_t I2C_ClockSpeed;         /* 设置 SCL 时钟频率,此值要低于 400000 */
3       uint16_t I2C_Mode;               /* 指定工作模式,可选 I2C 模式及 SMBUS 模式 */
4       uint16_t I2C_DutyCycle;    /* 指定时钟占空比,可选 low/high = 2:1 及 16:9 模式 */
5       uint16_t I2C_OwnAddress1;        /* 指定自身的 I2C 设备地址 */
6       uint16_t I2C_Ack;                /* 使能或关闭响应(一般都要使能) */
7       uint16_t I2C_AcknowledgedAddress;/* 指定地址的长度,可为 7 位及 10 位 */
8   }I2C_InitTypeDef;
```

这些结构体成员说明如下(括号内的文字是对应参数在 STM32 标准库中定义的宏)：

I2C_ClockSpeed：设置的是 I2C 的传输速率，在调用初始化函数时，函数会根据输入的数值经过运算后把时钟因子写入 I2C 的 CCR，写入的这个参数值不得高于 400kHz。实际上由于 CCR 寄存器不能写入小数类型的时钟因子，影响到 SCL 的实际频率可能会低于本成员设置的参数值，这时除了通信稍慢，不会对 I2C 的标准通信造成其他影响。

I2C_Mode：选择 I2C 的使用方式，有 I2C 模式(I2C_Mode_I2C)和 SMBus 主、从模式(I2C_Mode_SMBusHost、I2C_Mode_SMBusDevice)。I2C 不需要在此处区分主从模式，直接设置 I2C_Mode_I2C。

I2C_DutyCycle：设置的是 I2C 的 SCL 线时钟的占空比。该配置有两个选择，分别为低电平时间比高电平时间为 2∶1(I2C_DutyCycle_2)和 16∶9(I2C_DutyCycle_16_9)。其实这两个模式的比例差别并不大，一般要求都不会如此严格，这里随便选就可以。

I2C_OwnAddress1：配置的是 STM32 的 I2C 设备自己的地址，每个连接到 I2C 总线上的设备都要有一个自己的地址，主机也不例外。地址可设置为 7 位或 10 位(由 I2C_AcknowledgeAddress 成员决定)，只要该地址是 I2C 总线上唯一的即可。STM32 的 I2C 外设可同时使用两个地址，即同时对两个地址做出响应，一个地址是由结构体成员 I2C_OwnAddress1 默认配置的 OAR1 寄存器存储的地址；另一个地址是通过 I2C_OwnAddress2Config 函数设置的 OAR2 寄存器存储的地址，OAR2 不支持 10 位地址，只有 7 位。

I2C_Ack_Enable：是关于 I2C 应答设置，若设置为使能，则可以发送响应信号。本实验配置为允许应答(I2C_Ack_Enable)，这是绝大多数遵循 I2C 标准的设备的通信要求，改为禁止应答(I2C_Ack_Disable)往往会导致通信错误。

I2C_AcknowledgeAddress：选择 I2C 的寻址模式是 7 位还是 10 位地址。这需要根据实际连接到 I2C 总线上设备的地址进行选择，这个成员的配置也影响到 I2C_OwnAddress1 成员，只有这里设置成 10 位模式时，I2C_OwnAddress1 才支持 10 位地址。

配置完这些结构体成员值,调用库函数 I2C_Init 即可把结构体的配置写入寄存器中。

11.4 I2C 总线应用——EEPROM 存储器的读写

EEPROM 是一种掉电后数据不丢失的存储器,常用来存储一些配置信息,以便系统重新上电的时候加载之。EEPROM 芯片最常用的通信方式是 I2C 协议,本节以 EEPROM 的读写实验介绍 STM32 的 I2C 使用方法。实验中 STM32 的 I2C 外设采用主模式,分别用作主发送器和主接收器,通过查询事件的方式来确保正常通信。

11.4.1 硬件电路设计

开发板板载的 EEPROM 电路如图 11.19 所示。

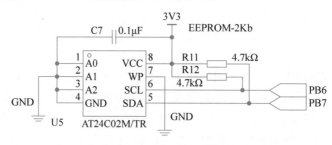

图 11.19 EEPROM 电路

EEPROM 芯片使用的是 24C02,该芯片的容量为 2Kb,也就是 256B,对于普通应用来说是足够了。当然,也可以选择换大的芯片,因为电路在原理上是兼容 24C02-24C512 全系列 EEPROM 芯片的。

本实验板中的 EEPROM 芯片(型号为 AT24C02)的 SCL 及 SDA 引脚连接 STM32 对应的 I2C 引脚,结合上拉电阻,构成了 I2C 通信总线,它们通过 I2C 总线交互。EEPROM 芯片的设备地址共有 7 位,其中高 4 位固定为 1010b,低 3 位由 A0/A1/A2 信号线的电平决定,最低位为 R/W 读写方向位,与地址无关。按照电路连接,A0/A1/A2 均为 0,所以 EEPROM 的 7 位设备地址是 1010000b,即 0x50。因为 I2C 通信时常常是地址跟读写方向连在一起构成一个 8 位数,且当 R/W 位为 0 时,表示写方向,所以加上 7 位地址,其值为"0xA0",该值常称为 I2C 设备的"写地址";当 R/W 位为 1 时,表示读方向,加上 7 位地址,其值为"0xA1",该值常称为"读地址"。EEPROM 芯片中还有一个 WP 引脚,其具有写保护功能,当该引脚电平为高时,禁止写入数据;当引脚为低电平时,可写入数据,引脚直接接地,不使用写保护功能。关于 EEPROM 的更多信息,可参见 AT24C02 的数据手册。

11.4.2 程序编写

为了使工程更加有条理,把 EEPROM 读写相关的代码独立分开存储,方便以后移植。在工程的基础上新建"bsp_i2c_ee.c"及"bsp_i2c_ee.h"文件。编程要点如下:

(1) 配置通信使用的目标引脚为开漏模式;

（2）使能 I2C 外设的时钟；

（3）配置 I2C 外设的模式、地址、速率等参数并使能 I2C 外设；

（4）编写基本 I2C 按字节收发的函数；

（5）编写读写 EEPROM 存储内容的函数；

（6）编写测试程序，对读写数据进行校验。

1. 主函数

在文件 main.c 中主要有两个函数，即主函数 main() 和 LCD_Test()。文件 main.c 程序代码见代码清单 11.3。

代码清单 11.3　文件 main.c 代码

```
1   #include "stm32f10x.h"
2   #include "./led/bsp_led.h"
3   #include "./usart/bsp_usart.h"
4   #include "./i2c/bsp_i2c_ee.h"
5   #include <string.h>
6
7   #define EEP_Firstpage      0x00
8   uint8_t I2c_Buf_Write[256];
9   uint8_t I2c_Buf_Read[256];
10  uint8_t I2C_Test(void);
11
12  int main(void)
13  {
14    LED_GPIO_Config();
15    LED_BLUE;
16    /* 串口初始化 */
17      USART_Config();
18      printf("\r\n 这是一个 I2C 外设(AT24C02)读写测试例程 \r\n");
19      /* I2C 外设初(AT24C02)始化 */
20      I2C_EE_Init();
21      printf("\r\n 这是一个 I2C 外设(AT24C02)读写测试例程 \r\n");
22    //EEPROM 读写测试
23      if(I2C_Test() == 1)
24      {
25              LED_GREEN;
26      }
27      else
28      {
29              LED_RED;
30      }
31    while (1)
32    {
33    }
34  }
35  /**
36   * @brief I2C(AT24C02)读写测试
37   * @param 无
38   * @retval 正常返回 1,异常返回 0
39   */
40  uint8_t I2C_Test(void)
41  {
42      uint16_t i;
43
```

```
44        printf("写入的数据\n\r");
45
46        for ( i = 0; i <= 255; i++) //填充缓冲
47        {
48          I2c_Buf_Write[i] = i;
49
50          printf("0x%02X ", I2c_Buf_Write[i]);
51          if(i%16 == 15)
52              printf("\n\r");
53        }
54
55      //将 I2c_Buf_Write 中顺序递增的数据写入 EERPOM 中
56        I2C_EE_BufferWrite( I2c_Buf_Write, EEP_Firstpage, 256);
57
58      EEPROM_INFO("\n\r 写成功\n\r");
59
60       EEPROM_INFO("\n\r 读出的数据\n\r");
61      //将 EEPROM 读出数据顺序保持到 I2c_Buf_Read 中
62        I2C_EE_BufferRead( I2c_Buf_Read, EEP_Firstpage, 256);
63
64      //将 I2c_Buf_Read 中的数据通过串口打印
65        for ( i = 0; i < 256; i++)
66        {
67          if(I2c_Buf_Read[i] != I2c_Buf_Write[i])
68          {
69              EEPROM_ERROR("0x%02X ", I2c_Buf_Read[i]);
70              EEPROM_ERROR("错误:I2C EEPROM 写入与读出的数据不一致\n\r");
71              return 0;
72          }
73        printf("0x%02X ", I2c_Buf_Read[i]);
74        if(i%16 == 15)
75            printf("\n\r");
76
77        }
78      EEPROM_INFO("I2C(AT24C02)读写测试成功\n\r");
79
80        return 1;
81    }
```

主函数需要包含一些头文件,如 stm32f10x.h、bsp_led.h、bsp_usart.h、bsp_i2c_ee.h 和 string.h,其中 bsp_i2c_ee.h 是板级支持包的 I2C EEPROM 头文件,包含与 I2C EEPROM 通信的函数和宏定义。定义 EEPROM 的起始页地址为 0x00。对于 AT24C02 这样的 EEPROM,它通常没有分页的概念(因为它只有 2Kbit 或 512B 的存储空间),但这个宏是为了与其他具有分页功能的 EEPROM 兼容而定义的。"uint8_t I2c_Buf_Write[256];"和"uint8_t I2c_Buf_Read[256];"定义一个 256B 的数组,用于存储将要写入/读取 EEPROM 的数据。声明一个名为 I2C_Test 的函数,该函数没有参数,并返回一个 uint8_t 类型的值。

main 函数包含了 LED 的初始化、串口初始化、I2C EEPROM 的初始化和对 EEPROM 进行读写测试的逻辑。代码调用了 LED_GPIO_Config 函数来配置 LED 所连接的 GPIO 端口,这通常包括设置 GPIO 的模式、速度和输出类型;调用一个宏或函数 LED_BLUE 来点亮蓝色的 LED;对串口进行初始化,设置波特率、数据位、停止位和校验位等参数；通过串口打印信息"这是一个 I2C 外设（AT24C02）读写测试例程"；调用 I2C_EE_Init 函数来初始化 I2C 接口并配置与 AT24C02 EEPROM 的通信参数；再次通过串口打印信息"这是一个 I2C 外设（AT24C02）读写测试例程"，然后通过红灯和绿灯来判断 EEPROM 的读写是否成功。

I2C_Test 函数是对 I2C EEPROM 进行读写测试的函数。该函数首先填充缓冲区 I2c_Buf_Write，然后将其写入 EEPROM，接着从 EEPROM 中读取数据到 I2c_Buf_Read，并比较写入和读取的数据是否一致。首先定义了一个 uint16_t 类型的变量 i 用于循环。接着使用循环将 I2c_Buf_Write 缓冲区填充为顺序递增的值（从 0x00 到 0xFF）。同时，通过串口打印这些值到屏幕上，每 16B 换行一次。然后调用 I2C_EE_BufferWrite 函数，将 I2c_Buf_Write 缓冲区中的数据写入 EEPROM。这里假设 EEPROM 的起始地址是 EEP_Firstpage，注意 EEP_Firstpage 在这里被用作偏移量而不是真正的地址，因为对于 AT24C02 这样的设备，通常使用字节地址而不是页面地址。同时，考虑到 AT24C02 的容量只有 512B，尝试写入 256B 是可以的，但写入超过这个容量的数据将会失败或覆盖之前的数据。然后通过 EEPROM_INFO 宏打印"写成功"的消息。再调用 I2C_EE_BufferRead 函数，从 EEPROM 中读取数据到 I2c_Buf_Read 缓冲区。同样，这里假设从 EEP_Firstpage（作为偏移量）开始读取，并使用一个循环比较 I2c_Buf_Read 和 I2c_Buf_Write 中的数据是否一致。若不一致，则通过 EEPROM_ERROR 宏（假设这也是一个自定义的串口打印宏）打印错误消息，并返回 0，表示测试失败。若所有数据一致，则继续打印读取的数据到屏幕上。若所有数据验证通过，则通过 EEPROM_INFO 宏打印"I2C（AT24C02）读写测试成功"的消息。最后如果测试成功，就返回 1；否则，返回 0。

2. bsp_i2c_ee.h 文件

文件 bsp_i2c_ee.h 代码见代码清单 11.4。

代码清单 11.4　bsp_i2c_ee.h 代码

```
 1   #ifndef __I2C_EE_H
 2   #define __I2C_EE_H
 3   #include "stm32f10x.h"
 4   /********************* I2C 参数定义,I2C1 或 I2C2 ********************/
 5   #define EEPROM_I2Cx                    I2C1
 6   #define EEPROM_I2C_APBxClock_FUN       RCC_APB1PeriphClockCmd
 7   #define EEPROM_I2C_CLK                 RCC_APB1Periph_I2C1
 8   #define EEPROM_I2C_GPIO_APBxClock_FUN  RCC_APB2PeriphClockCmd
 9   #define EEPROM_I2C_GPIO_CLK            RCC_APB2Periph_GPIOB
10   #define EEPROM_I2C_SCL_PORT            GPIOB
11   #define EEPROM_I2C_SCL_PIN             GPIO_Pin_6
12   #define EEPROM_I2C_SDA_PORT            GPIOB
13   #define EEPROM_I2C_SDA_PIN             GPIO_Pin_7
14
15   /* STM32 I2C 快速模式 */
16   #define I2C_Speed                      400000 // *
17
18   /* 这个地址只要与 STM32 外挂的 I2C 器件地址不一样即可 */
19   #define I2Cx_OWN_ADDRESS7              0x0A
20
21   /* AT24C01/02 每页有 8 个字节 */
```

```
22    #define I2C_PageSize                    8
23
24    /* AT24C04/08A/16A 每页有 16B */
25    //#define I2C_PageSize                  16
26
27    /* 等待超时时间 */
28    #define I2CT_FLAG_TIMEOUT              ((uint32_t)0x1000)
29    #define I2CT_LONG_TIMEOUT             ((uint32_t)(10 * I2CT_FLAG_TIMEOUT))
30
31
32    /* 信息输出 */
33    #define EEPROM_DEBUG_ON               0
34
35    #define EEPROM_INFO(fmt,arg...)   printf("<<-EEPROM-INFO->> "fmt"\n", ##arg)
36    #define EEPROM_ERROR(fmt,arg...)  printf("<<-EEPROM-ERROR->> "fmt"\n", ##arg)
37    #define EEPROM_DEBUG(fmt,arg...)        do{\
38                              if(EEPROM_DEBUG_ON)\
39              printf("<<-EEPROM-DEBUG->> [ %d]"fmt"\n", __LINE__, ##arg);\
40                              }while(0)
41    /*
42     * AT24C02 2kb = 2048bit = 2048/8 B = 256 B
43     * 32 pages of 8 bytes each
44     *
45     * Device Address
46     * 1 0 1 0 A2 A1 A0 R/W
47     * 1 0 1 0 0 0 0 0 = 0XA0
48     * 1 0 1 0 0 0 0 1 = 0XA1
49     */
50
51    /* EEPROM Addresses defines */
52    #define EEPROM_Block0_ADDRESS 0xA0 /* E2 = 0 */
53    //#define EEPROM_Block1_ADDRESS 0xA2 /* E2 = 0 */
54    //#define EEPROM_Block2_ADDRESS 0xA4 /* E2 = 0 */
55    //#define EEPROM_Block3_ADDRESS 0xA6 /* E2 = 0 */
56
57    void I2C_EE_Init(void);
58    void I2C_EE_BufferWrite(u8* pBuffer, u8 WriteAddr, u16 NumByteToWrite);
59    uint32_t I2C_EE_ByteWrite(u8* pBuffer, u8 WriteAddr);
60    uint32_t I2C_EE_PageWrite(u8* pBuffer, u8 WriteAddr, u8 NumByteToWrite);
61    uint32_t I2C_EE_BufferRead(u8* pBuffer, u8 ReadAddr, u16 NumByteToRead);
62    void I2C_EE_WaitEepromStandbyState(void);
63
64    #endif /* __I2C_EE_H */
```

这个头文件为 STM32 的 I2C 通信与 EEPROM(如 AT24C02)之间的交互定义了一些宏和函数原型。

通过宏定义了与 I2C 通信相关的硬件设置,如使用的 I2C 实例、引脚和时钟;定义了 I2C 通信速率为 400kHz;2Cx_OWN_ADDRESS7 是 STM32 作为 I2C 主设备时的自身地址,而不是 EEPROM 的地址。在单主模式下,这个地址不需要。EEPROM_Block0_ADDRESS 定义了 EEPROM 的起始地址,假设 EEPROM 的地址是 0xA0(E2 = 0)。I2C_PageSize 定义了 EEPROM 的页大小为 8B。I2CT_FLAG_TIMEOUT 和 I2CT_LONG_TIMEOUT 定义了等待 I2C 标志位的超时时间。

声明了"I2C_EE_Init(void)"和"I2C_EE_BufferWrite(u8* pBuffer, u8 WriteAddr, u16 NumByteToWrite)"等函数。I2C_EE_Init(void)初始化了 I2C 和相关的 GPIO 引脚；I2C_EE_BufferWrite(u8* pBuffer,u8 WriteAddr,u16 NumByteToWrite)是向 EEPROM 的指定地址写入一个缓冲区的数据；I2C_EE_ByteWrite(u8* pBuffer,u8 WriteAddr)是向 EEPROM 的指定地址写入一个字节的数据；I2C_EE_PageWrite(u8* pBuffer,u8 WriteAddr,u8 NumByteToWrite)是向 EEPROM 的指定地址写入一页的数据；I2C_EE_BufferRead(u8* pBuffer,u8 ReadAddr,u16 NumByteToRead)是从 EEPROM 的指定地址读取一个缓冲区的数据；I2C_EE_WaitEepromStandby State (void)等待 EEPROM 进入待机状态。

3. bsp_i2c_ee.c 文件

文件 bsp_i2c_ee.c 涉及的代码量大,在此只对部分核心代码做解释。

1) I2C 的 GPIO 引脚初始化

I2C 的 GPIO 引脚初始化函数见代码清单 11.5。

代码清单 11.5   I2C 的 GPIO 引脚初始化函数

```
1   static void I2C_GPIO_Config(void)
2   {
3     GPIO_InitTypeDef GPIO_InitStructure;
4     /* 使能与 I2C 有关的时钟 */
5     EEPROM_I2C_APBxClock_FUN ( EEPROM_I2C_CLK, ENABLE );
6     EEPROM_I2C_GPIO_APBxClock_FUN ( EEPROM_I2C_GPIO_CLK, ENABLE );
7     /* I2C_SCL、I2C_SDA */
8     GPIO_InitStructure.GPIO_Pin = EEPROM_I2C_SCL_PIN;
9     GPIO_InitStructure.GPIO_Speed = GPIO_Speed_50MHz;
10    GPIO_InitStructure.GPIO_Mode = GPIO_Mode_AF_OD;        // 开漏输出
11    GPIO_Init(EEPROM_I2C_SCL_PORT, &GPIO_InitStructure);
12    GPIO_InitStructure.GPIO_Pin = EEPROM_I2C_SDA_PIN;
13    GPIO_InitStructure.GPIO_Speed = GPIO_Speed_50MHz;
14    GPIO_InitStructure.GPIO_Mode = GPIO_Mode_AF_OD;        // 开漏输出
15    GPIO_Init(EEPROM_I2C_SDA_PORT, &GPIO_InitStructure);
16  }
```

该函数声明了一个 GPIO_InitTypeDef 类型的结构体变量 GPIO_Init Structure,用于配置 GPIO 引脚；通过调用 EEPROM_I2C_APBxClock_FUN(实际上是 RCC_APB1PeriphClockCmd)和 EEPROM_I2C_GPIO_APBx Clock_FUN(实际上是 RCC_APB2PeriphClockCmd)函数来使能 I2C 和 GPIO 的时钟。EEPROM_I2C_CLK 是 I2C 的时钟(RCC_APB1Periph_I2C1),EEPROM_I2C_GPIO_CLK 是 GPIO 的时钟(RCC_APB2Periph_GPIOB)。设置要配置的引脚为 SCL 引脚(GPIO_Pin_6),设置 GPIO 引脚的速率为 50MHz,设置 GPIO 引脚的模式为复用开漏输出,使用配置的结构体初始化 SCL 引脚所在的端口(GPIOB)；与 SCL 引脚类似,配置 SDA 引脚(GPIO_Pin_7)。

2) 配置 I2C 的模式

配置 I2C 的工作模式见代码清单 11.6。

代码清单 11.6   配置 I2C 的工作模式

```
1   static void I2C_Mode_Configu(void)
2   {
```

```
 3    I2C_InitTypeDef I2C_InitStructure;
 4
 5    /* I2C 配置 */
 6    I2C_InitStructure.I2C_Mode = I2C_Mode_I2C;
 7
 8    /* 高电平数据稳定,低电平数据变化 SCL 时钟线的占空比 */
 9    I2C_InitStructure.I2C_DutyCycle = I2C_DutyCycle_2;
10
11    I2C_InitStructure.I2C_OwnAddress1 = I2Cx_OWN_ADDRESS7;
12    I2C_InitStructure.I2C_Ack = I2C_Ack_Enable ;
13
14    /* I2C 的寻址模式 */
15    I2C_InitStructure.I2C_AcknowledgedAddress = I2C_AcknowledgedAddress_7bit;
16
17    /* 通信速率 */
18    I2C_InitStructure.I2C_ClockSpeed = I2C_Speed;
19
20    /* I2C 初始化 */
21    I2C_Init(EEPROM_I2Cx, &I2C_InitStructure);
22
23    /* 使能 I2C */
24    I2C_Cmd(EEPROM_I2Cx, ENABLE);
25  }
```

这段代码是用于配置 STM32 的 I2C 接口模式的函数。"I2C_InitTypeDef I2C_InitStructure;"声明了一个 I2C_InitTypeDef 类型的结构体变量 I2C_InitStructure,用于配置 I2C 接口。设置 I2C 模式为标准 I2C 模式。设置 SCL 时钟线的占空比为 2：1,这意味着 SCL 时钟线的高电平时间长度是低电平时间长度的 2 倍。设置 I2C 设备自己的地址。这里 I2Cx_OWN_ADDRESS7 应该是一个预定义的地址值,具体取决于应用和设备。启用 I2C 的应答功能,这意味着当从设备发送数据给主设备时,主设备会发送一个应答信号(ACK)来表示它已经接收到数据。设置 I2C 的寻址模式为 7 位地址模式。设置 I2C 的通信速率。这里 I2C_Speed 是一个预定义的变量,表示具体的通信速率(如 100kHz、400kHz 等)。使用上面配置的结构体来初始化指定的 I2C 接口(EEPROM_I2Cx)。这里 EEPROM_I2Cx 是一个预定义的宏,表示具体的 I2C 接口。使能指定的 I2C 接口。

3) 初始化 I2C 接口的 EEPROM

配置 I2C 接口的 EEPROM 的初始化见代码清单 11.7。

代码清单 11.7　配置 I2C 接口的 EEPROM 的初始化

```
 1   void I2C_EE_Init(void)
 2   {
 3
 4     I2C_GPIO_Config();
 5
 6     I2C_Mode_Configu();
 7
 8   /* 根据头文件 i2c_ee.h中的定义来选择 EEPROM 的设备地址 */
 9   #ifdef EEPROM_Block0_ADDRESS
10     /* 选择 EEPROM Block0 来写入 */
11     EEPROM_ADDRESS = EEPROM_Block0_ADDRESS;
12   #endif
13
```

```
14   # ifdef EEPROM_Block1_ADDRESS
15     /* 选择 EEPROM Block1 来写入 */
16   EEPROM_ADDRESS = EEPROM_Block1_ADDRESS;
17   # endif
18
19   # ifdef EEPROM_Block2_ADDRESS
20     /* 选择 EEPROM Block2 来写入 */
21   EEPROM_ADDRESS = EEPROM_Block2_ADDRESS;
22   # endif
23
24   # ifdef EEPROM_Block3_ADDRESS
25     /* 选择 EEPROM Block3 来写入 */
26   EEPROM_ADDRESS = EEPROM_Block3_ADDRESS;
27   # endif
28   }
```

这段代码中 I2C_EE_Init 是用于初始化 I2C 通信以与 EEPROM 进行交互的函数。它首先调用两个子函数来配置 GPIO 引脚和 I2C 接口,然后根据预定义的宏选择要使用的 EEPROM 设备地址。

4) 将缓冲区中的数据写入 I2C EEPROM

将缓冲区中的数据写入 I2C EEPROM 中见代码清单 11.8。

代码清单 11.8　将缓冲区中的数据写入 I2C EEPROM

```
1   void I2C_EE_BufferWrite(u8 * pBuffer, u8 WriteAddr, u16 NumByteToWrite)
2   {
3     u8 NumOfPage = 0, NumOfSingle = 0, Addr = 0, count = 0;
4     Addr = WriteAddr % I2C_PageSize;
5     count = I2C_PageSize - Addr;
6     NumOfPage = NumByteToWrite / I2C_PageSize;
7     NumOfSingle = NumByteToWrite % I2C_PageSize;
8     /* If WriteAddr is I2C_PageSize aligned */
9       if(Addr == 0)
10      {
11      /* If NumByteToWrite < I2C_PageSize */
12      if(NumOfPage == 0)
13      {
14        I2C_EE_PageWrite(pBuffer, WriteAddr, NumOfSingle);
15        I2C_EE_WaitEepromStandbyState();
16      }
17      /* If NumByteToWrite > I2C_PageSize */
18      else
19      {
20        while(NumOfPage -- )
21        {
22          I2C_EE_PageWrite(pBuffer, WriteAddr, I2C_PageSize);
23      I2C_EE_WaitEepromStandbyState();
24          WriteAddr += I2C_PageSize;
25          pBuffer += I2C_PageSize;
26      }
27      if(NumOfSingle!= 0)
28      {
29          I2C_EE_PageWrite(pBuffer, WriteAddr, NumOfSingle);
30          I2C_EE_WaitEepromStandbyState();
31      }
32      }
```

```
33      }
34      /*  If WriteAddr is not I2C_PageSize aligned  */
35      else
36      {
37        /*  If NumByteToWrite < I2C_PageSize  */
38        if(NumOfPage == 0)
39        {
40          I2C_EE_PageWrite(pBuffer, WriteAddr, NumOfSingle);
41          I2C_EE_WaitEepromStandbyState();
42        }
43        /*  If NumByteToWrite > I2C_PageSize  */
44        else
45        {
46          NumByteToWrite -= count;
47          NumOfPage = NumByteToWrite / I2C_PageSize;
48          NumOfSingle = NumByteToWrite % I2C_PageSize;
49          if(count != 0)
50          {
51            I2C_EE_PageWrite(pBuffer, WriteAddr, count);
52            I2C_EE_WaitEepromStandbyState();
53            WriteAddr += count;
54            pBuffer += count;
55          }
56          while(NumOfPage -- )
57          {
58            I2C_EE_PageWrite(pBuffer, WriteAddr, I2C_PageSize);
59            I2C_EE_WaitEepromStandbyState();
60            WriteAddr += I2C_PageSize;
61            pBuffer += I2C_PageSize;
62          }
63          if(NumOfSingle != 0)
64          {
65            I2C_EE_PageWrite(pBuffer, WriteAddr, NumOfSingle);
66            I2C_EE_WaitEepromStandbyState();
67          }
68        }
69      }
70    }
```

这段代码定义了一个函数,用于向 EEPROM 的指定地址写入指定数量的字节。pBuffer 表示缓冲区指针,WriteAddr 表示写地址,NumByteToWrite 表示写的字节数。

NumOfPage 表示需要写入的整页数量(假设 EEPROM 有一个页大小的限制)。NumOfSingle 表示在最后一页中需要写入的剩余字节数(如果 NumByteToWrite 不是页大小的整数倍)。Addr 计算写入地址在页内的偏移量。count 计算当前页内剩余的空间。若写入地址 WriteAddr 在页的开始处(即 Addr == 0),则先检查是否需要写入完整页的数据。

若需要写入的字节数小于一页容量,则直接写入这些字节;否则,先写入多个整页的数据,然后写入剩余的字节。若写入地址 WriteAddr 不在页的开始处,则首先写入当前页剩余的空间,然后写入多个整页的数据,最后写入剩余的字节。

在每次写入操作后都调用了 I2C_EE_WaitEepromStandbyState( )函数来等待 EEPROM 进入就绪状态。这是必要的,因为 EEPROM 在写入后需要一定的时间来准备下一次写入。

5）把一个字节写入 I2C EEPROM 中

把一个字节写入 I2C EEPROM 中见代码清单 11.9。

代码清单 11.9　把一个字节写入 I2C EEPROM 中

```
1    uint32_t I2C_EE_ByteWrite(u8 * pBuffer, u8 WriteAddr)
2    {
3      /* Send STRAT condition */
4      I2C_GenerateSTART(EEPROM_I2Cx, ENABLE);
5
6      I2CTimeout = I2CT_FLAG_TIMEOUT;
7      /* Test on EV5 and clear it */
8      while(!I2C_CheckEvent(EEPROM_I2Cx, I2C_EVENT_MASTER_MODE_SELECT))
9      {
10       if((I2CTimeout -- ) == 0) return I2C_TIMEOUT_UserCallback(0);
11     }
12
13     I2CTimeout = I2CT_FLAG_TIMEOUT;
14     /* Send EEPROM address for write */
15     I2C_Send7bitAddress(EEPROM_I2Cx, EEPROM_ADDRESS, I2C_Direction_Transmitter);
16
17     /* Test on EV6 and clear it */
18     while(!I2C_CheckEvent(EEPROM_I2Cx,
    I2C_EVENT_MASTER_TRANSMITTER_MODE_SELECTED))
19     {
20       if((I2CTimeout -- ) == 0) return I2C_TIMEOUT_UserCallback(1);
21     }
22     /* Send the EEPROM's internal address to write to */
23     I2C_SendData(EEPROM_I2Cx, WriteAddr);
24
25     I2CTimeout = I2CT_FLAG_TIMEOUT;
26     /* Test on EV8 and clear it */
27     while(!I2C_CheckEvent(EEPROM_I2Cx, I2C_EVENT_MASTER_BYTE_TRANSMITTED))
28     {
29       if((I2CTimeout -- ) == 0) return I2C_TIMEOUT_UserCallback(2);
30     }
31
32     /* Send the byte to be written */
33     I2C_SendData(EEPROM_I2Cx, * pBuffer);
34
35     I2CTimeout = I2CT_FLAG_TIMEOUT;
36     /* Test on EV8 and clear it */
37     while(!I2C_CheckEvent(EEPROM_I2Cx, I2C_EVENT_MASTER_BYTE_TRANSMITTED))
38     {
39       if((I2CTimeout -- ) == 0) return I2C_TIMEOUT_UserCallback(3);
40     }
41
42     /* Send STOP condition */
43     I2C_GenerateSTOP(EEPROM_I2Cx, ENABLE);
44
45     return 1;
46   }
```

函数"uint32_tI2C_EE_ByteWrite(u8 * pBuffer, u8WriteAddr)"用于通过 I2C 接口向 EEPROM 写入一个字节的数据。该函数是带一个返回 uint32_t 类型（通常是用于错

误代码或状态)的函数,有两个参数:一个是指向要写入数据的缓冲区的指针 pBuffer;另一个是 u8 类型的 WriteAddr,表示 EEPROM 内部的写入地址。

"I2C_GenerateSTART(EEPROM_I2Cx,ENABLE);"代码用于生成 I2CSTART 条件,标志着 I2C 通信的开始。使用 I2C_CheckEvent 函数检查是否进入了 MASTER_MODE_SELECT 状态,接着发送 7 位的 EEPROM 地址,并指定为发送方向。然后等待进入 MASTER_TRANSMITTER_MODE_SELECTED 状态,即 EEPROM 已经被选中并准备接收数据,同样进行超时检查。向 EEPROM 发送要写入的内部地址。等待 EEPROM 确认已经接收到了内部地址,进行超时检查。发送 pBuffer 指向的缓冲区中的第一个字节。等待 EEPROM 确认已经接收到了数据字节,进行超时检查。发送 I2CSTOP 条件,标志着 I2C 通信的结束。如果一切顺利,函数返回 1 表示成功。如果在任何一个等待事件的过程中发生了超时,函数就会调用 I2C_TIMEOUT_UserCallback 并返回相应的错误代码。

文件"bsp_i2c_ee.c"内还有不少函数,可参见配套工程代码。

11.4.3 下载验证

本实验还要用到串口助手,在串口助手上显示提示文字,并将写入 EEPROM 的数据显示出来,同时将读出的数据也显示出来。在串口助手可以看到 EEPROM 读写测试结果,如图 11.20 所示。

图 11.20 EEPROM 读写测试显示

第 12 章

SPI总线应用——串行Flash的读写

Flash 存储器,又称快闪存储器,是一种基于非挥发性存储技术的半导体电子存储器件。采用串行外设接口(SPI)的 NOR Flash 存储器是通过 SPI 总线与主控制器进行通信,具有较小的封装尺寸、较低的功耗和较低的成本。由于其领先的存储设计技术,NOR Flash 存储器涵盖从消费到工业到车辆的所有应用,尤其在汽车电子、5G 基站等高可靠性使用场景中已成为一种硬性需求,其价值不可替代。

12.1　NOR Flash 存储器

NOR Flash 存储器,也称为 NOR 型闪存,是一种非易失性存储器(NVM)技术,由英特尔公司在 1988 年创建,是市场上两种主要的非易失闪存技术之一(另一种是 NAND Flash),其主要用于存储程序代码和数据。

NOR Flash 存储器的主要特点如下:

(1) 随机访问: NOR Flash 存储器支持按字节或按字寻址,这意味着可以像访问 RAM 一样直接读取存储器中的任何位置。这种特性使得 NOR Flash 存储器非常适合芯片内执行(eXecute In Place,XIP)。

(2) 写入和擦除速度:虽然 NOR Flash 存储器的读取速度很快,但它的写入和擦除速度较慢。写入操作通常是以字节或字为单位进行的,而擦除操作则是以块为单位进行的。

(3) 存储密度:与 NAND Flash 存储器相比,NOR Flash 存储器的存储密度较低。这意味着在相同的芯片面积下,NOR Flash 存储器的存储容量较小。

(4) 可靠性: NOR Flash 存储器通常具有更高的可靠性和更长的使用寿命,因为其写入和擦除操作的次数更多。

NOR Flash 存储器应用场景如下:

(1) 嵌入式系统: NOR Flash 存储器经常用于嵌入式系统,如路由器、交换机、智能手机和其他需要快速启动和直接执行代码的设备。

(2) 代码存储:由于其随机访问特性,NOR Flash 存储器非常适合存储需要快速访问的代码和数据,如引导加载程序(Bootloader)和操作系统(OS)代码。

(3) 数据存储:尽管 NOR Flash 存储器的存储密度较低,但它仍然可以用于存储一些需要快速访问的数据。

(4) 安全应用:由于 NOR Flash 存储器高可靠性和长寿命,其也常用于安全相关的应用,如加密密钥存储和数字签名。

SPI NOR Flash 存储器是一种采用 SPI 的非易失性闪存技术,它是 NOR Flash 存储器的一种变体。SPI NOR Flash 存储器通过 SPI 总线与主控制器进行通信,具有较小的封装尺寸、较低的功耗和较低的成本。

SPI NOR Flash 存储器的主要特点如下:

(1) 串行接口。与并行接口的 NOR Flash 存储器不同,SPI NOR Flash 存储器采用串行接口进行数据传输,这使得它在物理尺寸上更为紧凑,同时降低了功耗和成本。

(2) 高速读取和随机访问能力。SPI NOR Flash 存储器继承了 NOR Flash 存储器的快速读取速度和随机访问能力,可以直接在芯片内执行。

（3）适用于存储程序代码或执行实时操作。由于 SPI NOR Flash 存储器高速读取和随机访问能力,其特别适合作为智能产品的指令程序存储器,适用于通信类应用如 5G 基站、Wi-Fi 模块、有线和无线通信设备等。

（4）存储密度相对较低。与 NAND Flash 存储器相比,SPI NOR Flash 存储器的存储密度相对较低,但其高性能和灵活性使得它在某些应用中成为理想选择。

12.2　SPI 协议

SPI 总线也是当前广泛使用的一种串行外设接口,由摩托罗拉公司提出,用来实现单片机与各种外围设备的串行数据交换。外围设备可以是数据存储器、网络控制器、键盘和显示驱动器、A/D 转换器和 D/A 转换器。SPI 总线还可实现微控制器之间的数据通信等。

学习本章时,注意与第 11 章对比阅读,体会两种通信总线的差异;同时,关注 EEPROM 存储器与 Flash 存储器的区别。下面将分别对 SPI 协议的物理层及协议层进行讲解。

12.2.1　SPI 物理层

SPI 总线采用四线通信,可以同时发出和接收串行数据,工作在全双工方式下。SPI 最高数据传输速率可达几兆比特每秒。其四条线分别如下:

（1）SCK:串行时钟线,用作同步脉冲信号,有的芯片称为 CLK;

（2）MISO:主机输入/从机输出数据线,有的芯片称为 SDI、DI 或 SI;

（3）MOSI:主机输出/从机输入数据线,有的芯片称为 SDO、DO 或 SO;

（4）CS:从机选择线,由主机控制,有的芯片称为 nCS、CS 或 STE 等。

总线上有多个 SPI 的单片机时,应为一主多从,在某一时刻只能有一个单片机为主器件。如果总线上只有一个 SPI 器件,那么就不需要进行寻址操作而进行全双工通信。

在扩展多个 SPI 外围器件时,单片机应分别通过 I/O 口线为每个从器件提供独立的使能信号,硬件上比 I2C 系统稍微复杂,如图 12.1 所示。但是,SPI 不需要在总线上发送寻址序列,软件上简单高效。

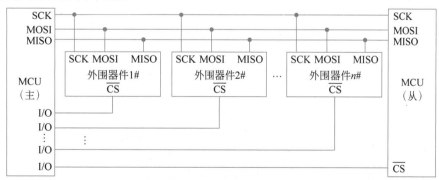

图 12.1　常见的 SPI 通信系统

大多数 SPI 从器件具有三态输出,器件没有选中时处于高阻态,允许 MISO 引脚并接在同一条信号线上;但当器件的输出不是三态特性时,需要接到单片机单独的 I/O 口。

12.2.2 SPI 协议层

SPI 协议层规定了传输过程中的起始信号和停止信号、数据有效性、时钟同步、通信模式等。SPI 协议层基于 SCK 进行运作,当 SCK 为低电平时,表示无效。SPI 通信的起始和终止由 NSS(从设备选择信号线,也称为片选信号线)信号线控制。当 NSS 为低电平时,表示起始信号;当 NSS 为高电平时,表示停止信号。

SPI 协议并没有指定的流控制或应答机制,这在一定程度上影响了其数据可靠性。因此,在使用 SPI 协议进行数据传输时,需要注意数据的有效性和正确性,以及确保主从设备之间的同步和一致性。SPI 协议的数据有效性主要取决于以下几个关键因素。

(1) 时钟信号:SPI 使用 SCK 信号线进行数据同步。MOSI 和 MISO 上的数据在 SCK 的每个时钟周期传输一位,且数据输入输出是同时进行的。

(2) 数据采样和变化:MOSI 和 MISO 的数据在 SCK 的上升沿或下降沿期间变化输出,而在 SCK 的相反沿(即下降沿或上升沿)时被采样。这意味着,在 SCK 的下降沿时刻,MOSI 和 MISO 的数据是有效的。高电平时表示数据"1",低电平时表示数据"0"。在 SCK 的其他时刻,认为数据是无效的,MOSI 和 MISO 为下一次数据传输做准备。

(3) 位顺序:数据传输时,最高有效位(MSB)先行还是最低有效位(LSB)先行并没有作硬性规定,但两个 SPI 通信设备之间必须使用同样的协定。

(4) 时钟极性和相位:SPI 总线在传输数据的同时也传输了时钟信号,时钟信号通过时钟极性(CPOL)和时钟相位(CPHA)控制两个 SPI 设备何时交换数据以及何时对接收数据进行采样。这确保了数据在两个设备之间的同步传输。

SPI 总线有四种工作模式,是根据时钟的极性和相位来划分的,如表 12.1 所示。

表 12.1 SPI 总线的四种工作模式

SPI 模式	时钟极性	时钟相位	描 述
0	0	0	时钟信号空闲电平为低,SCK 的上升沿锁存 SPI 数据
1	0	1	时钟信号空闲电平为低,SCK 的下降沿锁存 SPI 数据
2	1	0	时钟信号空闲电平为高,SCK 的下降沿锁存 SPI 数据
3	1	1	时钟信号空闲电平为高,SCK 的上升沿锁存 SPI 数据

1. 工作模式 0

在 SPI 传输过程中,发送方首先将数据上线,然后在同步时钟信号的上升沿 SPI 的接收方锁存(采样)位信号。在 SCK 信号的一个周期结束时(下降沿),发送方输出下一位数据信号,再重复上述过程,直到一字节的 8 位信号传输结束,如图 12.2 所示。

2. 工作模式 1

在 SPI 传输过程中,在 SCK 的上升沿发送方输出位数据,SPI 的接收方在 SCK 的下降沿锁存位信号。在 SCK 信号的一个周期结束时(上升沿),发送方输出下一位数据信号,再重复上述过程,直到一字节的 8 位信号传输结束,如图 12.3 所示。

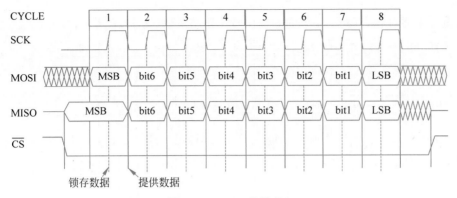

图 12.2　SPI 工作模式 0

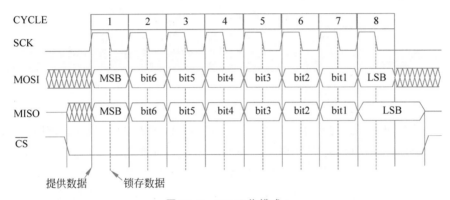

图 12.3　SPI 工作模式 1

3．工作模式 2

在 SPI 传输过程中，发送方首先将数据上线，然后在同步时钟信号的下降沿 SPI 的接收方锁存位信号。在 SCK 信号的一个周期结束时（上升沿），发送方输出下一位数据信号，再重复上述过程，直到一字节的 8 位信号传输结束，如图 12.4 所示。

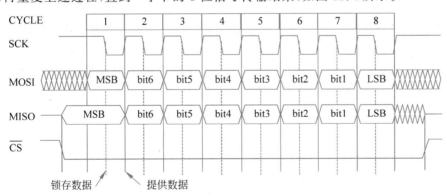

图 12.4　SPI 工作模式 2

4．工作模式 3

在 SPI 传输过程中，在 SCK 的下降沿发送方输出位数据，SPI 的接收方在 SCK 的上升沿锁存位信号。在 SCK 信号的一个周期结束时（下降沿），发送方输出下一位数据信号,再重复上述过程,直到一字节的 8 位信号传输结束,如图 12.5 所示。

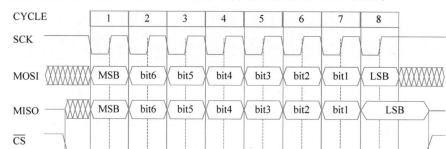

图 12.5　SPI 工作模式 2

12.3　STM32 的 SPI

12.3.1　STM32 的 SPI 结构

在 STM 公司所定义的大容量产品线(如 STM32F103ZET6 芯片)上,SPI 可以配置为 SPI 或 I2S(音频)协议,它们分别是一种四线制或三线制协议,但它们共用了三个引脚。I2S_SD(收发 2 路时分复用通道数据)和 SPI_MOSI(主输出/从输入)。I2S_WS(控制信号,主输出/从输入)和 SPI_NSS(从器件的片选)。I2S_CK(时钟信号,主输出/从输入)和 SPI_SCK(时钟信号,主输出/从输入)。

SPI 默认工作模式为 SPI 模式。

SPI 模块主要由控制逻辑模块(A)、数据的收发模块(B)和寄存器组模块(C)构成,如图 12.6 所示。

1. 控制逻辑模块(B 部分)

控制逻辑模块负责工作模式的设置、时钟信号的产生,以及各种中断事件的启停等。它有以下两个关键的对外控制引脚。

(1) SCK:波特率发生器产生串口时钟,主设备时为输出,从设备时为输入。

(2) NSS:从设备选择,这是一个可选的引脚,用来选择主/从设备,用来作为片选引脚,让主设备可以单独地与特定的从设备通信,避免数据线上的冲突。

2. 数据的收发模块(A 部分)

数据的收发模块是对外的"窗口",根据控制逻辑所设置的工作参数,将数据写出(发送)或读入(接收)内部总线。它有以下两个引脚。

(1) MISO:该引脚在从模式下发送数据,在主模式下接收数据。

(2) MOSI:该引脚在主模式下发送数据,在从模式下接收数据。

3. 寄存器组模块(C 部分)

寄存器组模块是"数据仓库",接口的工作配置参数、运行中诸多状态标志都存放于

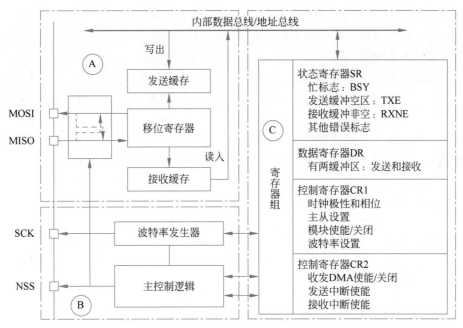

图 12.6　STM32 SPI 组成框架图

此,它是控制逻辑施加控制影响的数据源。对于 SPI 协议来说,主要涉及以下四个寄存器:

（1）控制寄存器（CR1 和 CR2）：CR1 主要负责接口工作参数的配置（如时钟极性和相位、波特率）、主/从模式、模块的启停等；CR2 主要负责模块各种中断事件、DMA 方式的启停。

（2）数据寄存器（DR）：存放待发送和已收到的数据,内部有两个缓冲区,分别用于写（发送）和读（接收）。

（3）状态寄存器（SR）：动态反映了模块工作的情形,常用的状态有 BSY（忙）、TXE（发送缓冲区空）、RXNE（接收缓冲区满）等,几乎所有外设接口都包括这三个状态标志。

（4）循环冗余校验（CRC）多项式寄存器：包括 SPI_CRCPR、SPI_RXCRCR、SPI_TXCRCR,CRC 用于校验,以保证全双工通信的可靠性。

12.3.2　STM32 的 SPI 主模式数据收发过程

对于一般的嵌入式应用,凡是支持主/从工作模式的外设接口,如 I2C、I2S、SPI 等,主控制器件只有一个,即 MCU 本身,而其他与之通信的器件,如 SPI Flash、I2C EEPROM、I2C 温度传感器等都不具有总线控制能力。STM32 SPI 在主模式下进行数据收发的过程通常涉及以下步骤:

（1）初始化 SPI 外设。设置 SPI 为主模式、配置数据位数（通常为 8 位或 16 位）、设置 CPOL 和 CPHA、设置波特率（通过预分频器）,最后初始化 NSS 线（如果有多个从设备）。

（2）NSS 信号拉低。当 STM32 作为 SPI 主设备想要与从设备通信时,它首先会将

NSS 信号拉低。这表示主设备现在选择与该从设备进行通信。

（3）生成时钟信号。主设备开始生成 SCK 时钟信号。这个时钟信号用于同步主设备和从设备之间的数据传输。

（4）发送数据。主设备将需要发送的数据写入其 SPI 移位寄存器。在每个 SCK 时钟的上升沿或下降沿（具体取决于 CPOL 和 CPHA 的设置），主设备将数据从 MOSI 线发送出去。

（5）接收数据。主设备在发送数据的同时，也在每个 SCK 时钟的相应边沿从 MISO 线读取数据。这些数据是从设备在相应的 SCK 时钟边沿发送到主设备的。

（6）中断处理或轮询。在数据发送和接收过程中，主设备可以使用中断或轮询的方式来检测数据传输的状态或完成情况。

（7）NSS 信号拉高。当主设备完成与从设备的数据传输后，它会将 NSS 信号拉高，表示此次通信结束。

（8）关闭 SPI 外设（如果需要）。若不再需要 SPI 通信，则主设备可以关闭 SPI 外设以节省资源。

1. STM32 SPI 主模式下数据发送过程

STM32 SPI 主模式下数据发送过程（图 12.7）如下：

（1）当字节数据写进发送缓存时，发送过程开始（SR 中 TXE 标志被置位，若 CR2 中 TXEIE 位被设置，则产生中断）。

（2）在发送第一个数据位的同时，数据字并行地（通过内部总线）传入移位寄存器。

（3）在 SCK 作用下，将移位寄存器中的数据位串行地移出到 MOSI 引脚上。

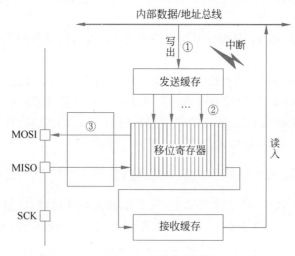

图 12.7　STM32 SPI 主模式下数据发送过程

2. STM32 SPI 主模式下数据接收过程

STM32 SPI 主模式下数据接收过程（图 12.8）如下：

（1）在 SCK 作用下，从 MISO 引脚上来的数据位被串行移入移位寄存器。

（2）移位寄存器里的数据（并行地）传输到接收缓冲器（SR 中的 RXNE 标志被置位，若 CR2 中的 RXNEIE 被设置，则产生中断）。

（3）读 SPI_DR 寄存器时，SPI 设备返回接收到的数据，同时清除 RXNE 位，接收过程结束。

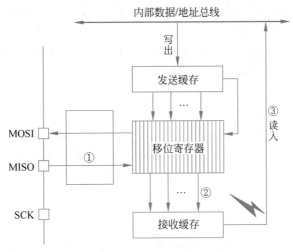

图 12.8　STM32 SPI 主模式下数据接收过程

12.3.3　STM32 的 SPI 初始化结构体

与其他外设一样，STM32 标准库提供了 SPI 初始化结构体及初始化函数来配置 SPI 外设。初始化结构体及函数定义在库文件"stm32f10x_spi.h"及"stm32f10x_spi.c"中，编程时可以结合这两个文件内的注释使用或参考库帮助文档。了解初始化结构体后就能对 SPI 外设运用自如，见代码清单 12.1。

代码清单 12.1　SPI 初始化结构体

```
 1  typedef struct
 2  {
 3  uint16_t SPI_Direction;          /*设置 SPI 的单双向模式 */
 4  uint16_t SPI_Mode;               /*设置 SPI 的主/从机端模式 */
 5  uint16_t SPI_DataSize;           /*设置 SPI 的数据帧长度,可选 8/16 位*/
 6  uint16_t SPI_CPOL;               /*设置时钟极性 CPOL,可选高/低电平 */
 7  uint16_t SPI_CPHA;               /*设置时钟相位,可选奇/偶数边沿采样 */
 8  uint16_t SPI_NSS;                /*设置 NSS 引脚由 SPI 硬件控制还是软件控制*/
 9  uint16_t SPI_BaudRatePrescaler;  /*设置时钟分频因子,fpclk/分频数 = fSCK */
10  uint16_t SPI_FirstBit;           /*设置 MSB/LSB 先行 */
11  uint16_t SPI_CRCPolynomial;      /*设置 CRC 校验的表达式 */
12  }SPI_InitTypeDef;
```

该结构体被设计用来初始化 SPI 的配置参数。

SPI_Direction：uint16_t 类型的成员变量，用于设置 SPI 的单向或双向模式。SPI 通常支持全双工（双向）方式，但也有配置选项来限制其为一个方向的数据传输。

SPI_Mode：uint16_t 类型的成员变量，用于设置 SPI 是工作在主机模式（Master

Mode)还是从机模式(Slave Mode)。

SPI_DataSize：用来设置 SPI 传输的数据帧长度，可以是 8bit 或 16bit。

SPI_CPOL：设置 SPI 时钟极性 CPOL。CPOL 决定了在空闲状态下，时钟线(SCK)是高电平还是低电平。

SPI_CPHA：设置 SPI 时钟相位 CPHA。CPHA 决定了数据是在时钟的哪个边沿被采样(上升边沿或下降边沿)。

SPI_NSS：NSS(Negative Slave Select)：SPI 的一个可选引脚，用于选择从机。这个成员变量用来设置 NSS 引脚是由 SPI 硬件控制还是软件控制。

SPI_BaudRatePrescaler：时钟分频因子。SPI 的时钟频率 f_{SCK} 通常是由一个主时钟频率 f_{pclk} 经过这个分频因子得到的。

SPI_FirstBit：设置数据帧中第一个传输的位是 MSB 还是 LSB。

SPI_CRCPolynomial：用于设置 CRC 校验的表达式。CRC 是一种常用的数据校验方法，用于检测数据传输中的错误。

配置完这些结构体成员值，调用库函数 SPI_Init 即可把结构体的配置写入寄存器中。

12.4 SPI 总线应用——Flash 存储器的读写

Flash 存储器与 EEPROM 都是掉电后数据不丢失的存储器，但 Flash 存储器容量普遍大于 EEPROM，EEPROM 现在基本被 Flash 存储器取代。U 盘、SD 卡、SSD 固态硬盘以及 STM32 芯片内部用于存储程序的设备都是 Flash 存储器。在存储控制上，最主要的区别是 Flash 芯片只能一大片一大片地擦写，而 EEPROM 可以单字节擦写。本节通过使用 SPI 通信的串行 Flash 存储芯片的读写实验介绍 STM32 的 SPI 使用方法。实验中 STM32 的 SPI 外设采用主模式，通过查询事件的方式来确保正常通信。

12.4.1 硬件电路设计

开发板板载的串行 Flash 电路如图 12.9 所示。

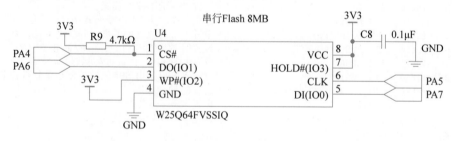

图 12.9 串行 Flash 电路

串行 Flash 芯片使用的是 W25Q64FVSSIQ。该芯片是华邦电子(Winbond Electronics)公司生产的一款非易失性(NOR)闪存存储器芯片。该芯片提供了高容量(64Mb)的存储解决方案，并且具有多种接口选项，包括 SPI、双/四路 I/O SPI 以及四路外设接口(Quad Peripheral Interface,QPI)。W25Q64FVSSIQ 的存储容量为 64Mb,工作电压为 2.7~3.6V,最大时钟频率为 104MHz;采用页结构,被组织成 32768 个可编程页面,每个页面为 256B。这允许以不同的大小(如 4KB 扇区、32KB 块或 64KB 块)进行擦除操作。在断电状态下,电流为 1μA,适用于需要低功耗的应用场景。

该芯片的 CS/CLK/DIO/DO 引脚分别连接 STM32 对应的 SPI 引脚 NSS/SCK/MOSI/MISO 上,其中 STM32 的 NSS 引脚是一个普通的 GPIO,不是 SPI 的专用 NSS 引脚,所以程序中要使用软件控制的方式。

Flash 芯片中还有 WP 和 HOLD 引脚。WP 引脚可控制写保护功能,当该引脚为低电平时,禁止写入数据。WP 引脚直接接电源,不使用写保护功能。HOLD 引脚可用于暂停通信,该引脚为低电平时,通信暂停,数据输出引脚输出高阻抗状态,时钟和数据输入引脚无效。HOLD 引脚直接接电源,不使用通信暂停功能。

12.4.2 程序编写

为了使工程更加有条理,把 EEPROM 读写相关的代码独立分开存储,方便以后移植。在工程的基础上新建"bsp_spi_flash.c"及"bsp_spi_flash.h"文件。编程要点如下:

(1) 初始化通信使用的目标引脚及端口时钟;
(2) 使能 SPI 外设的时钟;
(3) 配置 SPI 外设的模式、地址、速率等参数并使能 SPI 外设;
(4) 编写基本 SPI 按字节收发的函数;
(5) 编写对 Flash 擦除及读写操作的函数。

1. 主函数

在文件 main.c 中,主要有两个函数,即主函数 main() 与 TestStatus Buffercmp(uint8_t* pBuffer1,uint8_t* pBuffer2,uint16_t BufferLength)。文件 main.c 程序见代码清单 12.2。

代码清单 12.2 文件 main.c 代码

```
1    # include "stm32f10x.h"
2    # include "./usart/bsp_usart.h"
3    # include "./led/bsp_led.h"
4    # include "./flash/bsp_spi_flash.h"
5
6    typedef enum { FAILED = 0, PASSED = !FAILED} TestStatus;
7
8    /* 获取缓冲区的长度 */
9    # define TxBufferSize1    (countof(TxBuffer1) - 1)
10   # define RxBufferSize1    (countof(TxBuffer1) - 1)
11   # define countof(a)       (sizeof(a) / sizeof(*(a)))
12   # define BufferSize       (countof(Tx_Buffer) - 1)
13
14   # define   FLASH_WriteAddress    0x00000
15   # define   FLASH_ReadAddress     FLASH_WriteAddress
16   # define   FLASH_SectorToErase   FLASH_WriteAddress
17
```

```
18   /* 发送缓冲区初始化 */
19   uint8_t Tx_Buffer[] = "加油,我在拐角等你们\r\n";
20   uint8_t Rx_Buffer[BufferSize];
21
22   __IO uint32_t DeviceID = 0;
23   __IO uint32_t FlashID = 0;
24   __IO TestStatus TransferStatus1 = FAILED;
25
26   // 函数原型声明
27   void Delay(__IO uint32_t nCount);
28   TestStatus Buffercmp(uint8_t * pBuffer1,uint8_t * pBuffer2, uint16_t BufferLength);
29
30   int main(void)
31   {
32     LED_GPIO_Config();
33     LED_BLUE;
34
35     /* 配置串口为:115200 8 - N - 1 */
36     USART_Config();
37     printf("\r\n 这是一个 8MB 串行 flash(W25Q64)实验 \r\n");
38
39     /* 8M 串行 flash W25Q64 初始化 */
40     SPI_FLASH_Init();
41
42     /* 获取 Flash Device ID */
43     DeviceID = SPI_FLASH_ReadDeviceID();
44     Delay( 200 );
45
46     /* 获取 SPI Flash ID */
47     FlashID = SPI_FLASH_ReadID();
48     printf("\r\n FlashID is 0x%X,\
49   Manufacturer Device ID is 0x%X\r\n", FlashID, DeviceID);
50
51     /* 检验 SPI Flash ID */
52     if (FlashID == sFLASH_ID)
53     {
54       printf("\r\n 检测到串行 flash W25Q64 !\r\n");
55
56       /* 擦除将要写入的 SPI Flash 扇区,Flash 写入前要先擦除 */
57       // 这里擦除 4KB,即一个扇区,擦除的最小单位是扇区
58       SPI_FLASH_SectorErase(FLASH_SectorToErase);
59
60       /* 将发送缓冲区的数据写入 flash 中 */
61       // 这里写一页,一页的大小为 256B
62       SPI_FLASH_BufferWrite(Tx_Buffer, FLASH_WriteAddress, BufferSize);
63       printf("\r\n 写入的数据为:%s \r\t", Tx_Buffer);
64
65       /* 将刚刚写入的数据读出来放到接收缓冲区中 */
66       SPI_FLASH_BufferRead(Rx_Buffer, FLASH_ReadAddress, BufferSize);
67       printf("\r\n 读出的数据为:%s \r\n", Rx_Buffer);
68
69       /*检查写入的数据与读出的数据是否相等 */
70       TransferStatus1 = Buffercmp(Tx_Buffer, Rx_Buffer, BufferSize);
71
72       if( PASSED == TransferStatus1 )
73       {
74         LED_GREEN;
```

```
75          printf("\r\n 8MB 串行 flash(W25Q64)测试成功!\n\r");
76       }
77       else
78       {
79          LED_RED;
80          printf("\r\n 8MB 串行 flash(W25Q64)测试失败!\n\r");
81       }
82     }
83     else
84     {
85       LED_RED;
86       printf("\r\n 获取不到 W25Q64 ID!\n\r");
87     }
88
89     while(1);
90  }
91
92  /*
93   * 函数名:Buffercmp
94   * 描述 :比较两个缓冲区中的数据是否相等
95   * 输入 : - pBuffer1        src 缓冲区指针
96   *        - pBuffer2        dst 缓冲区指针
97   *        - BufferLength 缓冲区长度
98   * 输出 :无
99   * 返回 : - PASSED pBuffer1 等于 pBuffer2
100  *         - FAILED pBuffer1 不同于 pBuffer2
101  */
102 TestStatus Buffercmp(uint8_t * pBuffer1, uint8_t * pBuffer2, uint16_t BufferLength)
103 {
104    while(BufferLength--)
105    {
106      if( * pBuffer1 !=  * pBuffer2)
107      {
108        return FAILED;
109      }
110      pBuffer1++;
111      pBuffer2++;
112    }
113    return PASSED;
114 }
115
116 void Delay(__IO uint32_t nCount)
117 {
118    for(; nCount != 0; nCount--);
119 }
```

主函数包含了几个头文件、类型定义、宏定义、全局变量、函数原型声明,以及 main() 函数、TestStatus Buffercmp(uint8 _ t* pBuffer1, uint8 _ t* pBuffer2, uint16 _ t BufferLength)和延时函数。

定义了 TestStatus 枚举类型,其两个状态 FAILED 和 PASSED,其中 PASSED 是 ! FAILED,即 ! 0,等于 1。通过宏定义声明了获取缓冲区的长度。定义了 5 个全局变量: Tx_Buffer,发送缓冲区,用于存放要发送的数据;Rx_Buffer,接收缓冲区,用于存放从 USART 或其他接口接收的数据;DeviceID 和 FlashID,用于存储设备或 Flash 的 ID;

TransferStatus1,用于指示某种传输状态的变量。声明了两个函数：Delay(__IO uint32_t nCount),延时函数,通常用于微秒或毫秒级别的延时；Buffercmp(uint8_t* pBuffer1, uint8_t* pBuffer2, uint16_t BufferLength),比较两个缓冲区内容的函数,返回一个 TestStatus 枚举值来表示比较结果。

main()函数首先进行 LED 的初始化、串口初始化,然后配置串口为"配置串口为：115200 8-N-1",接着对 8M 串行 Flash W25Q64 初始化,读取 Flash Device ID 与获取 SPI Flash ID 并检验 SPI Flash ID。若 ID 正确,则擦除将要写入的 SPI Flash 扇区,Flash 写入前要先擦除,接着将发送缓冲区的数据写入 Flash 中,并将刚写入的数据读出来放到接收缓冲区中,然后对写入的数据与读出的数据进行检查。若数据相等,则绿灯亮；否则,红灯亮。

TestStatusBuffercmp(uint8_t* pBuffer1, uint8_t* pBuffer2, uint16_t BufferLength) 是用于比较两个缓冲区中数据是否相等的函数,该函数接收两个指向缓冲区的指针 pBuffer1 和 pBuffer2,以及一个表示缓冲区长度的 BufferLength。它使用 while 循环遍历缓冲区中的每个字节,并逐个比较它们。若找到不匹配的字节,则立即返回 FAILED。若整个缓冲区都匹配,则最终返回 PASSED。语句"while(BufferLength--)"表示使用 while 循环遍历缓冲区,并在每次迭代时递减 BufferLength。当 BufferLength 为 0 时,循环将终止。if(*pBuffer1!=*pBuffer2),在循环体内,通过解引用指针 pBuffer1 和 pBuffer2 来比较当前位置的字节值。若这两个字节不相等,则执行以下语句。语句 "return FAILED;"表示若发现两个缓冲区中的字节不相等,则立即返回 FAILED。语句 "pBuffer1++;pBuffer2++;"表示若当前字节匹配,则将两个指针都递增到下一个字节,以便在下一次迭代中比较下一个字节。语句"return PASSED;"表示若循环成功完成 (即没有通过 return FAILED;语句提前退出),则说明两个缓冲区中的所有字节都匹配,因此返回 PASSED。

2. bsp_spi_flash.h

文件"bsp_spi_flash.h"程序见代码清单 12.3。

代码清单 12.3　bsp_spi_flash.h 代码

```
1   # ifndef __SPI_FLASH_H
2   # define __SPI_FLASH_H
3
4   # include "stm32f10x.h"
5   # include < stdio.h >
6
7   //# define sFLASH_ID          0xEF3015        //W25X16
8   //# define sFLASH_ID          0xEF4015        //W25Q16
9   //# define sFLASH_ID          0XEF4018        //W25Q128
10  # define sFLASH_ID           0XEF4017        //W25Q64
11
12  # define SPI_FLASH_PageSize          256
13  # define SPI_FLASH_PerWritePageSize  256
14
15  /* 命令定义 - 开头 ******************************* /
```

```
16   #define W25X_WriteEnable            0x06
17   #define W25X_WriteDisable           0x04
18   #define W25X_ReadStatusReg          0x05
19   #define W25X_WriteStatusReg         0x01
20   #define W25X_ReadData               0x03
21   #define W25X_FastReadData           0x0B
22   #define W25X_FastReadDual           0x3B
23   #define W25X_PageProgram            0x02
24   #define W25X_BlockErase             0xD8
25   #define W25X_SectorErase            0x20
26   #define W25X_ChipErase              0xC7
27   #define W25X_PowerDown              0xB9
28   #define W25X_ReleasePowerDown       0xAB
29   #define W25X_DeviceID               0xAB
30   #define W25X_ManufactDeviceID       0x90
31   #define W25X_JedecDeviceID          0x9F
32
33   /* WIP(busy)标志,Flash 内部正在写入 */
34   #define WIP_Flag                    0x01
35   #define Dummy_Byte                  0xFF
36   /* 命令定义 - 结尾 ******************************** */
37
38   /* SPI 接口定义 - 开头 ******************************** */
39   #define    FLASH_SPIx                      SPI1
40   #define    FLASH_SPI_APBxClock_FUN         RCC_APB2PeriphClockCmd
41   #define    FLASH_SPI_CLK                   RCC_APB2Periph_SPI1
42
43   //CS(NSS)引脚 片选选普通 GPIO 即可
44   //#define  FLASH_SPI_CS_APBxClock_FUN      RCC_APB2PeriphClockCmd
45   //#define  FLASH_SPI_CS_CLK                RCC_APB2Periph_GPIOC
46   //#define  FLASH_SPI_CS_PORT               GPIOC
47   //#define  FLASH_SPI_CS_PIN                GPIO_Pin_0
48
49   #define    FLASH_SPI_CS_APBxClock_FUN      RCC_APB2PeriphClockCmd
50   #define    FLASH_SPI_CS_CLK                RCC_APB2Periph_GPIOA
51   #define    FLASH_SPI_CS_PORT               GPIOA
52   #define    FLASH_SPI_CS_PIN                GPIO_Pin_4
53
54   //SCK 引脚
55   #define    FLASH_SPI_SCK_APBxClock_FUN     RCC_APB2PeriphClockCmd
56   #define    FLASH_SPI_SCK_CLK               RCC_APB2Periph_GPIOA
57   #define    FLASH_SPI_SCK_PORT              GPIOA
58   #define    FLASH_SPI_SCK_PIN               GPIO_Pin_5
59   //MISO 引脚
60   #define    FLASH_SPI_MISO_APBxClock_FUN    RCC_APB2PeriphClockCmd
61   #define    FLASH_SPI_MISO_CLK              RCC_APB2Periph_GPIOA
62   #define    FLASH_SPI_MISO_PORT             GPIOA
63   #define    FLASH_SPI_MISO_PIN              GPIO_Pin_6
64   //MOSI 引脚
65   #define    FLASH_SPI_MOSI_APBxClock_FUN    RCC_APB2PeriphClockCmd
66   #define    FLASH_SPI_MOSI_CLK              RCC_APB2Periph_GPIOA
67   #define    FLASH_SPI_MOSI_PORT             GPIOA
```

```
68    #define      FLASH_SPI_MOSI_PIN                    GPIO_Pin_7
69
70    #define      SPI_FLASH_CS_LOW() GPIO_ResetBits( FLASH_SPI_CS_PORT, FLASH_SPI_CS_
      PIN )
71    #define      SPI_FLASH_CS_HIGH() GPIO_SetBits( FLASH_SPI_CS_PORT, FLASH_SPI_CS_
      PIN )
72
73    /* SPI 接口定义-结尾 ***************************** /
74
75    /* 等待超时时间 */
76    #define SPIT_FLAG_TIMEOUT          ((uint32_t)0x1000)
77    #define SPIT_LONG_TIMEOUT          ((uint32_t)(10 * SPIT_FLAG_TIMEOUT))
78
79    /* 信息输出 */
80    #define FLASH_DEBUG_ON             1
81
82    #define FLASH_INFO(fmt,arg...)   printf("<<-FLASH-INFO->> "fmt"\n", ##arg)
83    #define FLASH_ERROR(fmt,arg...)  printf("<<-FLASH-ERROR->> "fmt"\n", ##arg)
84    #define FLASH_DEBUG(fmt,arg...)  do{\
85                                     if(FLASH_DEBUG_ON)\
86                                     printf("<<-FLASH-DEBUG->> [ %d]"fmt"\n",__LINE
                                       __, ##arg);\
87                                     }while(0)
88
89    void SPI_FLASH_Init(void);
90    void SPI_FLASH_SectorErase(u32 SectorAddr);
91    void SPI_FLASH_BulkErase(void);
92    void SPI_FLASH_PageWrite(u8 * pBuffer, u32 WriteAddr, u16 NumByteToWrite);
93    void SPI_FLASH_BufferWrite(u8 * pBuffer, u32 WriteAddr, u16 NumByteToWrite);
94    void SPI_FLASH_BufferRead(u8 * pBuffer, u32 ReadAddr, u16 NumByteToRead);
95    u32 SPI_FLASH_ReadID(void);
96    u32 SPI_FLASH_ReadDeviceID(void);
97    void SPI_FLASH_StartReadSequence(u32 ReadAddr);
98    void SPI_Flash_PowerDown(void);
99    void SPI_Flash_WAKEUP(void);
100
101   u8 SPI_FLASH_ReadByte(void);
102   u8 SPI_FLASH_SendByte(u8 byte);
103   u16 SPI_FLASH_SendHalfWord(u16 HalfWord);
104   void SPI_FLASH_WriteEnable(void);
105   void SPI_FLASH_WaitForWriteEnd(void);
106
107   #endif /* __SPI_FLASH_H */
```

这个头文件为 STM32 的 SPI 通信与 Flash 之间的交互定义了一些宏和函数原型。

定义了 W25Q64 的 ID,SPI Flash 的页大小和每次写入操作的页面大小,定义了 SPI Flash 命令定义,然后通过宏定义声明了与 SPI 通信相关的硬件设置,如 CS(NSS)引脚、SCK 引脚、MISO 引脚与 MOSI 引脚。

声明了多个函数。SPI_FLASH_Init(void)表示初始化 SPI Flash 接口,SPI_FLASH_SectorErase(u32 SectorAddr)表示擦除指定的扇区,SPI_FLASH_BulkErase （void）表示执行芯片整体擦除，SPI_FLASH_PageWrite（u8* pBuffer，u32 WriteAddr，u16 NumByteToWrite）和 SPI_FLASH_BufferWrite（u8* pBuffer，u32 WriteAddr，u16 NumByteToWrite）表示向 Flash 中写入数据，SPI_FLASH_BufferRead（u8* pBuffer，u32 ReadAddr，u16 NumByteToRead）表示从指定地址读取指定数量的字节到缓冲区。SPI_FLASH_ReadID（void）和 SPI_FLASH_ReadDeviceID（void）表示读取 Flash 的 ID，SPI_FLASH_StartReadSequence（u32 ReadAddr）是用于启动某种特殊的读取序列，SPI_Flash_PowerDown（void）和 SPI_Flash_WAKEUP（void）是控制 Flash 进入低功耗模式或从低功耗模式唤醒，SPI_FLASH_ReadByte（void）、SPI_FLASH_SendByte（u8 byte）和 SPI_FLASH_SendHalfWord（u16 HalfWord）是用于通过 SPI 读取或发送字节或半字数据，SPI_FLASH_WriteEnable（void）表示启用写入 Flash 的操作，SPI_FLASH_WaitForWriteEnd（void）是等待写入操作完成。

3. bsp_spi_flash.c

文件"bsp_spi_flash.c"涉及的代码量大，在此只对部分核心代码做解释。

1）SPI 的 GPIO 引脚初始化

SPI 的 GPIO 引脚初始化函数，见代码清单 12.4。

代码清单 12.4 SPI 的 GPIO 引脚初始化函数

```
1  void SPI_FLASH_Init(void)
2  {
3    SPI_InitTypeDef SPI_InitStructure;
4    GPIO_InitTypeDef GPIO_InitStructure;
5
6    /* 使能 SPI 时钟 */
7    FLASH_SPI_APBxClock_FUN ( FLASH_SPI_CLK, ENABLE );
8
9    /* 使能 SPI 引脚相关的时钟 */
10   FLASH_SPI_CS_APBxClock_FUN ( FLASH_SPI_CS_CLK|FLASH_SPI_SCK_CLK|
11   FLASH_SPI_MISO_PIN|FLASH_SPI_MOSI_PIN,ENABLE );
12
13   /* 配置 SPI 的 CS 引脚,普通 I/O 即可 */
14   GPIO_InitStructure.GPIO_Pin = FLASH_SPI_CS_PIN;
15   GPIO_InitStructure.GPIO_Speed = GPIO_Speed_50MHz;
16   GPIO_InitStructure.GPIO_Mode = GPIO_Mode_Out_PP;
17   GPIO_Init(FLASH_SPI_CS_PORT, &GPIO_InitStructure);
18
19   /* 配置 SPI 的 SCK 引脚 */
20   GPIO_InitStructure.GPIO_Pin = FLASH_SPI_SCK_PIN;
21   GPIO_InitStructure.GPIO_Mode = GPIO_Mode_AF_PP;
22   GPIO_Init(FLASH_SPI_SCK_PORT, &GPIO_InitStructure);
23
24   /* 配置 SPI 的 MISO 引脚 */
25   GPIO_InitStructure.GPIO_Pin = FLASH_SPI_MISO_PIN;
26   GPIO_Init(FLASH_SPI_MISO_PORT, &GPIO_InitStructure);
```

```
27
28    /* 配置 SPI 的 MOSI 引脚 */
29    GPIO_InitStructure.GPIO_Pin = FLASH_SPI_MOSI_PIN;
30    GPIO_Init(FLASH_SPI_MOSI_PORT, &GPIO_InitStructure);
31
32    /* 停止信号 FLASH: CS 引脚高电平 */
33    SPI_FLASH_CS_HIGH();
34
35    /* SPI 模式配置 */
36    // Flash 芯片 支持 SPI 模式 0 和模式 3,据此设置 CPOL CPHA
37    SPI_InitStructure.SPI_Direction = SPI_Direction_2Lines_FullDuplex;
38    SPI_InitStructure.SPI_Mode = SPI_Mode_Master;
39    SPI_InitStructure.SPI_DataSize = SPI_DataSize_8b;
40    SPI_InitStructure.SPI_CPOL = SPI_CPOL_High;
41    SPI_InitStructure.SPI_CPHA = SPI_CPHA_2Edge;
42    SPI_InitStructure.SPI_NSS = SPI_NSS_Soft;
43    SPI_InitStructure.SPI_BaudRatePrescaler = SPI_BaudRatePrescaler_4;
44    SPI_InitStructure.SPI_FirstBit = SPI_FirstBit_MSB;
45    SPI_InitStructure.SPI_CRCPolynomial = 7;
46    SPI_Init(FLASH_SPIx , &SPI_InitStructure);
47
48    /* 使能 SPI */
49    SPI_Cmd(FLASH_SPIx , ENABLE);
50  }
```

SPI_FLASH_Init 函数是一个初始化 SPI Flash 存储器接口的例程。这个函数设置了 SPI 控制器、相关的 GPIO 引脚以及 SPI 的工作模式,以确保能够正确地与 SPIFlash 芯片进行通信。

"SPI_InitTypeDef SPI_InitStructure;"定义一个 SPI 初始化结构体变量,用于配置 SPI 的参数;"GPIO_InitType DefGPIO_InitStructure;"定义一个 GPIO 初始化结构体变量,用于配置 GPIO 引脚的参数。配置 CS 引脚为输出推挽模式,并设置速率为 50MHz;配置 SCK 引脚为复用推挽输出模式(用于 SPI 通信);配置 MISO 引脚(主设备输入,Flash 输出);配置 MOSI 引脚(主设备输出,Flash 输入)。通过函数"SPI_FLASH_CS_HIGH()"将 CS 引脚设置为高电平,以释放对 SPI Flash 芯片的选择。使用 SPI_InitStructure 结构体来定义 SPI 的双线全双工方式、设置为主设备模式、数据大小设置为 8 位、时钟极性和相位、使用软件控制 CS 引脚、波特率预分频值。

通过语句"SPI_Init(FLASH_SPIx,&SPI_InitStructure);"初始化 SPI 控制器。通过语句"SPI_Cmd(FLASH_SPIx,ENABLE);" 使能 SPI 控制器。

2) 使用 SPI 发送一个字节的数据

使用 SPI 发送一个字节的数据见代码清单 12.5。

代码清单 12.5　使用 SPI 发送一个字节的数据

```
1  u8 SPI_FLASH_SendByte(u8 byte)
2  {
3    SPITimeout = SPIT_FLAG_TIMEOUT;
4    /* 等待发送缓冲区为空,TXE 事件 */
```

```
5    while (SPI_I2S_GetFlagStatus(FLASH_SPIx , SPI_I2S_FLAG_TXE) == RESET)
6    {
7      if((SPITimeout -- ) == 0) return SPI_TIMEOUT_UserCallback(0);
8    }
9    /* 写入数据寄存器,把要写入的数据写入发送缓冲区 */
10   SPI_I2S_SendData(FLASH_SPIx , byte);
11   SPITimeout = SPIT_FLAG_TIMEOUT;
12   /* 等待接收缓冲区非空,RXNE 事件 */
13   while (SPI_I2S_GetFlagStatus(FLASH_SPIx , SPI_I2S_FLAG_RXNE) == RESET)
14   {
15     if((SPITimeout -- ) == 0) return SPI_TIMEOUT_UserCallback(1);
16   }
17   /* 读取数据寄存器,获取接收缓冲区数据 */
18   return SPI_I2S_ReceiveData(FLASH_SPIx );
19 }
```

函数 SPI_FLASH_SendByte 的目的是通过 SPI 发送一个字节的数据,并等待接收该字节的响应。

首先,SPITimeout 被设置为 SPIT_FLAG_TIMEOUT 的值,这个值通常表示 SPI 操作的最大等待时间(以某种时间单位,如循环次数)。接着使用 SPI_I2S_GetFlagStatus 函数检查 SPI 的发送缓冲区是否为空(TXE 标志位)。若发送缓冲区不为空(即 TXE 标志位为 RESET),则循环等待,直到发送缓冲区为空或等待超时。若等待超时,则调用 SPI_TIMEOUT_UserCallback(0)函数(是一个处理超时情况的回调函数),并返回超时结果。若发送缓冲区为空,则使用 SPI_I2S_SendData 函数将 byte 参数中的数据写入发送缓冲区。再将 SPITimeout 设置为 SPIT_FLAG_TIMEOUT 的值,为接下来的接收操作做准备。然后使用 SPI_I2S_GetFlagStatus 函数检查 SPI 的接收缓冲区是否有数据(RXNE 标志位)。若接收缓冲区为空(即 RXNE 标志位为 RESET),则循环等待,直到接收缓冲区有数据或等待超时。若等待超时,则调用 SPI_TIMEOUT_UserCallback(1)函数(是另一个处理接收超时的回调函数),并返回超时结果。若接收缓冲区有数据,则使用 SPI_I2S_ReceiveData 函数从接收缓冲区读取数据,并返回该数据。

3) 使用 SPI 发送两字节的数据

使用 SPI 发送两字节的数据见代码清单 12.6。

代码清单 12.6 使用 SPI 发送两字节的数据

```
1  u16 SPI_FLASH_SendHalfWord(u16 HalfWord)
2  {
3      SPITimeout = SPIT_FLAG_TIMEOUT;
4   /* 等待发送缓冲区为空,TXE 事件 */
5   while (SPI_I2S_GetFlagStatus(FLASH_SPIx , SPI_I2S_FLAG_TXE) == RESET)
6     {
7     if((SPITimeout -- ) == 0) return SPI_TIMEOUT_UserCallback(2);
8   }
9
10   /* 写入数据寄存器,把要写入的数据写入发送缓冲区 */
11   SPI_I2S_SendData(FLASH_SPIx , HalfWord);
12
```

```
13        SPITimeout = SPIT_FLAG_TIMEOUT;
14    /* 等待接收缓冲区非空,RXNE 事件 */
15    while (SPI_I2S_GetFlagStatus(FLASH_SPIx , SPI_I2S_FLAG_RXNE) == RESET)
16        {
17        if((SPITimeout -- ) == 0) return SPI_TIMEOUT_UserCallback(3);
18        }
19    /* 读取数据寄存器,获取接收缓冲区数据 */
20    return SPI_I2S_ReceiveData(FLASH_SPIx );
21  }
```

这段代码是用于通过 SPI 向一个 SPI Flash 设备发送一个半字(16bit)数据的函数。"u16 SPI_FLASH_SendHalfWord(u16 HalfWord)"是一个带返回 u16(无符号 16 位整数)类型的函数。该函数首先初始化了超时计数器,接着使用 SPI_I2S_GetFlagStatus 函数检查 SPI 的发送缓冲区(TXE 事件)是否为空。若发送缓冲区不为空,则循环等待,直到发送缓冲区为空或等待超时。若等待超时,则调用 SPI_TIMEOUT_UserCallback(2) 函数并返回。接着使用 SPI_I2S_SendData 函数将数据 HalfWord 发送到 SPI 的发送缓冲区。为了等待接收缓冲区非空,与之前类似,再次初始化超时计数器。同样使用 SPI_I2S_GetFlagStatus 函数检查 SPI 的接收缓冲区(RXNE 事件)是否非空。若接收缓冲区为空,则循环等待,直到接收缓冲区非空或等待超时。若等待超时,则调用 SPI_TIMEOUT_UserCallback(3)函数并返回。然后使用 SPI_I2S_ReceiveData 函数从 SPI 的接收缓冲区读取数据。最后,函数返回从 SPI 接收缓冲区读取的数据。

4) 擦除 SPI 串行 Flash 扇区

擦除 SPI 串行 Flash 扇区见代码清单 12.7。

代码清单 12.7　擦除 SPI 串行 Flash 扇区

```
1   void SPI_FLASH_SectorErase(u32 SectorAddr)
2   {
3     /* 发送 FLASH 写使能命令 */
4     SPI_FLASH_WriteEnable();
5     SPI_FLASH_WaitForWriteEnd();
6     /* 擦除扇区 */
7     /* 选择 FLASH: CS 低电平 */
8     SPI_FLASH_CS_LOW();
9     /* 发送扇区擦除指令 */
10    SPI_FLASH_SendByte(W25X_SectorErase);
11    /* 发送擦除扇区地址的高位 */
12    SPI_FLASH_SendByte((SectorAddr & 0xFF0000) >> 16);
13    /* 发送擦除扇区地址的中位 */
14    SPI_FLASH_SendByte((SectorAddr & 0xFF00) >> 8);
15    /* 发送擦除扇区地址的低位 */
16    SPI_FLASH_SendByte(SectorAddr & 0xFF);
17    /* 停止信号 FLASH: CS 高电平 */
18    SPI_FLASH_CS_HIGH();
19    /* 等待擦除完毕 */
20    SPI_FLASH_WaitForWriteEnd();
21  }
```

这段代码定义了函数"SPI_FLASH_SectorErase",用于擦除 SPI Flash 存储器中的一个扇区。该函数首先调用函数 SPI_FLASH_WriteEnable(),发送一个写使能命令到 SPI Flash 存储器。这个命令通常是必要的,因为在执行擦除或编程操作之前,需要确保 Flash 存储器处于可写状态。接着调用函数 SPI_FLASH_WaitForWriteEnd(),持续检测 SPI Flash 存储器的写状态标志,直到当前的写操作完成。接下来开始进行擦除扇区。先通过函数 SPI_FLASH_CS_LOW()将 Flash 的片选引脚拉低,选中 Flash 存储器,再使用函数 SPI_FLASH_SendByte(W25X_SectorErase)发送一个特定的扇区擦除指令到 Flash 存储器。注意:W25X_SectorErase 是常量,表示用于扇区擦除的指令代码,它对应于具体 Flash 芯片的数据手册中的指令。然后发送擦除扇区地址。此处代码将 32 位的 SectorAddr 地址分为高位、中位、低位三部分,并通过 SPI_FLASH_SendByte 函数依次发送地址的高 8 位(右移 16 位)、中 8 位(右移 8 位)和低 8 位。通过函数 SPI_FLASH_CS_HIGH()将 Flash 的片选引脚拉高,取消选中 Flash 存储器。最后调用函数 SPI_FLASH_WaitForWriteEnd(),等待擦除操作完成。

5)整片擦除 SPI 串行 Flash

整片擦除 SPI 串行 Flash 见代码清单 12.8。

代码清单 12.8　整片擦除 SPI 串行 Flash

```
1  void SPI_FLASH_BulkErase(void)
2  {
3      /* 发送 FLASH 写使能命令 */
4      SPI_FLASH_WriteEnable();
5      /* 整块 Erase */
6      /* 选择 FLASH: CS 低电平 */
7      SPI_FLASH_CS_LOW();
8      /* 发送整块擦除指令 */
9      SPI_FLASH_SendByte(W25X_ChipErase);
10     /* 停止信号 FLASH: CS 高电平 */
11     SPI_FLASH_CS_HIGH();
12     /* 等待擦除完毕 */
13     SPI_FLASH_WaitForWriteEnd();
14 }
```

这段代码定义了函数"SPI_FLASH_BulkErase",用于擦除整个 SPI Flash 存储器。在第 4 行调用了函数 SPI_FLASH_WriteEnable()来发送一个写使能命令到 SPI Flash 存储器。在进行任何写操作(包括擦除)之前需要的步骤。在第 7 行调用了函数 SPI_FLASH_CS_LOW()来将 SPI Flash 的片选引脚拉低。这意味着 SPI Flash 现在被选中,可以接收后续发送的指令和数据。在第 9 行调用了函数 SPI_FLASH_SendByte(W25X_ChipErase)来发送一个整块擦除的指令到 SPI Flash。W25X_ChipErase 是常量,代表整块擦除的指令,这个指令会在 SPI Flash 的数据手册中定义。在第 11 行调用了函数 SPI_FLASH_CS_HIGH()来将 SPI Flash 的片选引脚拉高,这表示 SPI Flash 不再被选中,并且已经完成了指令的发送。在第 13 行调用了函数 SPI_FLASH_WaitForWriteEnd()来等待整块擦除操作完成。这个函数通常会检查 SPI Flash 的状态寄存器或忙标志,直到擦除操作完成。

文件"bsp_spi_flash.c"内还有不少函数,可参见配套工程代码。

12.4.3 下载验证

本实验还要用到串口助手,在串口助手上显示提示文字,并将写进 Flash 的数据显示出来,同时将读出的数据也显示出来。在串口助手可以看到 Flash 读写测试结果,如图 12.10 所示。

图 12.10 Flash 读写测试显示

参 考 文 献

［1］ 冯新宇. ARM Cortex-M3 嵌入式系统原理及应用：STM32 系列微处理器体系结构、编程与项目实战［M］. 北京：清华大学出版社，2020.

［2］ 严海蓉. 嵌入式微处理器原理与应用：基于 ARM Cortex-M3 微控制器（STM32 系列）［M］. 2 版. 北京：清华大学出版社，2019.

［3］ 杨居义，付琼芳，等. STM32 嵌入式原理及应用：基于 STM32F103 微控制器的进阶式项目实战［M］. 北京：清华大学出版社，2023.

［4］ Joseph Yiu. ARM Cortex M3 权威指南［M］. 吴常玉，程凯，译. 2 版. 北京：清华大学出版社，2014.

［5］ Lewis D W. 嵌入式软件设计基础：基于 ARM Cortex-M3［M］. 陈文智，胡威，等译. 北京：机械工业出版社，2014.

［6］ 刘火良，杨森. STM32 库开发实战指南：基于 STM32F103［M］. 2 版. 北京：机械工业出版社，2017.